高等职业教育机械类专业“十二五”规划教材

模具电加工与技能训练

主　编　王震宇　申如意

副主编　陈育中　黄　玉

参　编　林　丽　孙建华　吴君涛

主　审　顾　海

中国铁道出版社
CHINA RAILWAY PUBLISHING HOUSE

内 容 简 介

全书共分五部分，即电火花成形加工、快速走丝电火花线切割加工、慢速走丝电火花线切割加工、电火花穿孔加工和电切削工技能鉴定。每一部分包括若干项目，项目下设若干任务。本书内容实用，素材源于一线生产实践，应用实例多，具有实际指导意义，尤其是结合大量真实生产图片，对电火花加工的理论知识进行了直观、具体的介绍。

本书可供职业院校和技工学校模具、数控技术、机械等专业的学生使用，使他们感受真实的企业加工技术，达到学以致用的教学目的；也可供模具制造行业的工程技术人员参考，从而快速提高技术水平，某些应用技术的疑点和难点也可在本书中找到答案。

图书在版编目（CIP）数据

模具电加工与技能训练 / 王震宇，申如意主编. —北京：中国铁道出版社，2012.10

高等职业教育机械类专业“十二五”规划教材

ISBN 978-7-113-14980-2

Ⅰ. ①模… Ⅱ. ①王…②申… Ⅲ. 模具－电火花加工－高等职业教育－教材 Ⅳ. ①TG76

中国版本图书馆 CIP 数据核字（2012）第 178143 号

书　　名：模具电加工与技能训练
作　　者：王震宇　申如意　主编

策划编辑：吴　飞　　　　**读者热线：**400-668-0820
责任编辑：吴　飞
编辑助理：赵文婕
封面制作：付　巍
封面制作：刘　颖
责任印制：李　佳

出版发行：中国铁道出版社（100054，北京市西城区右安门西街 8 号）
网　　址：http:// www.51eds.com
印　　刷：化学工业出版社印刷厂
版　　次：2012 年 10 月第 1 版　　2012 年 10 月第 1 次印刷
开　　本：787 mm×1 092 mm　1/16　**印张：**15.5　**字数：**388 千
印　　数：1～3 000 册
书　　号：ISBN 978-7-113-14980-2
定　　价：32.00 元

FOREWORD | 前言

模具工业是衡量一个国家现代化水平的重要标志之一，是国民经济发展的重要支柱。随着现代科学技术的不断发展，机床工业、计算机软硬件和数字化技术也取得了飞速发展，使得模具的设计及加工方法发生了根本性的变革，这对模具加工也提出了新的、更高的要求，但不管如何变化，作为模具加工操作工，都必须掌握好各种模具加工的基本技能，而各项技能又有一定的相互依赖关系。因此，必须大力加强对新技术工人的基本操作技能、模具电加工技能等方面的培训，提高他们的操作技能水平，并为今后的发展打下扎实的基础。

为了适应模具操作工初、中、高级技术人员的学习和培训的需要，满足职业院校、技工学校模具专业的教学需求，我们组织编写了《模具电加工与技能训练》一书。本书特点：将电加工基础理论与操作技能有机地结合；图文并茂，形象直观；文字简明扼要，通俗易懂；由浅入深，理论联系实际。使学生逐步掌握模具电加工的基本操作技能及相关的工艺知识，从而在工业生产中，不仅能完成生产任务，而且能够分析问题、解决问题。

同时，电加工作业是国家职业资格鉴定中的新职业，相关部门正在开发完善电加工鉴定题库，现已开发了中级、高级两个等级的题库。为帮助学员能够尽快通过资格鉴定，获得相应的等级证书，从而能够持证上岗，本书第五部分为电切削工技能鉴定提供了（中级、高级）技能鉴定的模拟试题。

本书由王震宇、申如意任主编，陈育中、黄玉任副主编，林丽、孙建华、吴君涛参编，顾海主审。在本书的编写过程中，借鉴了国内外同行的最新资料及文献，并得到了江苏省常州技师学院、紫琅职业技术学院及江苏爱康太阳能科技股份有限公司等院校和单位同仁的大力支持和无私帮助，在此一并致以衷心的感谢。

本书可供职业院校和技工学校模具、数控技术、机械等专业的学生使用，使他们感受真实的企业加工技术，达到学以致用的教学目的；也可供模具制造行业的工程技术人员参考，从而快速提高技术水平，某些应用技术的疑点和难点也可在本书中找到答案。

由于编者水平有限，书中的疏漏和不足之处在所难免，恳请读者批评指正。

编　者

2012年6月

CONTENTS | 目 录

第一部分 电火花成形加工

项目一 电火花成形加工的原理、特点及应用范围 ………… 1
任务一 电火花成形加工原理 ………… 1
任务二 电火花成形加工机床及日常维护保养 ………… 6
项目二 数控电火花成形加工工艺 ………… 12
任务一 数控电火花加工 ISO 编程概述 ………… 12
任务二 数控电火花加工工艺 ………… 18
任务三 数控电火花成形加工的操作流程 ………… 22
项目三 数控电火花成形加工实例 ………… 31
任务一 单孔的电火花加工 ………… 31
任务二 多孔的电火花加工 ………… 41
任务三 冲模的电火花加工 ………… 48
任务四 斜孔的电火花加工 ………… 56

第二部分 快速走丝电火花线切割加工

项目一 快速走丝电火花线切割加工的原理、特点及应用范围 ………… 62
任务一 快速走丝电火花线切割加工原理 ………… 62
任务二 快速走丝电火花线切割加工的特点及应用范围 ………… 67
项目二 快速走丝电火花线切割加工工艺 ………… 70
任务一 快速走丝电火花线切割加工机床 ………… 70
任务二 快速走丝电火花线切割加工工艺 ………… 76
任务三 快速走丝电火花线切割加工的操作流程 ………… 83
任务四 快速走丝电火花线切割机床安全规程及日常维护保养 ………… 87
项目三 快速走丝电火花线切割加工实例 ………… 90
任务一 简单零件的手工编程 ………… 90
任务二 角度样板的自动编程线切割加工 ………… 97
任务三 配合件的线切割加工 ………… 104
任务四 落料冲孔模的线切割加工 ………… 109

第三部分　慢速走丝电火花线切割加工

项目一　慢速走丝电火花线切割加工机床……115
任务　慢速走丝电火花线切割加工机床及日常维护保养……115
项目二　慢速走丝电火花线切割加工工艺……125
任务一　慢速走丝电火花线切割加工用户界面介绍……125
任务二　慢速走丝电火花线切割加工加工工艺指标……133
任务三　慢速走丝电火花线切割加工的操作流程……137
项目三　慢速走丝电火花线切割加工实例……143
任务一　恒锥度加工实例……143
任务二　变锥度加工实例……150
任务三　上下异形加工实例……157
任务四　齿轮加工实例……163

第四部分　电火花穿孔加工

项目一　电火花小孔机加工的原理及保养……169
任务一　电火花小孔机加工原理……169
任务二　机床安全规程及日常维护保养……174
项目二　加工实例……178
任务一　单点加工……178
任务二　定位移动加工……184
任务三　多孔自动加工……190

第五部分　电切削工技能鉴定

项目一　电切削工中级技能鉴定……198
任务一　电切削工中级技能鉴定应会（线切割）模拟试题……198
任务二　电切削工中级技能鉴定应会（电脉冲）模拟试题……204
任务三　电切削工中级技能鉴定应知模拟试题……210
项目二　电切削工高级技能鉴定……218
任务一　电切削工高级技能鉴定应会（线切割）模拟试题……218
任务二　电切削工高级技能鉴定应会（电脉冲）模拟试题……224
任务三　电切削工高级技能鉴定应知模拟试题……230
参考文献……241

第一部分　电火花成形加工

项目一　电火花成形加工的原理、特点及应用范围

任务一　电火花成形加工原理

任务说明

掌握电火花加工的产生、物理本质及实现条件，熟悉电火花加工的特点及应用范围。

知识点

- 电火花加工的物理本质。
- 电火花加工的条件。
- 电火花加工的两个重要效应。
- 电火花加工的特点及应用范围。

一、任务引入

在日常生活中，当电器开关每次开、合时，往往出现伴随着噼噼啪啪响声的蓝白色火花，使得开关的接触恶化。20 世纪 40 年代，前苏联科学院院士拉扎连柯夫妇率先对这种现象进行深入研究，产生了一种新的金属去除方法——电火花加工。

二、任务分析

电火花加工是一种与机械加工完全不同的加工工艺方法，要正确运用电火花加工技术就必须明确电火花加工的原理和条件，从而正确地运用在金属的生产和加工中。

三、相关知识

1. 电火花加工的物理本质

电火花加工是通过工件和工具电极相互靠近时极间形成脉冲性火花放电，在电火花通道中产生瞬时高温，使金属局部熔化，甚至汽化，从而将金属腐蚀下来，达到按要求改变材料的形状和尺寸的加工工艺。电火花加工示意图如图 1-1-1 所示。

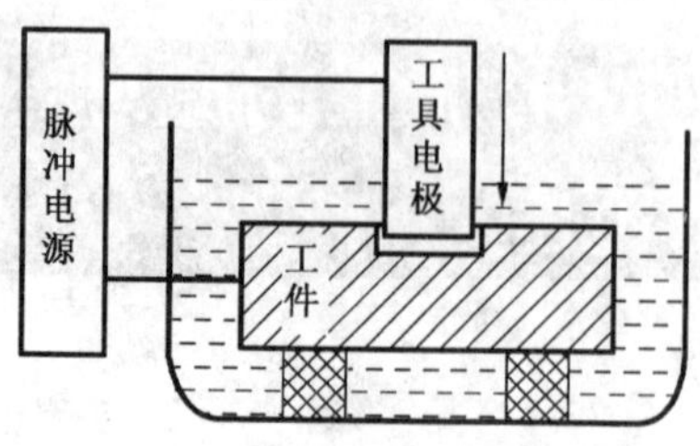

图 1-1-1　电火花加工示意图

1）电火花加工的物理本质简述

一个物体无论从宏观上看来是多么平整，但在微观上其表面总是凹凸不平的，即由无数个高峰和凹谷组成。当处在工作介质中的工件与电极加上电压，两极间立即建立起一个电场，电场强度是很不均匀的。电场强度取决于极间电压和极间距离。两极间距越小，电场强度越大；极间电压越大，电场强度越大。故先在极间最近点处击穿介质，形成放电通道，释放出大量能量，工件表面被电蚀出一个坑来，工件表面的最高峰变成凹谷，另一处电场强度变成最大。在脉冲能量的作用下，该处又被电蚀出坑来。这样以很高的频率连续不断地反复放电，电极不断地向工件进给，就可将工具的形状复制在工件上，加工出需要的零件来，如图 1-1-2 和图 1-1-3 所示。

图 1-1-2　电火花型腔加工

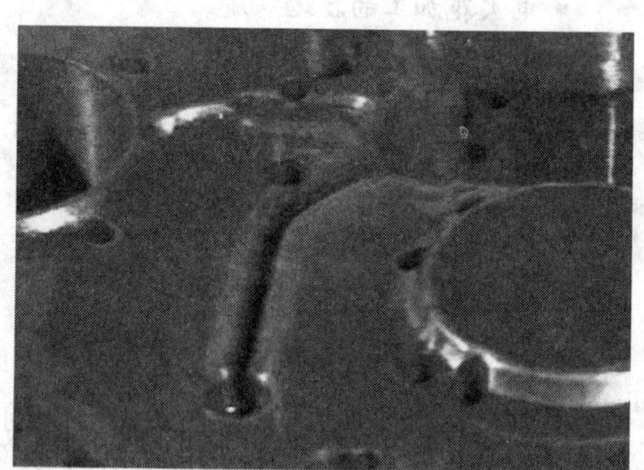

图 1-1-3　加工完成的型腔零件

2）单个脉冲的放电过程

在液体介质小间隙中进行单个脉冲放电时，大致可分成介质击穿和通道形成、能量转换和传递、电蚀产物抛出三个连续的过程，如表 1-1-1 所示。

表 1-1-1　单个脉冲的放电过程

序　号	示意图	说　明
1	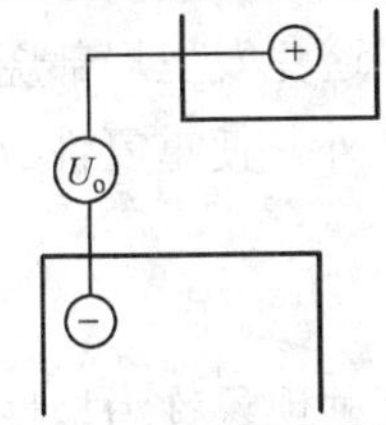 U_0 + −	两电极处在绝缘的工作介质中，在两极间施加无负荷直流电压后，伺服轴电极向下运动，极间距离逐渐缩小
2	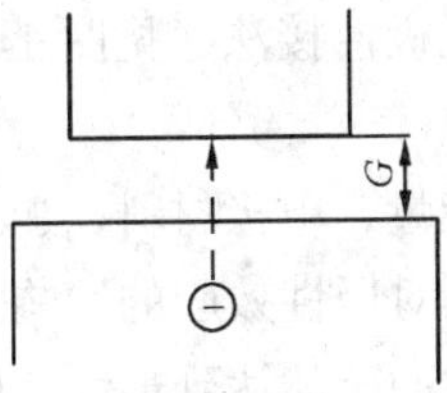 G −	当极间距离 G 小到一定程度时，在电场作用下，介质被击穿，形成放电通道
3	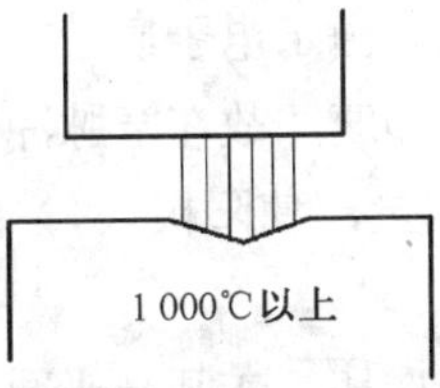 1 000℃以上	两极间的介质一旦被击穿，电源便通过放电通道释放能量，大部分能量转换成热能，使两极间放电点局部熔化或汽化
4	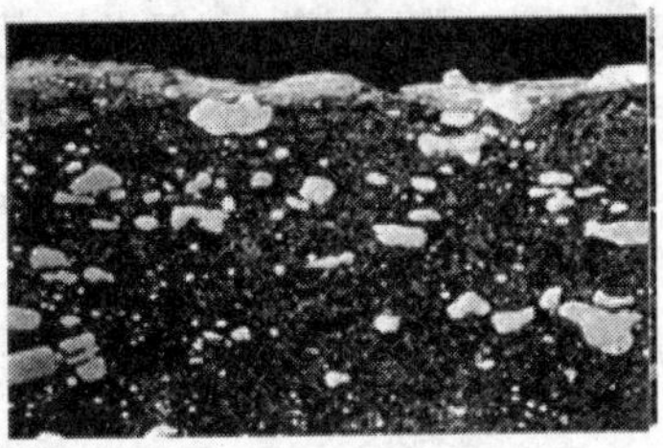	在热爆炸力、电动力、流体动力等综合因素的作用下，被熔化或汽化的材料被抛出，产生一个小坑
5	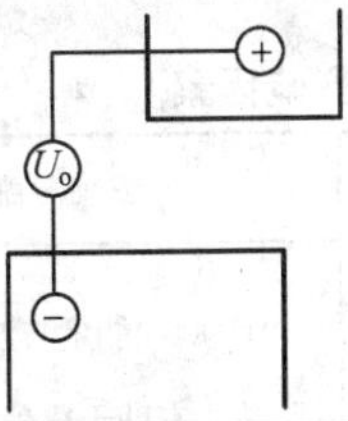 U_0 + −	脉冲放电结束，两极间介质恢复绝缘。形成下一个加工周期

2. 电火花加工的条件

实现电火花加工应具备如下条件：

（1）电极和工件之间必须加以 60～300 V 的脉冲电压，同时还需要维持合理的距离——放电间隙。大于放电间隙，介质不能被击穿，无法形成火花放电；小于放电间隙，会导致积碳，甚至发生电弧放电，无法继续加工。

（2）火花放电必须在有较高绝缘强度的液体介质中进行，这样既有利于产生脉冲性的放电，又能使加工过程中产物从两极间隙中的悬浮排出，同时还能冷却电极和工件表面。

（3）输送到两极间脉冲能量应足够大，即放电通道要有很大的电流密度。

（4）放电必须是短时间的脉冲放电，一般为 1 μs～1 ms。这样才能使放电产生的热量来不及扩散，从而把能量作用局限在很小的范围内，保持火花放电的冷极特性。脉冲放电需要多次进行，并且多次脉冲放电在时间和空间上是分散的，避免发生局部烧伤。

（5）脉冲放电后的电蚀产物能及时排放至放电间隙之外，使重复性放电顺利进行。

3. 电火花加工的两个重要效应

1）极性效应

电火花加工时，两极的材料被腐蚀量是不相同的，这种现象称为极性效应。在生产中，通常将工件接脉冲电源正极（工具电极接负极）称为正极性接法（见图 1-1-1）。将工件接脉冲电源负极（工具电极接正极）称为负极性接法。

在实际加工中，极性效应受到电参数、单个脉冲能量、电极材料、加工介质、电源种类等多种因素的影响。下面主要介绍脉冲宽度、脉冲能量对极性效应的影响。

（1）脉冲宽度对极性效应的影响。脉冲宽度是指脉冲所能达到最大值所持续的周期。在电场作用下，通道中的电子奔向阳极，正离子奔向阴极。由于电子质量轻，惯性小，在短时间内容易获得较高的运动速度；而正离子质量大，不易加速，故在窄脉冲宽度时，电子动能大，电子传递给阳极的能量大于正离子传递给负极的能量，使阳极（+）的蚀除量大于阴极的蚀除量。

（2）脉冲能量对极性效应的影响。随着放电能量的增加，尤其是极间放电电压的增加，每个正离子传递给阴极的平均动能增加；电子的动能虽然也随之增加，但当放电通道很大时，由于电位分布变化引起阳极区电压降低，阻止了电子奔向阳极，减少了电子传递给阳极的能量，使阴极能量大于阳极能量，即脉冲能量大时，阴极的蚀除量大于阳极的蚀除量。

2）覆盖效应

在电火花加工过程中，电蚀产物在两极表面转移，形成一定厚度的覆盖层，这种现象称为覆盖效应，如表 1-1-2 所示。

表 1-1-2　覆盖效应的生成条件和影响因素

图　示	覆盖效应生成条件	影响覆盖效应的主要因素
	① 要有足够高的温度，以使碳粒子烧结成石墨化的耐蚀层； ② 要有足够多的电蚀产物； ③ 要有足够多的时间形成碳素层； ④ 必须在油类介质中加工； ⑤ 采用阳极性加工，碳素层易在阳极表面生成	① 脉冲能量与波形的影响，采用某些组合脉冲，有助于覆盖层的产生； ② 材料组合的影响； ③ 工艺条件的影响； ④ 工作介质的影响。用油液类工作液在放电产生的高温作业下，有助于碳素层的生成

合理利用覆盖效应，有利于降低电极的损耗，甚至可做到“无损耗”加工。但若处理不当，出现过覆盖现象，将会使电极尺寸在加工后超过了加工前的尺寸，反而破坏了加工精度。

4. 电火花加工的特点及应用范围

1）电火花加工的特点

与常规的金属加工相比较，电火花加工的特点如表 1-1-3 所示。

表 1-1-3　电火花加工的特点

序号	优点	缺点
1	可以加工难以用金属切削方法加工的零件，不受材料硬度影响	电火花加工只适用于导电材料的工件
2	没有机械切削力，工具电极可以做得十分细微，能进行细微加工和复杂型面加工	加工效率一般较慢
3	脉冲电源参数较机械量易于数字控制、适应控制、便于实现自动化和无人化操作	存在电极损耗
4	可连续进行粗、半精和精加工	加工表面有变质层，需要去除

2）电火花加工的应用范围

由于电火花加工在生产应用中显示出很多优异性能，加上数控水平和工艺技术的不断提高，其应用领域日益扩大，已在模具制造、航空、航天、电子、核能、仪器、轻工等行业用来解决各种难加工材料的复杂形状零件的加工问题。加工范围可从几微米的孔、槽到几米大的超大型模具和零件。电火花加工的具体应用范围如表 1-1-4 所示。

表 1-1-4　电火花加工的应用范围

序号	名称	图示	应用范围
1	加工模具		塑料模、锻模、拉伸模、压铸模、冲模、挤压模、玻璃模等
2	制造行业		各种成形刀具、样板、工具、量具、螺纹等零件
3	航空业		喷气发动机的涡轮叶片的材料为耐热合金，采用电火花加工是合适的工艺方法
4	精密加工		化纤异型喷丝孔、发动机喷油嘴、激光器件、人工标准缺陷的窄缝加工

思考与练习题

1. 简述电火花加工原理。
2. 电火花加工广泛应用在哪些领域？

任务二　电火花成形加工机床及日常维护保养

任务说明

认识电火花成形加工机床，熟悉电火花成形加工机床的日常维护保养工作。

知识点

- 电火花成形加工机床的组成部分。
- 电火花成形加工机床的功能。
- 电火花成形加工机床的日常维护保养知识。

一、任务引入

要正确运用电火花加工技术，就必须熟悉电火花成型加工机床的各个组成部分以及日常维护保养工作，从而顺利地完成金属的生产和加工任务。

二、任务分析

数控电火花加工作为特种加工，其机床的结构与其他机床存在差异，本任务主要介绍电火花成型机床的各个组成部分以及日常维护保养工作。

三、相关知识

1. 电火花成形加工机床的组成部分

数控电火花成形机床主要由机床主体、脉冲电源、数控系统及工作液系统四大部分组成，如图 1-1-4 所示。

1）机床主体

机床主体由床身、立柱、主轴、工作液槽、工作台等组成。其中，主轴头是关键部件，在主轴头装有电极夹具，用于装夹和调整电极位置。主轴头是自动进给调节系统的执行机构，对加工精度有最直接的影响。床身、立柱、坐标工作台起着支撑定位和便于操作的作用，如图 1-1-5 所示。

2）脉冲电源

脉冲电源将直流或交流电转换为高频率的脉冲电源，也就是把普通 220 V 或 380 V、50 Hz 的交流电转变成频率较高的脉冲电源，提供电火花加工所需要的放电能量。它的性能对电火花加工生产率、工件表面粗糙度和尺寸精度、电极损耗等工艺指标有很大影响。脉冲电源应满足如下要求：

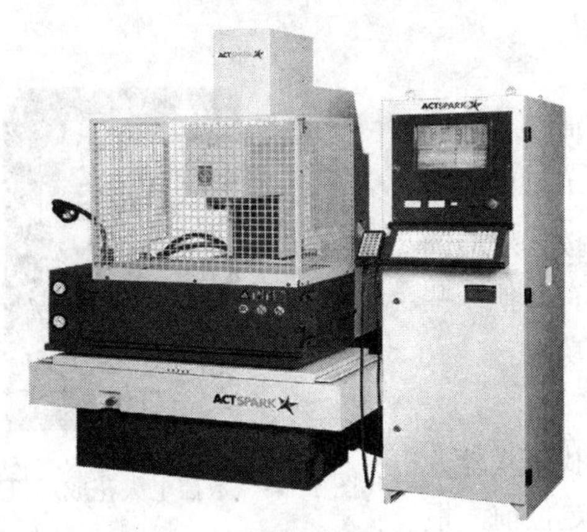

图 1-1-4 数控电火花成形机床

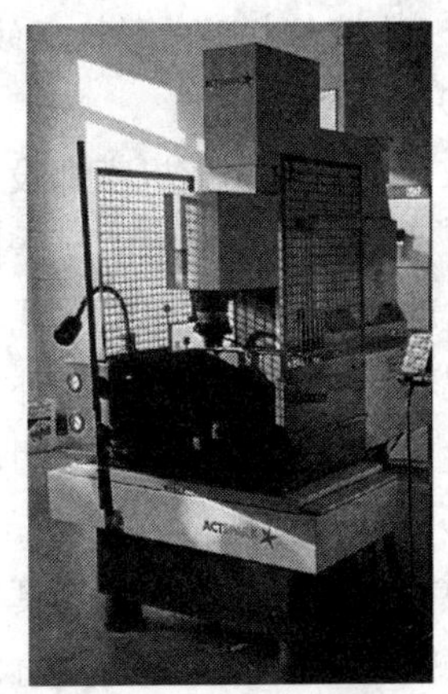

图 1-1-5 机床主体

（1）有足够的输出功率，满足生产线的加工速度要求。

（2）尽可能小的电极损耗。这是保证成形精度的重要条件之一。

（3）加工表面粗糙度应满足使用要求。

（4）脉冲参数应能简便地进行调整，以适应各种材料、各种加工要求。

（5）电源性能稳定、可靠，价格合理，维修方便。

3）数控系统

数控系统是运动和放电加工的控制部分，如图 1-1-6 所示。在电火花加工时，由于火花放电的作用，工件不断被蚀除，电极被损耗，当火花间隙变大时，加工便因此而停止。为了使加工过程连续，电极必须间歇式地及时进给，以保持最佳放电间隙。这一基本任务就是由机床的数控系统控制主轴完成的。

4）工作液系统

工作液系统是由储液箱、油泵、过滤器及工作液分配器等部分组成，如图 1-1-7 所示。工作液系统可进行冲、抽、喷液及过滤工作。电火花成形机床目前广泛采用的工作液为是煤油，因为它的表面张力小，绝缘性能和渗透性能好；但其缺点是散发出呛人的油烟，故在大功率粗加工时，常采用燃点较高的机油或变压器油。

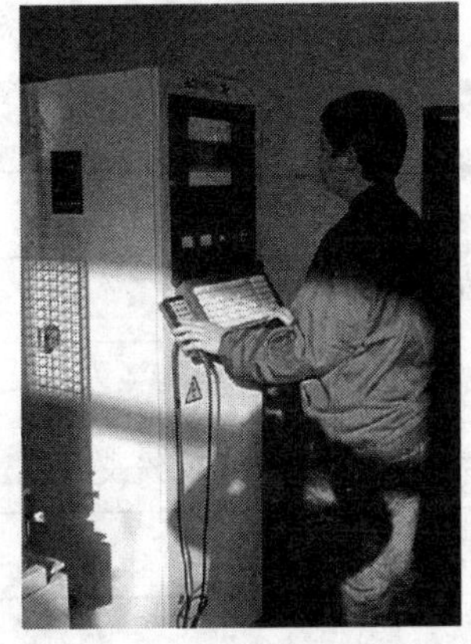

图 1-1-6 数控系统

图 1-1-7 工作液系统

2. 数控电火花成形机床的功能

1）手控盒功能

数控电火花成形机床都设计有手控盒。使用手控盒可以方便地实现对机床的一些控制，如图 1-1-8 所示。手控盒的主要作用是用来实现轴移动功能，按住对应的轴向键就可以实现移动。另外，手控盒还具有其他一些功能，如工作液的开启与关闭、坐标设零等功能。

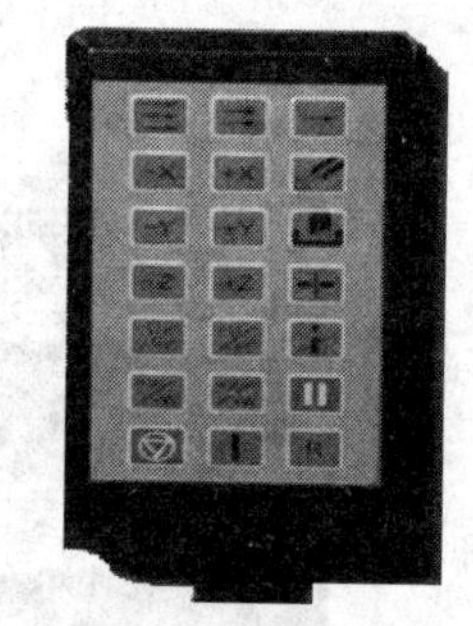

图 1-1-8　数控电火花成形机床手控盒

2）自动定位功能

数控电火花加工机床都具有自动定位、找正功能，如找外中心、找内中心、找角、找边等。在定位前，根据实际情况设定适当的参数，机床就能够自动定位于工件的中心或者接触边、角位置。表 1-1-5 是北京阿奇夏米尔 SA 系列数控电火花加工机床的界面功能符号。

表 1-1-5　北京阿奇夏米尔 SA 系列数控电火花加工机床的界面功能符号

序　号	图　示	功　能	序　号	图　示	功　能
1	移　动	移动	4	找外中心	找外中心
2	感　知	找边	5	找　角 2 1 3 4	找角
3	找内中心	找内中心	6	置　零 设当前点的坐标值	置零

3）自动编程功能

数控电火花机床配有丰富的自动编程功能，提高了加工效率，保持稳定的加工状态，功能如表 1-1-6 所示。

表 1-1-6　自动编程功能

序　号	名　称	功　能
1	间距位置的设定	可以通过输入加工间距及孔个数，自动计算所有加工位置
2	工件复制功能	可以将一个工件的程序加以复制，提高多孔加工的编程效率
3	锥度电极处理	输入零件的锥度值，自动按由弱到强的放电参数把加工高度分段处理
4	定时加工	可以指定某一个加工条件段需要加工的时间

3. 电火花成形加工机床的日常维护保养知识

1）机器的日常维护

定期用工作液清洗工作槽以及该部位的所有的部件，将污染的工作液用冲液管冲洗干净后用干软布擦干这一区域。经常擦净工作液槽门的密封圈、夹具和附件。保证油箱中有足够的工作液，如图 1-1-9 所示。

图 1-1-9 油箱

2）定期检查与更换

保持回流槽干净，检查回油管是否堵塞，电柜后面的上下百叶窗是否打开，浮子开关工作是否正常，如图 1-1-10 所示。

（a）油箱检查

（b）浮子开关检查

图 1-1-10 定期检查与更换

定期检查安全保护装置，即机器的“急停开关”、“操作停止开关”等，如图 1-1-11 所示。

（a）工作台锁紧装置

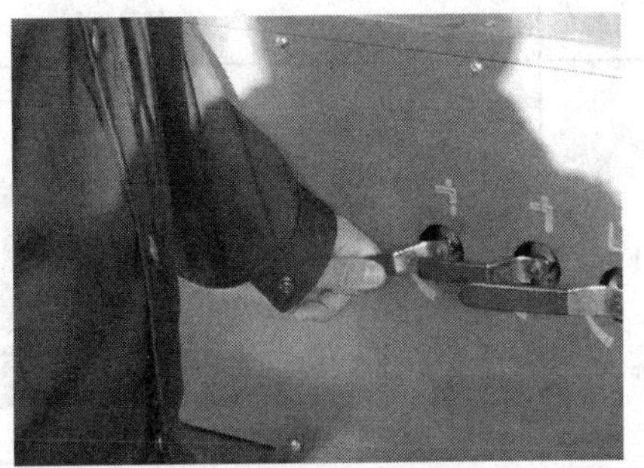

（b）油路开关检查

图 1-1-11 定期检查安全保护装置

定期清除脉冲电源柜上的灰尘，如图 1-1-12 所示。

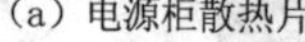
（a）电源柜散热片

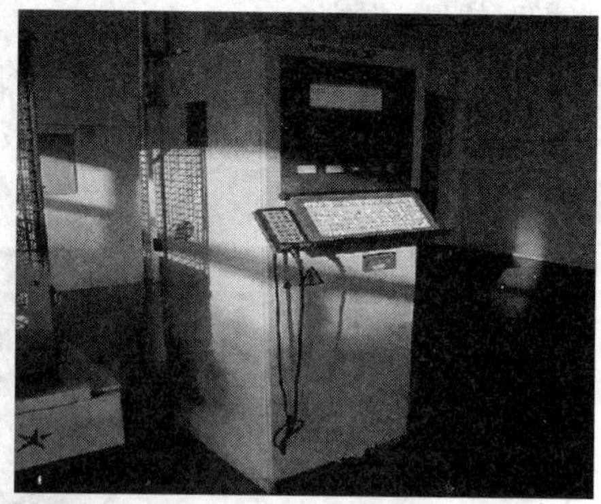
（b）电源柜

图 1-1-12　清除脉冲电源柜上的灰尘

3）定期润滑

按机器说明书所规定的润滑部位及润滑要求，定期注入规定的润滑油或润滑脂，以保证机器机构运转灵活。润滑部位如图 1-1-13 所示。

图 1-1-13　润滑部位

4）维护和保养时的注意事项

维护和保养时的注意事项，如表 1-1-7 所示。

表 1-1-7　维护和保养时的注意事项

序　号	图　示	维护和保养时的注意事项
1		机床的零部件不允许随意拆卸，以免影响机床的精度

续表

序 号	图 示	维护和保养时的注意事项
2	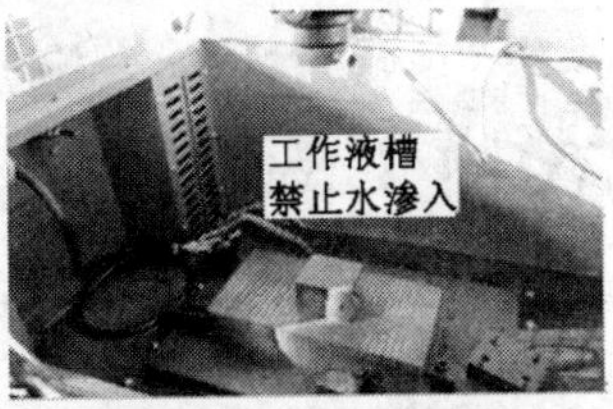	工作液槽和油箱中不允许进水，以免影响加工和引起机件生锈
3		直线滚动导轨和滚珠丝杠内不允许掉入脏物及灰尘
4	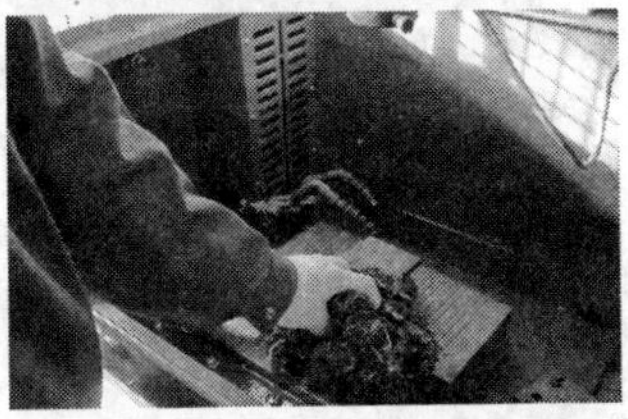	注意保护工作台面，防止工具或其他物件砸伤工作台面

思考与练习题

1. 电火花成形加工机床的组成部分？
2. 电火花成形机床维护和保养时的注意事项？

项目二 数控电火花成形加工工艺

任务一 数控电火花加工 ISO 编程概述

任务说明

掌握数控电火花加工的自动编程和手工编程的方法，熟悉电火花加工的程序格式，掌握普通零件的电火花编程方法。

知识点

- 数控电火花加工编程方法。
- 数控电火花编程的常识。
- 数控电火花程序的构成。
- 数控电火花加工常用指令。

一、任务引入

数控电火花加工机床是按照事先编制好的加工程序，来自动对零件进行加工的。具体地说，数控电火花加工编程是根据被加工零件的技术要求和工艺要求等，将具体加工过程的控制（如定位、加工参数等），使用数控系统能识别的指令按照一定的规则、格式编制成程序文件，并将程序文件输入到机床数控系统的过程。

二、任务分析

要正确运用电火花加工技术就必须明确电火花加工的编程方法，编程的常识，以及程序的构成和常用指令的运用，从而正确地运用在金属的生产和加工中。

三、相关知识

1. 数控电火花加工编程的方法

数控电火花加工编程有自动编程和手工编程两种方法。

1）自动编程

自动编程是指在计算机及其相应的软件系统的支持下，自动生成数控程序的过程。数控电火花自动编程是通过数控电火花加工机床系统的智能编程软件，以人机对话方式确定加工对象和加工条件，自动进行运算并生成程序指令的过程，自动编程是只要输入如加工开始位置、加工方向、加工深度、电极缩放量、表面粗糙度要求、平动方式、平动量等条件，系统即可自动生成数控程序，如图 1-2-1 所示。

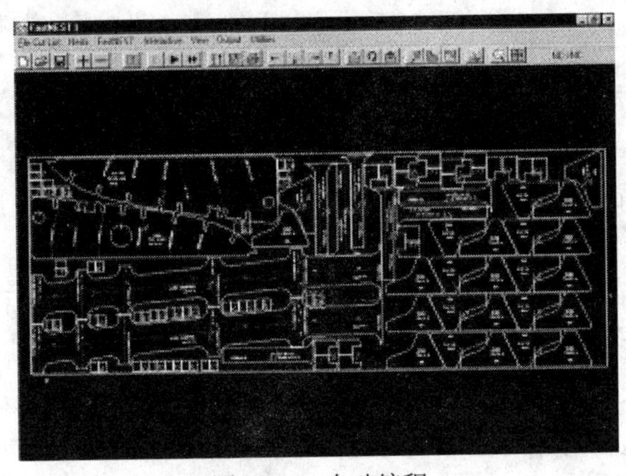

图 1-2-1　自动编程

自动编程的优缺点对比如表 1-2-1 所示。

表 1-2-1　自动编程的优缺点比较

自动编程	说　明
优　点	减轻了编程人员的劳动强度，缩短了编程的时间。自动编程适用于大多数加工场合下的程序编制，可以解决通常零件的加工问题
缺　点	大多数情况下编制的数控程序字节都非常多，占用了系统较大的内存；因程序较长，修改和检查比较烦琐；具有一定的呆板性，在一些加工情况下不能灵活编制出适用的数控程序

2）手工编程

手工编程是指由人工来完成数控编程中各个阶段工作的过程。编程时加工的轨迹、加工的参数均由人为指定来完成，如图 1-2-2 所示。

图 1-2-2　手工编程

手工编程的优缺点对比如表 1-2-2 所示。

表 1-2-2　手工编程的优缺点对比

手工编程	说　明
优　点	通常使用手工编程和自动编程灵活结合运用的方法，对自动编程的程序进行修改后，优化加工工艺，缩短加工时间，满足最终加工要求
缺　点	手工编程需要输入很多指令，比较容易出错，编程的过程比较烦琐

2. 数控电火花编程的常识

1）机床坐标轴

坐标轴就是在机械装备中具有位移（线位移或角位移）控制和速度控制功能的运动轴。它有直线坐标轴和回转坐标轴之分。

为了简化编程和保证程序的通用性，对数控机床坐标轴的命名和方向制定了统一的标准：规定直线进给坐标轴用 X、Y、Z 表示，称为基本坐标轴；围绕 X、Y、Z 轴旋转的圆周进给坐标轴分别用 A、B、C 表示，称为回转坐标轴；在基本坐标轴 X、Y、Z 的基础上，另有轴线平行于它们，则这些附加的坐标轴对应为 U、V、W 轴。

数控电火花加工常用到的坐标轴是 X、Y、Z 轴。C 轴较少用，一般只在先进的数控电火花加工机床上才有配套。

这些坐标轴的方向可按以下原则确定，如图 1-2-3 所示。

（1）面对工作台左右方向为 X 轴，右边为 X 轴的正向，左边为 X 轴的负向。

（2）面对工作台前后方向为 Y 轴，前面为 Y 轴的正向，后面为 Y 轴的负向。

（3）主轴头运行的上下方向为 Z 轴，向上为 Z 轴的正向，向下为 Z 轴的负向。

（4）围绕 Z 轴旋转的圆周进给坐标轴为 C 轴，顺时针为 C 轴的负向，逆时针为 C 轴的正向。

2）坐标系

坐标系分为机械坐标系与工件坐标系。

（1）机械坐标系。机械坐标系是用来确定工件坐标系的基本坐标系，机械坐标系的零点称为机械原点。

机械原点的位置一般由机床参数设定，一经设定这个零点便被确定下来维持不变，不会因断电或改变工件坐标值等原因而改变。

（2）工件坐标系。工件坐标系是在机床已经建立了机械坐标系的基础上，根据编程需要在工件或其他地方选定某一已知点设定零点建立的坐标系。工件坐标系的零点称为工件零点。

（3）绝对方式与增量方式。数控电火花加工中，轴运动方式（移动、插补）有绝对方式和增量方式两种。

绝对方式是所有点的坐标系均为坐标系的零点为参考点，这个参考点是固定不变的。

增量方式是当前点的坐标值以上一点为参考点得出的，这个参考点随着运动位置的变化而变化。

举例：在图 2-1-4 所示图例中，假设电极从 *B* 点运动到 *C* 点。

绝对方式分析：参考点为 *A* 点，那么 *C* 点的坐标值为（29，15），*C* 点与 *B* 点没有关系。

增量方式分析：参考点为 *B* 点，那么 *C* 点的坐标值为（10，5），*C* 点与 *B* 点有直接关系。

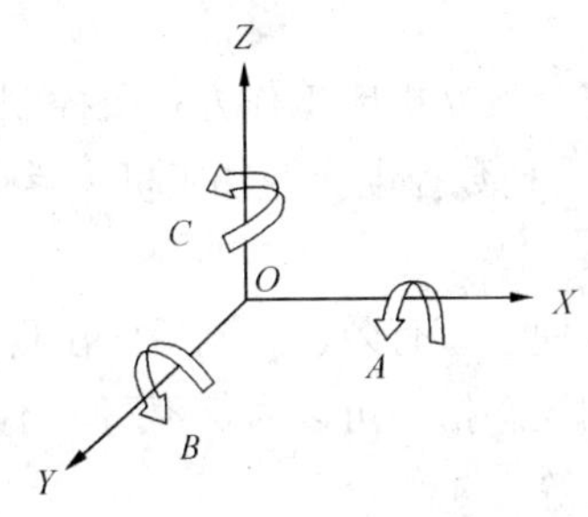

图 1-2-3　机床坐标轴

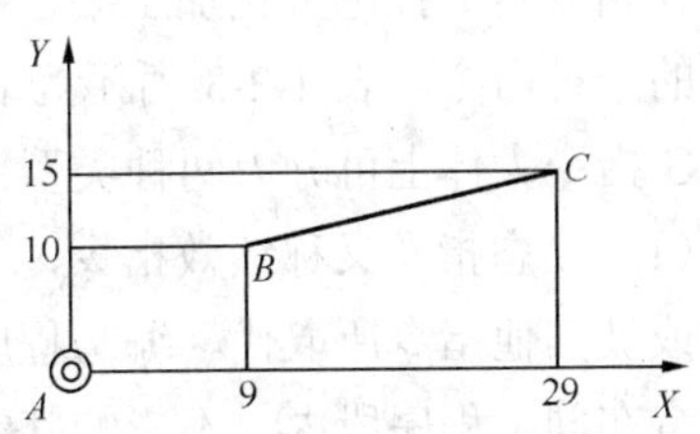

图 1-2-4　绝对方式与增量方式举例

3. 数控电火花程序的构成

数控电火花加工与其他数控加工的程序相比，它们的结构有些差别。数控电火花加工的程序相对来说要简单，主要是因为它加工运动的轨迹比较简单。

一般来说，数控电火花加工程序是由遵循一定结构、句法和格式规则的多个程序段组成的，每个程序段又是由若干个指令字组成的。

1）程序名

程序名就是程序的文件名，每一个程序都应有一个独立的文件名，目的是便于查找、调用。北京阿奇夏米尔 SE 系列数控电火花加工机床文件的扩展名为 .NC，如程序名 123.NC。

2）主程序和子程序

数控电火花加工程序的主体分为主程序和子程序。数控系统执行程序时，按主程序指令运行，在主程序中遇到调用子程序的情形时，数控系统转入子程序按其指令运行，当子程序调用结束后，便重新返回继续执行主程序。

（1）主程序：主程序是整个数控程序的主体，把第一次调用子程序的程序称为主程序。主程序由程序起始部分、调用子程序部分、结束部分三部分构成。

（2）子程序：在加工中往往会有相同的工作步骤，将这些相同的步骤编写固定的程序，在需要的地方调用，那么整个程序将会得到简化和缩短。

3）顺序号和程序段

（1）顺序号：顺序号亦称程序段号、程序段序号，是指加在每个程序段前的编号，顺序号用英文字符 N 开头，后接 4 位十进制数，以表示各段程序的相对位置。顺序号主要有以下功能：用做程序执行过程中的编号；用做调用子程序的标记编号。

顺序号是任意给定的，可以在所有的程序段中都指定顺序号，也可只在必要的程序段指明。

（2）程序段：数控电火花加工程序是由多个指令字，也可以只有一个指令字。如 M05　G00 Z10；程序段中包含了三个指令字，又如 G54；程序段中只有一个指令字。

4）字和地址

程序段由指令字（简称字）组成，而字则是由地址和地址后带符号的数字构成。

（1）字：字是组成程序的基本单元，一般都是由一个英文字母（地址）加若干位十进制数字组成，即字=地址+数据，如 G90、M05、T85、G01、X20 等。

（2）地址：地址是大写字母 A～Z 中的一个，它规定了其后数字的意义。

4. 数控电火花加工常用指令

G 指令是数控电火花加工编程中最主要的指令。它是设立机床工作方式或控制系统工作方式的一种命令。表 1-2-3 所示为北京阿奇夏米尔 SE 系列数控电火花加工机床常用的 G 指令。G 指令大体上可分为两种类型：

（1）模态指令又称续效指令，一经程序段中指定，便一直有效，直到后面出现同组另一指令或被其他指令所取代。编写程序时，与上段相同的模态指令可以省略不写。不同组模态指令编在同一程序段内，不影响其续效，如 G01、G91 等。

（2）非模态指令又称非续效指令，其功能仅在出现的程序段有效，如 G80、G92 等。

表 1-2-3　北京阿奇夏米尔 SE 系列数控电火花加工机床常用的 G 指令

G 指令	功能简介
G00	电极以预先设定的快速移动速度，从当前位置快速移动到程序段指定的目标点
G01	电极从当前点进行直线插补到达指定的目标点上
G02	电极在指定平面内进行顺时针方向圆弧插补加工
G03	电极在指定平面内进行逆时针方向圆弧插补加工
G04	执行完该指令的上一段程序之后，暂停一指定的时间，再执行下一个程序段
G05	*X* 轴镜像，按指令方向的相反方向运动指定的距离
G06	*Y* 轴镜像，按指令方向的相反方向运动指定的距离
G07	*Z* 轴镜像，按指令方向的相反方向运动指定的距离
G08	指定其指令后的 *X* 轴指令值与 *Y* 轴指令值交换
G09	取消程序指定的镜像、交换模态
G11	跳过段首有“/”的程序段，不去执行该段程序
G12	忽略段首有“/”的符号，照常执行程序段
G15	使 *C* 轴返回机械零点，对 G54～G59 坐标中的 *U* 值置零
G17	指定 *OXY* 平面
G18	指定 *OXZ* 平面
G19	指定 *OYZ* 平面
G20	指定程序中尺寸值的单位为英制

续表

G 指令	功能简介
G21	指定程序中尺寸值的单位为公制
G30	指定加工中电极的抬刀方式为按照指定方向进行
G31	指定加工中电极的抬刀方式为按照加工路径反方向抬刀
G32	指定加工中电极的抬刀方式为伺服轴回平动中心点后抬刀
G40	取消电极补偿模式
G41	电极中心轨迹在编程轨迹上向左进行一个偏移
G42	电极中心轨迹在编程轨迹上向右进行一个偏移
G53	在固化的子程序中，进入子程序坐标系
G54	机床提供的工作坐标系 1
G55	机床提供的工作坐标系 2
G56	机床提供的工作坐标系 3
G57	机床提供的工作坐标系 4
G58	机床提供的工作坐标系 5
G59	机床提供的工作坐标系 6
G80	使指定轴沿指定方向前进，直到电极与工件接触为止
G81	使机床指定轴回到极限位置
G82	使电极移动到指定轴当前坐标的 1/2 处
G83	把指定轴的当前坐标值读到指定的 H 寄存器中
G84	为 G85 定义一个 H 寄存器的起始地址
G85	把当前坐标值读到由 G84 指定了起始地址的 H 寄存器中，同时 H 寄存器地址加 1
G86	在加工中指定时间来控制加工过程
G90	绝对坐标，所有点的坐标值均为坐标系的零点为参考点
G91	增量坐标，当前点的坐标值是以上一点为参考点得出的
G92	把当前点的坐标值设置成所需要的值

思考与练习题

1．简述自动编程与手工编程分别有哪些特点。

2．分别说出 G00、G01、G02、G03 的功能。

任务二　数控电火花加工工艺

任务说明

掌握数控电火花加工的各项加工工艺指标，熟悉各项工艺指标对电火花加工精度的影响，能熟练运用各项工艺指标控制零件的加工精度。

知识点

- 数控电火花的加工速度。
- 数控电火花的电极损耗。
- 数控电火花的表面粗糙度。
- 数控电火花的放电间隙。

一、任务引入

在加工之前应根据机床提供的加工参数来选择加工工艺。只有熟悉机床的主要技术参数，才能加工出好的工件，同时也能够有效地保护机床安全，延长其使用寿命。

二、任务分析

通过熟悉数控电火花的参数，掌握常用的电加工参数指标，能熟练运用各项工艺指标控制零件的加工精度。

三、相关知识

1. 加工速度

对于电火花成形机来说，加工速度是指在单位时间内，工件被蚀除的体积或重量。一般用体积表示。若在时间 t 内，工件被蚀除的体积为 V，则加工速度 v_w（单位：mm^3/min）为

$$v_w=\frac{V}{t}$$

在规定表面粗糙度（如 Ra 值为 2.5 μm）、相对电极损耗（如 1%）时的最大加工速度，是衡量电加工机床工艺性能的重要指标。一般情况下，机床生产厂给出的最大加工速度，是用最大加工电流，在最佳加工状态下才能达到的。因此，在实际加工时，由于被加工工件尺寸与形状的千变万化，加工条件、排削条件等与理想状态相差甚远，即使在粗加工时，加工速度也往往大大低于机床的最高加工速度。如某数控电火花加工机床给出的最大加工速度为 800 mm^3/min，但实际加工中远远达不到。

2. 电极损耗

在电火花加工中，电极损耗直接影响仿形精度，特别对于型腔加工，电极损耗这一工艺指标较加工速度更为重要。电极损耗分为绝对损耗和相对损耗。在电火花成形加工中，电极的部位不同，其损耗速度也不相同。一般尖角的损耗比钝角快，角的损耗比棱快，棱的损耗比面快，而端面的损耗比侧面快，端面的侧缘损耗比端面的中心部位快，如表 1-2-4 所示。

表 1-2-4　电极损耗的种类

序号	名称	说明
1	加工极性对电极损耗的影响	中粗加工正极性损耗小，加工负极性损耗小
2	脉冲宽度对电极损耗的影响	在峰值电流一定的情况下，脉宽越大损耗越小，体现在两个方面，极性效应和覆盖效应
3	峰值电流对电极损耗的影响	峰值电流、脉宽越大则表面粗糙度越大，且影响较为明显
4	电流密度对电流损耗的影响	电流密度是影响损耗的最主要因素，经验认为，在兼顾效率和损耗的情况下，电流密度的选择值为：铜-钢小于 4 A/cm^2，石墨-钢小于 34 A/cm^2
5	冲抽油对电流损耗的影响	冲抽油越大损耗越大，这是由于冲抽油会破“覆盖效应”，但对石墨打钢影响不大。一般只要能保证加工稳定，冲抽油压力小些好
6	脉冲间隙对电极损耗的影响	脉间越大损耗就越大，这是由于“覆盖效应”的影响所致
7	电极材料对电极损耗的影响	其对损耗的影响由小到大的顺序：银钨合金<铜钨合金<墨（粗规准）<紫铜<钢<铸铁<黄铜<铝
8	工件材料对电极损耗的影响	高熔点合金对电极损耗的影响大于低熔点合金
9	放电间隙对电极损耗的影响	精加工时适当增大放电间隙可降低电极损耗
10	电极形状对电极损耗的影响	对电极损耗的影响最大的是角部，其次是棱边，最后是面。因此，有清角要求的零件需采用换电极加工。

3. 表面粗糙度

表面粗糙度是指加工表面的微观几何形状误差。对电火花加工表面来讲，即是加工表面放电痕坑穴的聚集。由于坑穴表面会形成一个加工硬化层，能存润滑油，其耐磨性比同样表面粗糙度的机加工表面要好，所以加工表面的表面粗糙度允许比要求的表面粗糙度大些；而且在相同表面粗糙度的情况下，电火花加工表面要比机加工表面亮度低。

表面粗糙度是衡量电火花加工质量的一个重要指标。国家标准规定用两个指标来评定表面粗糙度：轮廓算术平均偏差 Ra 和轮廓的最大高度 Rz。Ra 表示在一个取样长度内，轮廓的算术平均偏差，如图 1-2-5 所示；Rz 表示在取样长度内轮廓峰顶线和轮廓谷底线之间的距离。

工件的电火花加工表面粗糙度直接影响其使用性能，如耐磨性、配合性、接触刚度、疲劳强度和抗腐蚀性等。尤其对于高速、高洁、高压条件下工作的模具和零件，其表面粗糙度往往是决定其使用性能和使用寿命的关键。

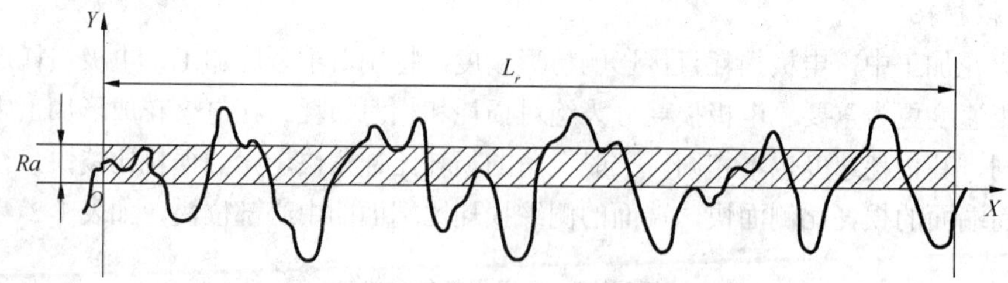

图 1-2-5　轮廓算术平均偏差 *Ra*

工件的电火花加工表面粗糙度可以通过检测仪来进行测量。

表面粗糙度与加工速度是一对矛盾的加工指标，要获得高的加工速度则表面粗糙度值大；而要获得较小的表面粗糙度值，则加工速度很低。影响表面粗糙度的主要因素如下，如表 1-2-5 所示。

表 1-2-5　影响表面粗糙度的主要因素

序　号	影 响 因 素	说　　明
1	脉冲宽度的影响	脉冲宽度越大，表面越粗糙
2	峰值电流的影响	电流越大，表面粗糙度越大
3	电极表面质量的影响	电极的表面粗糙度会复制到工件的表面，因此要求电极的表面粗糙度要高
4	工件材料的影响	用同样的电加工参数加工熔点高的材料，蚀出的凹坑小且浅
5	电极材料的影响	电极材料本身组织结构越好，加工工件就容易获得低的表面粗糙度值低
6	加工面积的影响	加工面积越大，选取的电参数越大，加工表面粗糙度值大

4. 放电间隙

放电间隙是指脉冲放电两极间隙，实际效果反映为加工后工件尺寸的单侧扩大量。对电火花加工放电间隙的定量认识是确定加工方案的基础，其中包括电极形状、尺寸设计、加工工艺步骤设计、加工规准的选择，以及相应工艺措施的设计。

1）放电间隙的种类

放电间隙分三种（见表 1-2-6）。

表 1-2-6　放电加工间隙的种类

序　号	放电加工间隙的种类	图　　片	说　　明
1	出口间隙（*a*）	c b a	加工中工件与电极间的直接放电，两极蒸发和熔化部分飞散造成的
2	入口间隙（*b*）		在产生放电间隙的基础上，增加了二次放电而产生
3	最大侧间隙（*c*）		排屑时工作液中的离子反复碰撞冲击而引起重复二次放电而产生

2）影响放电间隙的因素

（1）电参数的影响。

脉冲空载电压越高，放电间隙越大；脉冲宽度越大，放电间隙越大；峰值电流越大，放电间隙越大。

（2）非电参数的影响如下：

① 加工中的二次放电将造成侧壁尺寸的扩大。加工中应采取措施尽可能减少二次放电的机会，如使用合适的冲、抽油方式等。

② 在加工过程中，由于电极的应力变形或机床系统刚性差而引起的震动，将加大放电间隙，进而影响工件的尺寸精度和仿形精度。

③ 工件的物理性能不同将产生不同的放电间隙，如加工硬质合金，其放电间隙就比加工一般钢件小得多。

④ 在电火花型腔加工中，侧壁的斜度是不可避免的。对于需要一定斜度的模具，电火花加工过程中自然形成的斜度是有益的，但对加工高精度直壁模具，加工斜度应予以控制。

5. 电极材料的选择（以使用性能由优到差的排列为序）

工件表面粗糙度要求很高时：银钨、铜钨、紫铜、石墨。

工件表面要求中等时：紫铜、石墨、铜钨。

工件表面要求粗糙时：石墨、紫铜、铜钨。

思考与练习题

1. 影响放电间隙的因素有哪些？

2. 电极材料有哪几种？

任务三　数控电火花成形加工的操作流程

任务说明

掌握数控快速走丝电火花线切割加工的操作流程。

- SE 系统界面操作功能。
- SE 上机操作。

一、任务引入

数控电火花加工作为特种加工，其加工流程较其他加工方式必定存在一定的差异，在本任务中介绍数控快速走丝电火花线切割加工的操作流程。

二、任务分析

通过数控电火花加工的操作流程图，来掌握其各个过程的要点。

三、相关知识

1. SE 系统界面操作

SE 系统控制同任何数控系统一样，是由分菜单来控制的，一个主菜单就是一个主界面，如表 1-2-7 所示。

SE 系统共有八个主界面，分别为“准备”、“加工”、“编辑”、“配置”、“诊断”、“机械坐标”、“螺补”、“变量”。按【ALT+F1～F8】来选取，例如选取“加工”界面，就要同时按【Alt+F2】组合键，或者先按【Alt】键，接着按【F2】键。主界面名显示在每个操作界面的顶部，有三个主界面名未显示出来，但按【Alt】键加相应的【F1】～【F8】功能键可切换出。各主界面功能及其子功能分述如图 1-2-6 所示。

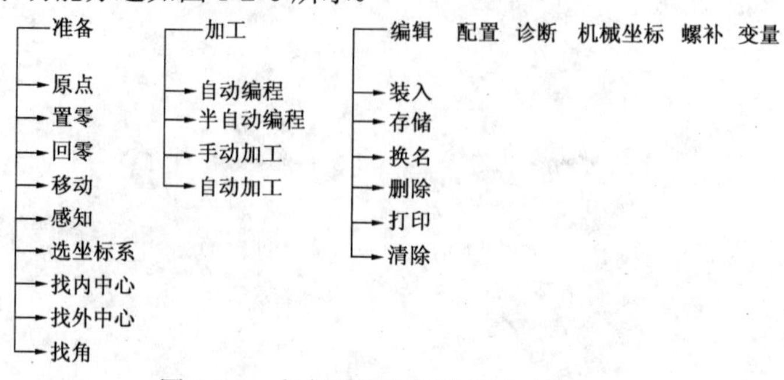

图 1-2-6　各主界面功能及其子功能

表 1-2-7 SE 系统界面操作功能

名 称	图 示	说 明
“准备”界面	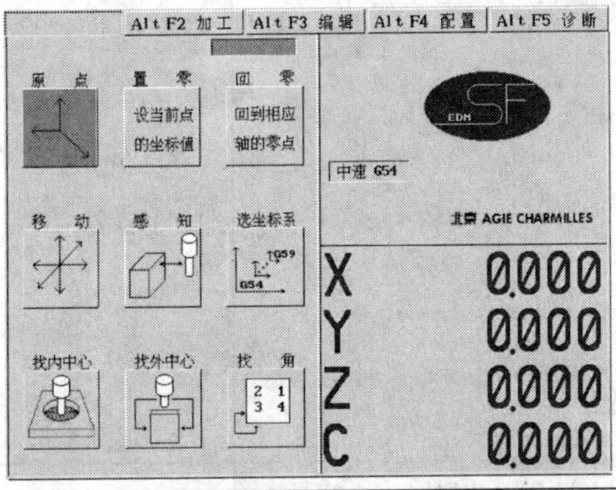	机床启动起来后的初始界面即为准备界面，如左图所示。按【Alt+F1】组合键选取，此界面主要完成零件的装夹和找正功能，有九个子功能
“加工”界面	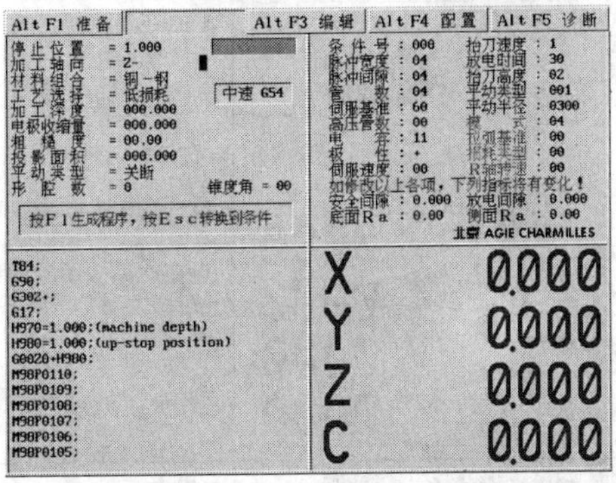	按【Alt+F2】组合键即进入加工界面。此界面主要完成零件的实际加工，自动编程也在这个界面下完成
“编辑”界面	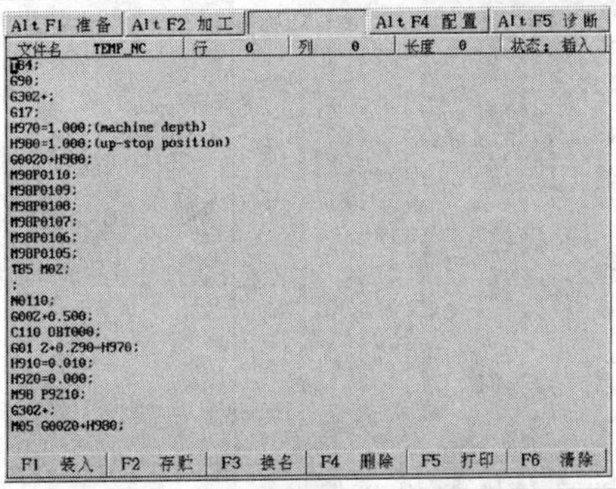	按【Alt+F3】组合键即进入编辑界面。此界面进行手工编程或程序修改及程序文件的管理
“配置”界面	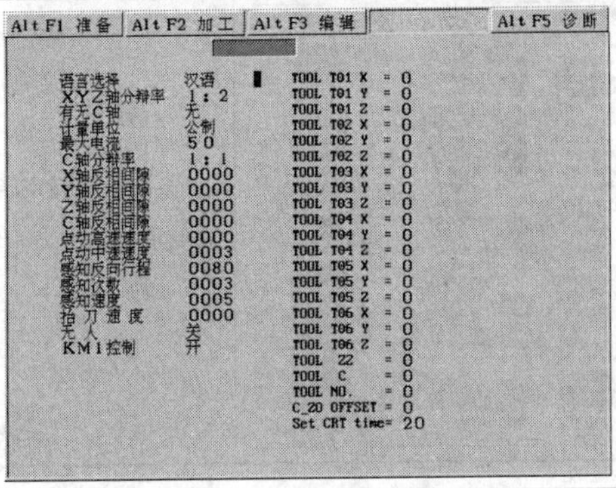	按【Alt+F4】组合键进入配置界面。此界面为用户了解性界面，主要由制造厂家使用

续表

名　称	图　示	说　明
“诊断”界面	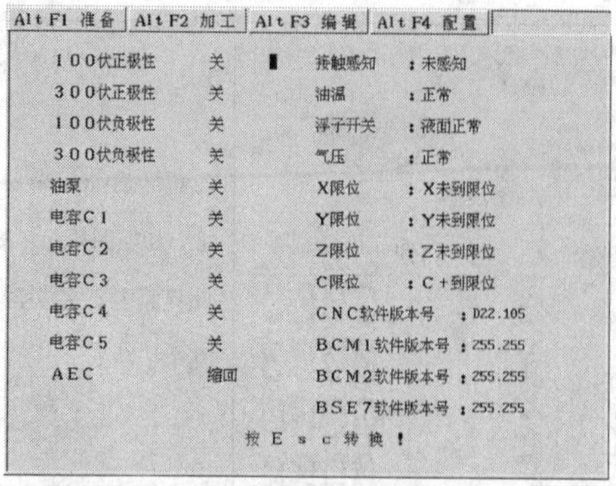	按【Alt+F5】组合键进入诊断界面。用户了解性界面，对机床的故障诊断有一定的帮助
“机床坐标”界面	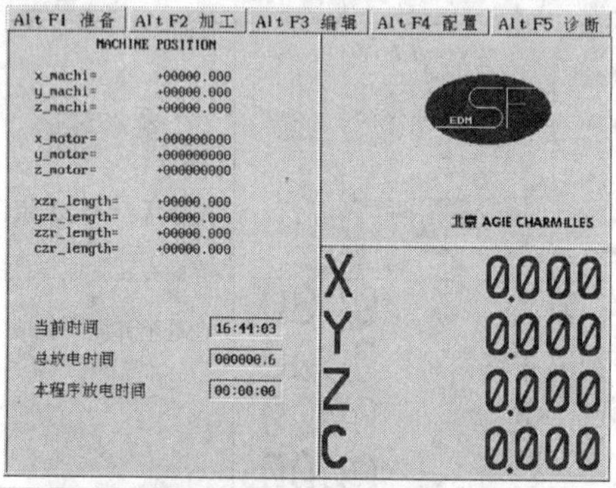	按【Alt+F6】组合键进入此界面。用户了解性界面，可用机床坐标记忆加工起点，也可在此界面了解加工时间
“螺补”界面	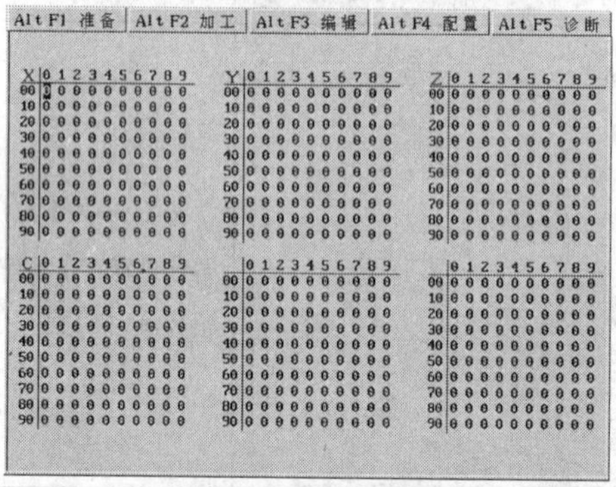	按【Alt+F7】组合键进入此界面。用户了解性界面，此界面可对滚珠丝杠的定位误差进行微量补偿，用户轻易不要修改
“变量”界面	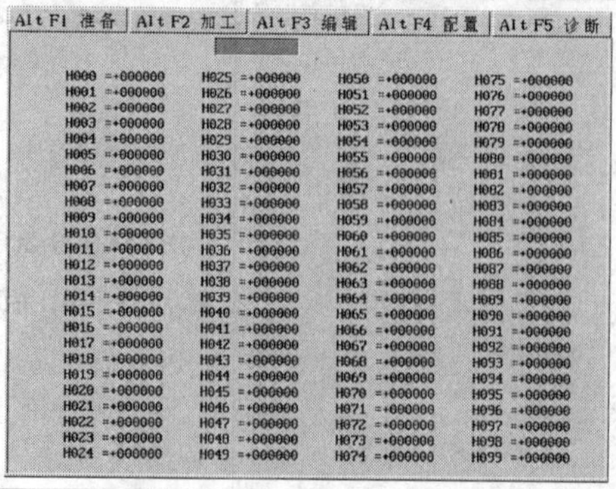	按【Alt+F8】组合键键进入此界面，显示编程时所用到的变量数值，为观察性界面

2. SE 上机操作

手控盒介绍如图 1-2-7 所示，功能如表 1-2-8 所示。

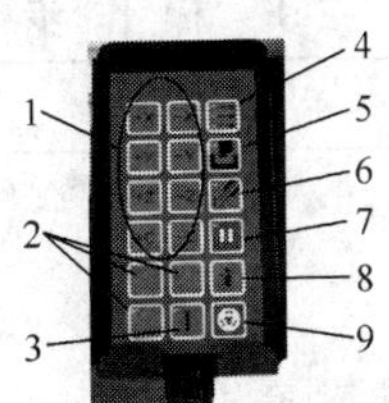

图 1-2-7　手控盒介绍

表 1-2-8　手控盒功能

序　号	说　明
1	【轴移动】键，人站在机床的正面，轴的方向与正常的工作坐标系方向相同
2	暂无用
3	【恢复】键，加工暂停后要接着加工按此键
4	【速度选择】键，按一次转换 一次，有指示灯显示
5	【忽略接触感知】键，当电极与工件接触后，要移开电极时，先按此键
6	【油泵开关】键
7	【暂停】键
8	【确认】键，有红条显示的信息提示时，按此键解除
9	【停止】键，退出当前正在执行的动作，如加工或找正

四、任务实施

实例：加工要求如图 1-2-8 所示。

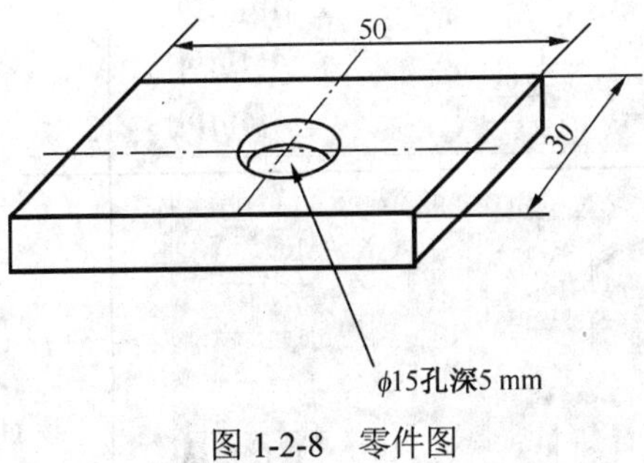

图 1-2-8　零件图

1. 确定电极尺寸收缩量

本例加工面积为 1.77 cm^2，由加工参数表，按低损耗确定第一个条件用 C109，由其安全间隙确定电极收缩量为 0.4 mm。

2. 零件装夹找正

把零件放在磁力吸盘上，按表1-2-9所示步骤如下。

表1-2-9 操作步骤

步骤	图示	说明
1	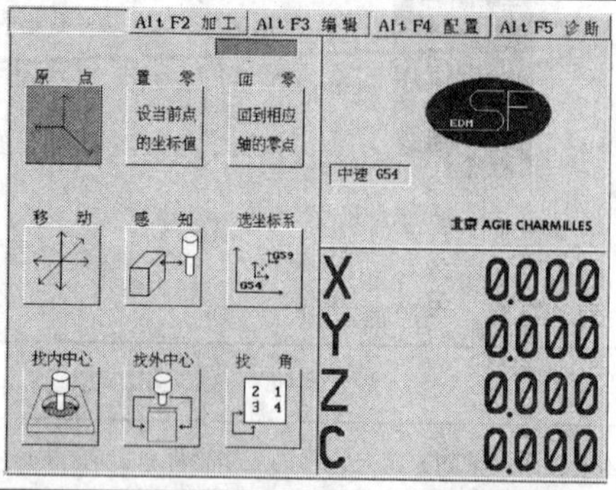	开机
2	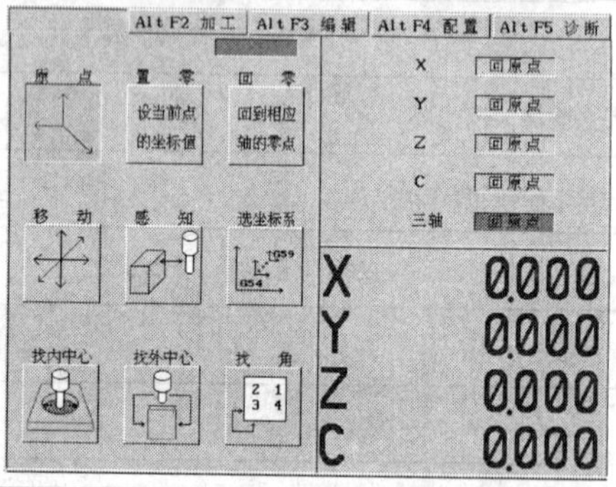	按【F1】键后将光标移至“三轴”文本框处按【Enter】键
3	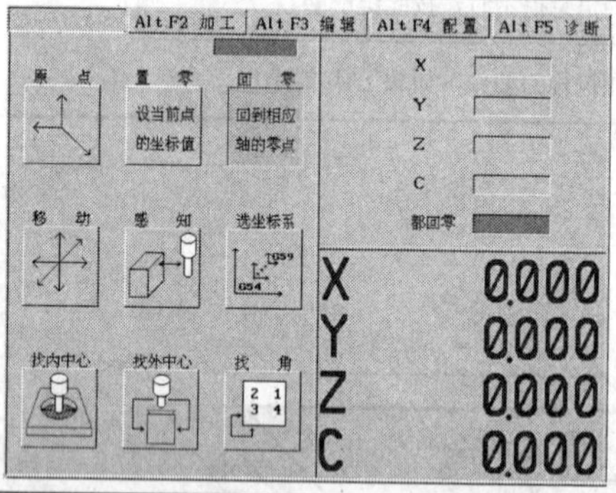	按【F3】键后选择一种方式，然后按【Enter】键
4	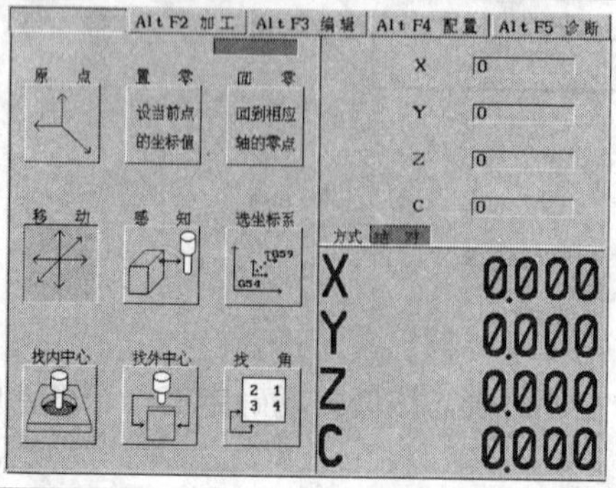	按【F4】键或界面停留在任一子功能上

续表

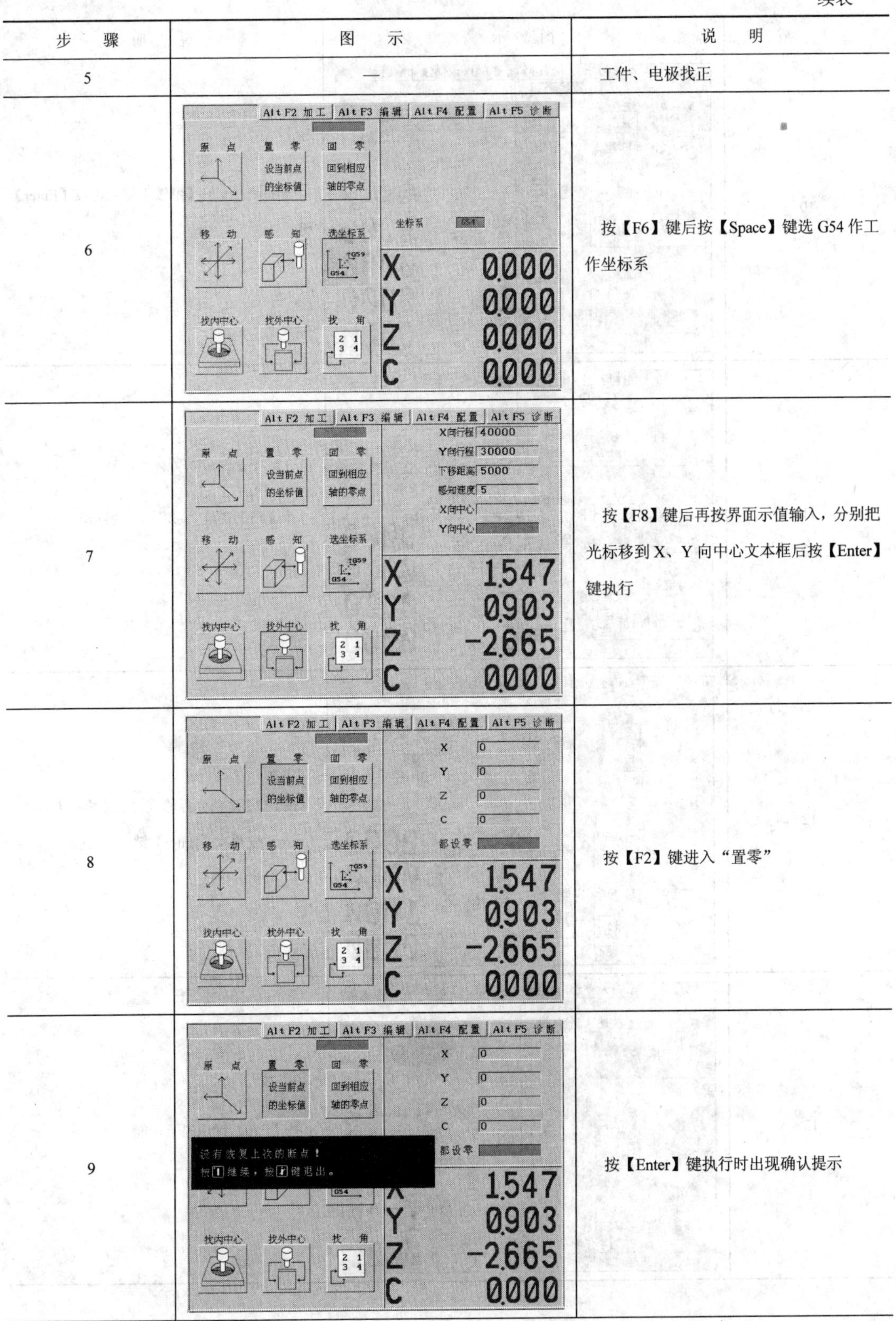

步　骤	图　示	说　明
5	—	工件、电极找正
6		按【F6】键后按【Space】键选 G54 作工作坐标系
7		按【F8】键后再按界面示值输入，分别把光标移到 X、Y 向中心文本框后按【Enter】键执行
8		按【F2】键进入“置零”
9		按【Enter】键执行时出现确认提示

续表

步　骤	图　示	说　明
10	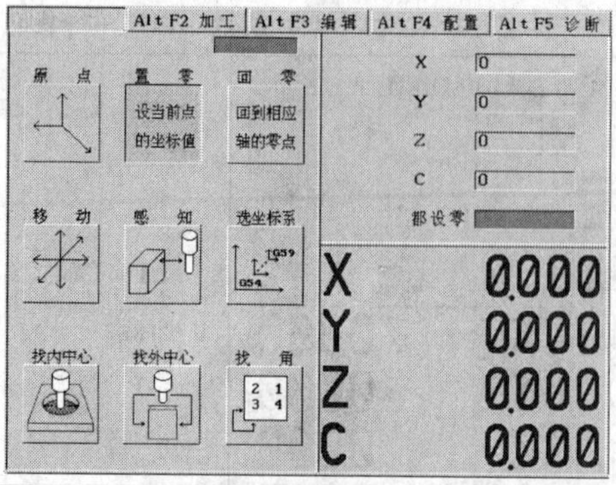	按手控盒上的【继续】键后再按【Enter】键
11	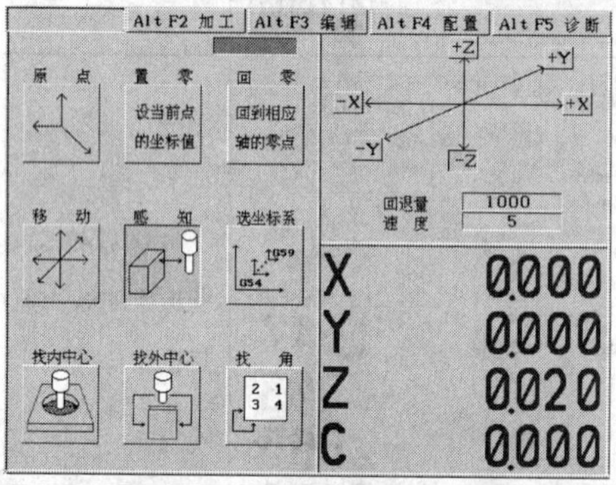	按【F5】键选“−Z”、“感知”
12	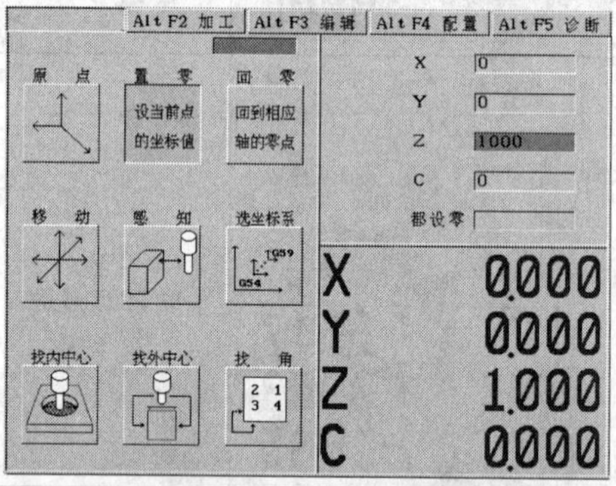	按【F2】键后光标移到 Z 文本框中并输入 1 mm，按两次【Enter】键
13	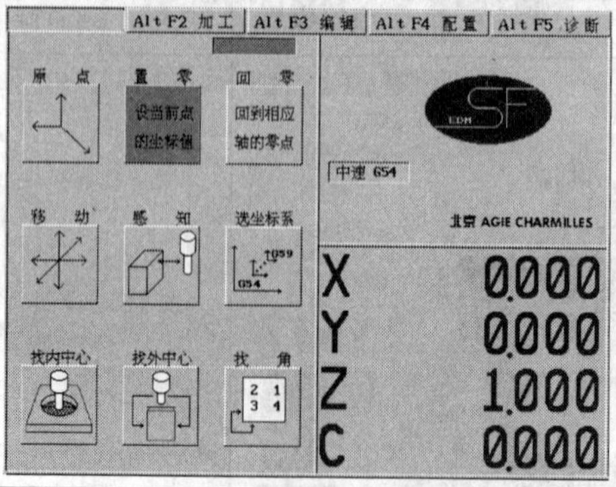	按【F10】键退出子功能

续表

步　骤	图　示	说　明
14	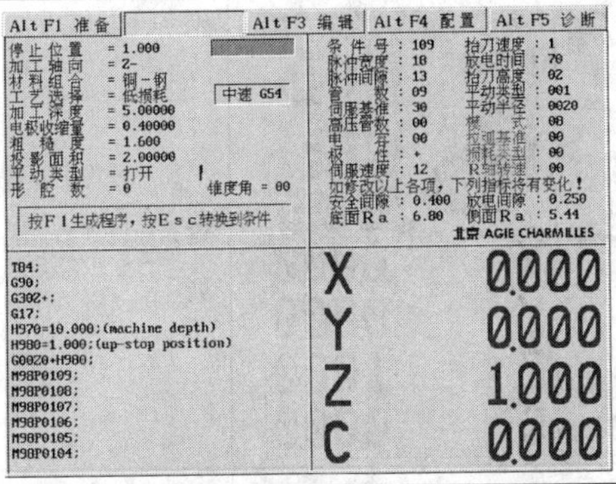	按【Alt+F2】组合键进入加工界面，按界面示值输入后按【F1】键
15	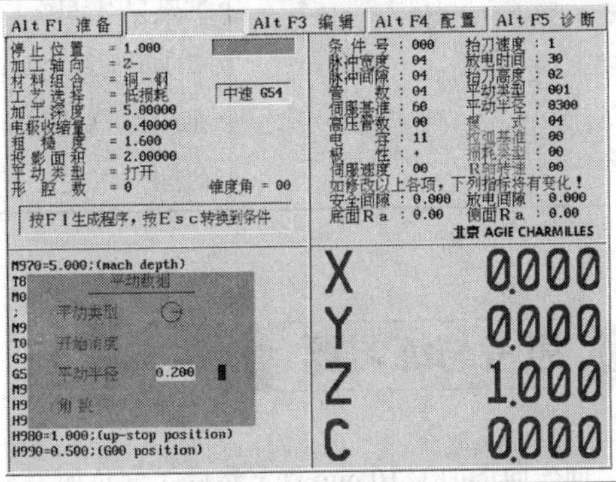	在出现的小对话框中输入平动数据
16	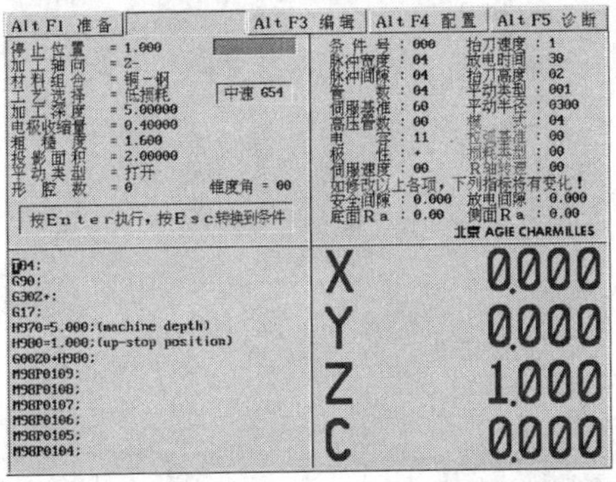	按【F10】键后生成程序，按【F8】键弹出程序，按【Enter】键即可加工
17	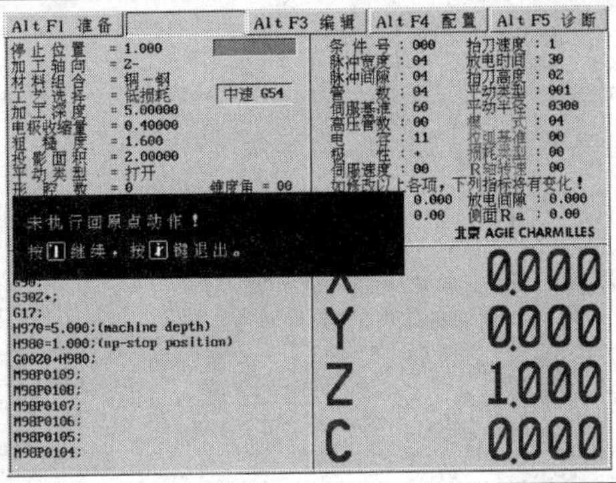	出现此提示，确认后按手控盒上的【继续】键，开始加工

续表

步　骤	图　示	说　明
18	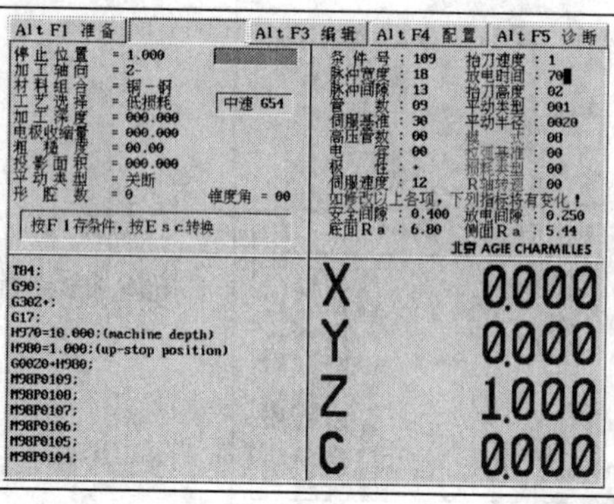	加工过程中要修改放电参数，按【Esc】键光标跳到参数区，修改后再按【Esc】有效
19	—	加工中掉电或关机后接着加工时，先回原点，再回零，然后在“加工”界面把光标放在程序开头按【Enter】键从头执行，已加工的程序会空走过去

思考与练习题

SE 机练习一个如下述的加工过程：Z 向先向下加工 10 mm 深，然后 X 向负加工 5 mm。

项目三 数控电火花成形加工实例

任务一 单孔的电火花加工

任务说明

单孔加工是电火花加工中最基本的工作。在本次任务中，通过完成图 1-3-1 所示的单孔零件，掌握相关单孔加工内容的基本方法。

知识点

- 编制数控电火花加工单孔零件的加工工艺。
- 掌握零件的装夹和校正的方法。
- 掌握单孔零件加工方法。

一、任务引入

图 1-3-1 所示为单孔零件图，其材料为 45 钢。该零件的主要尺寸为直径ϕ30 mm、高度 20 mm，需要电火花加工该零件方孔的尺寸为（10±0.03）mm，被电火花加工的表面粗糙度 *Ra* 值为 2 μm，零件其余表面粗糙度 *Ra* 值均为 6.3 μm。

二、任务分析

该零件的尺寸精度和表面粗糙度要求较高，故采用电极伺服平动的加工方式，其方法就是将孔打到深度，电极再按一定的方式平动。

三、相关知识

1. 电极的结构形式

1）按构成分类

从电极的构成情况看，有整体式电极和镶拼式电极两种结构形式，如表 1-3-1 所示。

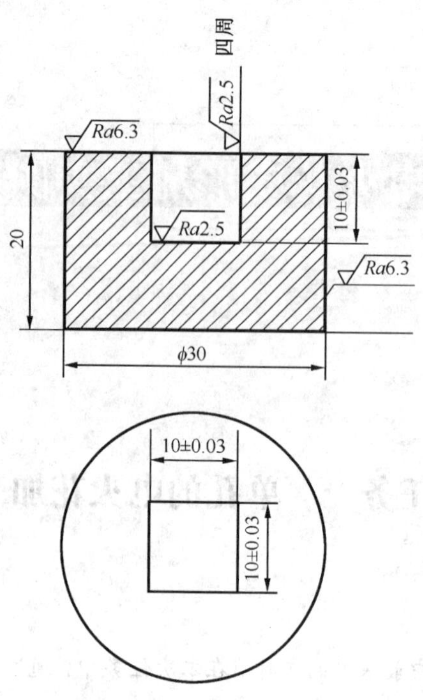

图 1-3-1　单孔零件图

表 1-3-1　电极按构成分类的形式

分　类	图　示	说　明	分　类	图　示	说　明
整体式		整个电极用一块材料加工而成	镶拼式		对形状复杂的电极整体加工有困难时，常将其分成几块，分别加工后再镶拼成整体

2）按形状分类

从电极的形状来看，有 2D 电极和 3D 电极两种结构形式，如表 1-3-2 所示。

表 1-3-2　电极按形状分类的形式

分　类	图　示	说　明
2D 电极		电极成形部分是贯通形状，为简单的二维实体。一般用传统铣、车或电火花线切割加工等方法来完成此类电极的制造

续表

分　类	图　示	说　明
3D 电极		电极成形部分有非贯通部分，为复杂的三维实体，此类电极的制造必须用数控机床多轴联动的加工方法才能完成

2. 电极材料的选择

任何导电材料都可以作为电极，但电极材料对于电火花成形加工的稳定性、加工速度和工件质量等都有很大的影响，所以应选择导电性能良好、损耗小、造型容易、加工过程稳定、效率高、机械加工性能好和价格便宜的材料作为电极材料。电火花成形加工常用的电极材料有紫铜、黄铜、铸铁、钢、石墨等。表 1-3-3 所示为常用电极材料的性能、特点及其应用范围。

表 1-3-3　常用电极材料的性能、特点及其应用范围

电极材料	图　示	电火花加工性能说明	适用范围
紫铜		加工性能优良，适用晶体管电源加工，电极损耗较小	穿孔加工 型腔加工
石墨		加工性能优良，但不适用于精加工，也不适用于硬质合金加工，电极损耗小	大型型腔模具
钢		加工稳定性较差，电极损耗一般	冲模加工
铝		加工稳定性好，加工速度快，适用于大电流，高效率加工，电极损耗大	穿透加工 大型型腔

续表

电极材料	图示	电火花加工性能说明	适用范围
铸铁		在加工过程中易于起弧，加工速度不如铜电极高	大型型腔冲模加工

3. 电参数的配置

在电火花成形加工中，它主要是指经合理选配后的电脉冲参数和电加工用量。冲模电火花加工工艺中，根据工件的要求和电极与工件的材料等因素，确定合理的加工规准，并在加工中正确、及时地转换如表 1-3-4 所示。

表 1-3-4　不同冲模加工的规准选择要点

冲模的表现形式和要求	规准选择要点
间隙大	加工刃口可选择较强规准，或采用平动电极法
间隙小	加工刃口部分只能选择较弱规准
斜度大	不采用阶梯电极，增加规准转换级差，并采用冲油
斜度小	用阶梯电极，采用抽油。粗规准可较强。精规准看刃口表面粗糙度而定
半刃口	粗、中、精规准过渡，根据刃口要求间隙，斜度来选择规准的强弱
全刃口	采用阶梯电极、规准选择同斜度小的冲模加工
小型孔槽	采用较弱规准，以保证精度和表面粗糙度
形状复杂	规准选择相应弱些
余量大	规准选择尽量强些
钢打钢	选择脉冲宽度不大、峰值电流高、脉冲间隔较大的规准加工

4. 工件的装夹与校正

数控电火花加工将工件安装于工作台，必须正确装夹工件，并对工件进行校正。

1）工件的装夹方法

由于工件的形状、大小各异，所以电火花加工工件的装夹方法有很多种。通常用磁盘来装夹工件，为了适应各种不同工件加工的需求，还可使用其他专用工具来进行装夹。下面介绍在实际加工中常用的工件装夹方法。表 1-3-5 所示为常用的工件装夹方法。

表 1-3-5　常用的工件装夹方法

装夹方法	图　示	说　明
永磁吸盘装夹工件		永磁吸盘的磁力是通过吸盘内六角孔中插入的扳手来控制的。当扳手处于 OFF 一侧时，吸盘表面无磁力，这时可以将工件放置于吸盘台面，然后将扳手旋转至 ON 一侧，工件就被吸紧于吸盘了
平口钳装夹工件		对于一些因安装面积较小，用永磁吸盘安装不牢固的工件，或一些特殊形状的工件，可考虑使用平口钳来进行装夹

2）工件的校正方法

工件装夹完成后，要对其进行校正。工件校正就是使工件的工艺基准与机床 X、Y 轴的轴线平行，以保证工件的坐标系方向与机床的坐标系方向一致。在实际加工中，使用校表来校正工件是应用最广泛的校正方法。

（1）使用校表来校正工件。校表的结构由指示表和磁性表座组成，如图 1-3-2 所示。指示表有千分表和百分表两种，百分表的指示精度最小为 0.01 mm，千分表的指示精度最小为 0.001 mm，可根据加工精度要求来选择适用的校表。数控电火花加工属于精密加工范畴，一般使用千分表来校正工件。磁性表座用来连接指示表和固定端，其连接部分可以灵活摆成各种样式。使用非常方便。其产品的精度可靠，被很多企业采用。

图 1-3-2　校表的组成

（2）工件校正的操作过程。工件校正的操作过程如表 1-3-6 所示。

表 1-3-6　工件校正的操作过程

步　骤	图　示	说　明
第一步		将千分表的磁性表座固定在机床主轴侧或床身某一适当位置，保证固定可靠，同时将表架摆放到能方便校正工件的位置

续表

步 骤	图 示	说 明
第二步		使用手控盒移动相应的轴，使千分表的测头与工件的基准面相接触，直到千分表的指针有指示数值为止（一般指示到30的位置即可）
第三步		纵向或横向移动机床轴，观察千分表的读数变化，即反映出工件基准面与机床 *X*、*Y* 轴的平行度。使用铜棒敲击工件来调整平行度
第四步		工件被调整到正确的位置，满足精度要求为止

5. 电极的装夹与校正

数控电火花加工是将电极安装在机床主轴上进行加工，由人工完成电极装夹的操作。

1）电极的装夹

由于在实际加工中碰到的电极形状各不相同，电火花加工要求也不一样，因此使用的电极夹具也不相同。下面介绍几种常用的电极夹具。表1-3-7所示常用的电极夹具。

表1-3-7 常用的电极夹具

名 称	图 示	说 明
钻夹头		适用于圆柄电极的装夹，通常可以在钻夹头上开设冲液孔，在加工时可以使工作液均匀地沿圆电极淋下，达到较好的排屑效果
U形夹头		适用于方形电极和片状电极，通过拧紧夹头上的螺钉来夹紧电极

续表

名　称	图　示	说　明
电极柄夹头		适用于尺寸较大的圆电极、方形电极，以及几何形状复杂而且在电极一端可以钻孔套螺纹固定的电极

2）电极的校正

数控电火花加工应通过校正电极，使电极轴线与主轴轴线一致，保证电极与工件垂直，保证电极的横截面基准与机床 X、Y 轴平行。

常见的电极校正的方法如表 1-3-8 所示。

表 1-3-8　常用的电极校正方法

名　称	图　示	说　明
千分表校正	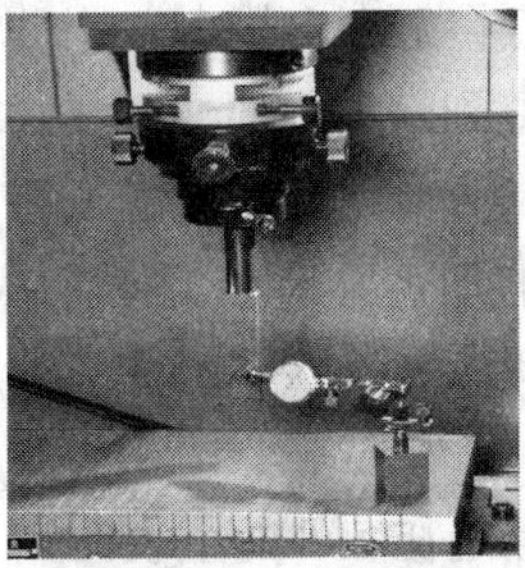	表 1-3-6 中介绍了使用千分表校正工件的方法，校正电极的方法也一样
火花校正		当电极端面为平面时，可用弱电规准在工件平面上放电打印，根据工件平面上放电火花分布情况来校正电极，直到调节至四周均匀地出现放电火花为止
直角尺校正		采用直角尺可校正侧面较长、直壁面类电极的垂直度。校正时，使直角尺的刀口靠近电极侧壁基准，通过观察它们之间上下间隙的大小来调节电极夹头

四、任务实施

1. 电极制造

（1）电极材料的选择：紫铜。

（2）电极尺寸：电极截面尺寸 10 mm×10 mm，电极长度约 60 mm。

（3）电极制造：采用电火花线切割加工。

2. 电极的装夹与找正

电极装夹与校正的目的是把电极牢固地装夹在主轴的电极夹具上，并使电极轴线与主轴进给轴线一致，保证电极与工件的垂直和相对位置。图 1-3-3 所示为电极的装夹。

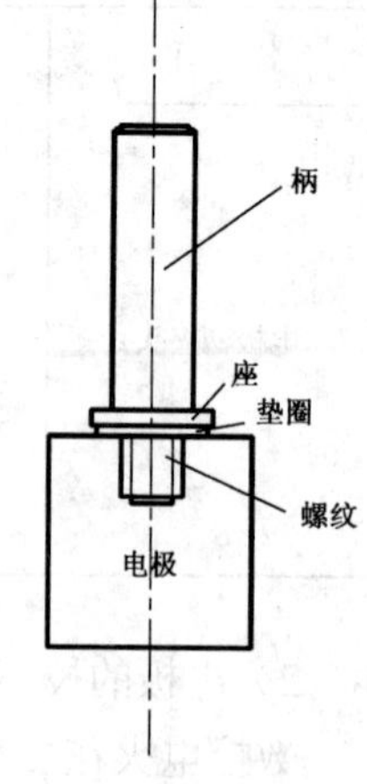

图 1-3-3　电极的装夹

1）电极的装夹

将电极与夹具的安装面清洗或擦拭干净，保证接触良好。此电极为小型电极采用带柄的螺纹紧固，故采用一只螺钉紧固。正确的方法应使螺纹的后部带有基准平面，加大与电极的接触面积，并加一弹簧垫圈防止松动。也可把电极和夹具制造成一体，直接装夹在机床主轴上。

2）电极校正

首先将百分表固定在机床上，百分表的触点接触在电极上，让机床 Z 轴上下移动，此时要按【忽略接触感知】键，将电极的垂直度调整到满足零件加工要求位置，然后再校正电极 X 方向（或 Y 方向）的位置，然后再校正电极 X 方向（或 Y 方向）的位置，其方法是让工作台沿 X 方向（或 Y 方向）移动，直至满足零件的加工要求。

3）工件的装夹与校正

用磁力吸盘直接将工件固定在电火花机床上，将 X、Y 方向坐标原点定在工件的中心，利用机床接触感知的功能，将 Z 方向坐标的原点定在工件的上表面上。

4）电火花加工工艺数据

停止位置为 1 mm，加工轴向为 Z（Z 轴负方向），材料组合为铜-钢，工艺选择为标准值，加工深度为 10 mm，电极收缩量为 0.4 μm，表面粗糙度为 2 μm，投影面积为 1 cm^2，平动方式为“打开”（选择二维矢量伺服平动，平动半径为 0.2 mm）。

5）编制加工程序

加工程序的编制如表 1-3-9 所示。

表 1-3-9　加 工 程 序

序　号	程 序 内 容	说　明
1	T84;	启动电解液泵
2	G90;	绝对坐标指令
3	G30 Z+;	按指定 Z 轴方向抬刀
4	G17;	XOY 平面
5	H970=10.000;	H970=10.00 mm

续表

序　号	程序内容	说　明
6	H980=1.000；	H980=1.00 mm
7	G00 Z0+H980；	快速移动到 Z=1 mm 处
8	M98 P0128；	调用 128 号子程序
9	M98 PO127；	调用 127 子程序
10	M98 P0126；	调用 126 子程序
11	M98 P0125；	调用 125 子程序
12	M05 GOO Z0+H980；	忽略接触感知，快速移动到 Z=1 mm 处
13	T85 M02；	关闭电解液泵，程序结束
14	；	
15	N0128；	128 号子程序
16	G00 Z+0.500；	快速移动到 Z=0.5 mm 处
17	C128 OBT000；	关闭自由平动，按 128 号条件加工
18	G01 Z+0.140–H970；	加工到 Z= −9.86 mm 处
19	G32；	伺服回原点（中心）后再抬刀
20	G91；	相对坐标指令
21	G90；	绝对坐标指令
22	G30 Z+；	按指定 Z 轴正方向抬刀
23	M99；	子程序结束
24	；	
25	N0127；	127 号子程序
26	C127 OBT000；	关闭自由平动，按 127 号条件加工
27	G01 Z+0.110–H970；	加工到 Z= −9.89 mm 处
28	G32；	伺服回原点（中心）后再抬刀
29	G91；	相对坐标指令
30	G90；	绝对坐标指令
31	G30 Z+；	按指定 Z 轴正方向抬刀
32	M99；	关闭子程序
33	；	
34	N0126；	126 号子程序
35	C126 OBT000；	关闭自由平动，按 126 号条件加工
36	G01 Z+0.070–H970；	加工到 Z= −9.93 mm 处
37	G32；	伺服回原点后再抬刀

续表

序　号	程序内容	说　明
38	G91；	相对坐标指令
39	G90；	绝对坐标指令
40	G30 Z+	按指定 Z 轴正方向抬刀
41	M99；	关闭子程序
42	；	
43	N0125；	125 号子程序
44	C125 OBT000；	关闭自由平动，按 125 号条件加工
45	G01 Z+0.027–H970；	加工到 $Z=-9.973$ mm 处
46	G32；	伺服回原点后再抬刀
47	G91；	相对坐标指令
48	G90；	绝对坐标指令
49	G30 Z+；	按指定 Z 轴正方向抬刀
50	M99	关闭子程序

思考与练习题

简述工件的装夹、定位与找正的方法。

任务二　多孔的电火花加工

任务说明

多孔加工是电火花加工中较复杂的课题。在本次任务中，通过完成图 1-3-4 所示的多孔零件，掌握相关单孔加工内容的基本方法。

知识点

- 编制数控电火花加工多孔零件的加工工艺。
- 掌握零件的装夹和校正的方法。
- 掌握多孔零件加工方法。

一、任务引入

图 1-3-4 所示为多孔零件图，其材料为 45 钢。该零件的主要尺寸为长 40 mm、宽 40 mm、高度 20 mm。需要电火花加工该零件的 4 个六方孔，其尺寸为长 10 mm±0.03 mm，宽 8.7 mm±0.03 mm，深 10 mm±0.03 mm。被电火花加工的表面粗糙度 *Ra* 值为 2 μm。零件其余表面粗糙度 *Ra* 值均为 6.3 μm。

二、任务分析

如图 1-3-4 所示为多孔加工，多孔加工有两种方法。一种是组合电极同时将这几个孔加工成功，这种方法加工效率高，缺点是要做的电极多，且电极组合质量的好坏直接影响加工质量的好坏；另一种方法是用单电极对各孔依次加工，这种方法加工的优点是电极制造简单，缺点是加工时间长，最后一个孔的加工质量较第一个孔差。若加工质量要求较高，可采用两个电极，第一个电极粗加工，第二个电极精加工，可满足加工要求。当然，孔的数量太多，可做三个电极，分为粗加工、半精加工、精加工。也可分为第一个电极加工哪几个孔，第二个电极加工哪几个孔，将多孔加工变为单孔，或少孔加工。为了提高侧壁的表面粗糙度，需选择合适的平动方式。根据本例的特点，可选择以下加工方法。

（1）采用伺服圆形平动。这种加工方法简单，缺点是六边形的角将不是尖角（圆角半径的大小取决于平动半径的大小），对于形状要求不高的零件可采用。

（2）在程序中设置一个角一个角地去打（规定要打角的角度），这种加工方法效率相对低。

（3）多电极加工。这种方法需要做多个电极，且每个电极都需要校正（有自动换电极功能的机床不需要校正），较麻烦。优点是各孔的加工质量较高。

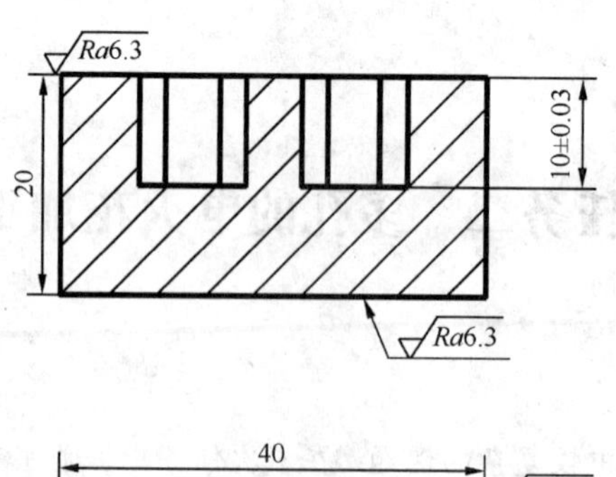

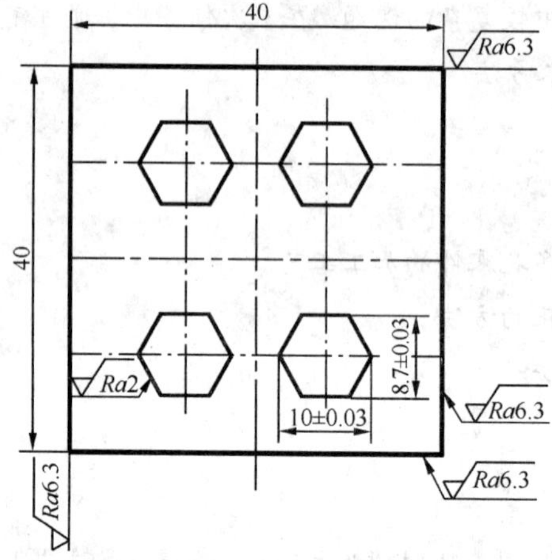

图 1-3-4　多孔零件图

本例采用单电极伺服圆形平动加工方法。

三、相关知识

下面介绍热处理基本知识。

任何金属材料，无论是黑色金属还是有色金属，一般都可以进行热处理，使金属材料内部金相组织和晶粒粗细发生变化，从而获得所需的力学性能，例如改变强度、硬度、塑性、韧性等。其中钢的热处理用得最为广泛，铸铁次之。常用的热处理方法有退火、回火、正火、淬火和调质等。具体应用如下述。

1）退火

将钢件加热到临界温度以上 30～50℃（一般加热到 750～800℃），保温一段时间在炉中缓慢冷却。用于含碳量较高的铸件和冷轧坯件以及一些硬度较高的合金钢。其目的是降低硬度，改善加工性能；增加塑性和韧性；消除内应力，防止零件加工变形；细化晶粒，均匀组织，为保证其他热处理的质量做好准备。

2）正火

钢加热到临界温度以上 30～50℃，保温一段时间，在空气中冷却。正火实质是一种特殊形式的退火，其区别在于冷却速度较退火快。用于低碳、中碳及渗碳钢件。其目的是得到均匀、细密的结构组织，增加强度与韧性，改善加工性能，为保证其他热处理的质量做好准备。

3）淬火

钢件加热到临界温度以上 30～50℃，保温一段时间，在水、盐水或油中急速冷却。用于中等含碳量以上的各种钢材。其目的是提高中碳钢的硬度、强度和耐磨性。为提高中碳钢的力学性能做好结构组织的准备。

4）表面淬火

将工件表面迅速加热到淬火温度，然后用水或油使其急速冷却。根据加热方式的不同，分为高频淬火和火焰淬火两种。用于中等含碳量以上的各种钢材，其目的是使零件表层获得高的硬度和耐磨性，而内部仍保持原有的强度和韧性。

5）回火

将淬硬钢件加热到临界温度以下，保温一段时间，在空气或油中冷却。根据不同要求，加热温度也不同。其目的是消除淬火时产生的内应力及由此所产生的脆性，提高零件的塑性和韧性，得到各种要求的力学性能，稳定组织，稳定尺寸。

6）调质

淬火后再经高温（500～600℃）回火。用于各种中碳钢的毛坯或粗加工后的制件。其目的是在塑性、韧性和强度方面能获得较好的综合力学性能。

四、任务实施

1. 电极制造

（1）电极材料的选择：紫铜。

（2）电极尺寸：电极截面长为 9.7 mm±0.03 mm，电极截面宽为 8.1 mm±0.03 mm，电极长度约 70 mm 左右。图 1-3-5 所示为电极外形图。

（3）电极制造：采用电火花线切割加工。

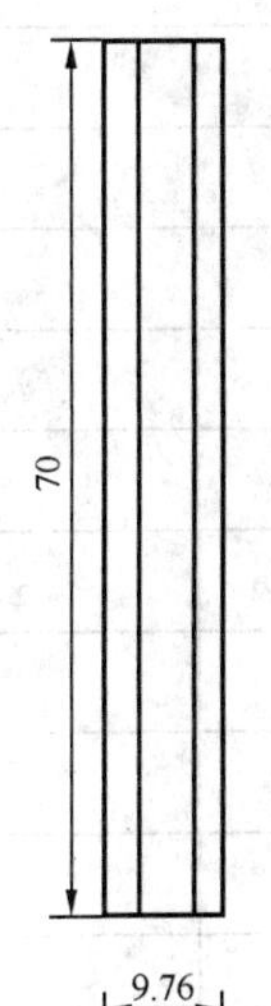

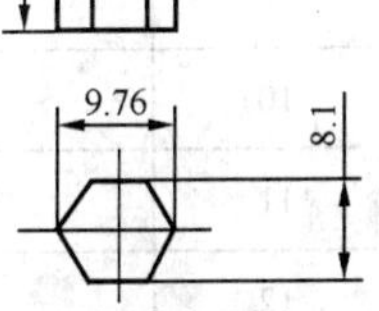

图 1-3-5　电极外形图

2. 电极的装夹与找正

电极装夹与校正的目的，是把电极牢固地装夹在主轴的电极夹具上，并使电极轴线与主轴进给轴线一致，保证电极与工件的垂直和相对位置。

1）电极的装夹

将电极与夹具的安装面清洗或擦拭干净，保证接触良好。把电极牢固地装夹在主轴的电极夹具上。

2）电极校正

首先将百分表固定在机床上，百分表的触点接触在电极上，让机床 Z 轴上下移动，此时要按【忽略接触感知】键，将电极的垂直度调整到满足零件加工要求位置，然后再校正电极 X 方向（或 Y 方向）的位置，然后再校正电极 X 方向（或 Y 方向）的位置，其方法是让工作台沿 X 方向（或 Y 方向）移动，直至满足零件的加工要求。

3）工件的装夹与校正

用磁力吸盘直接将工件固定在电火花机床上。首先校正工件。方法是将百分表固定在机床的主轴上，让机床 X 轴左右移动（或 Y 轴前后移动，此时按【忽略接触感知】键），将工件的位置调整到满足零件加工要求为止。然后装上电极调整其垂直度（此时要按【忽略接触感知】键）及 X 方向的平行度（此电极 Y 方向不能调），调整方法同前一例，直到满足零件加工要求为止。由于电极 X 方向的尺寸较小，用百分表校正可能不够灵敏，可改用千分表校正。

利用机床找工件的角点功能，将 X、Y 方向坐标原点定在工件的中心，利用机床接触感知的功能，将 Z 方向坐标的原点定在工件的上表面上，到此机床调整完毕，编好程序即可加工。

4）电火花加工工艺数据

停止位置为 1 mm，加工轴向为 Z（Z 轴负方向），材料组合为铜-钢，工艺选择为标准值，加工深度为 10 mm，电极收缩量为 0.4 μm，表面粗糙度值为 2 μm，投影面积为 0.65 cm^2，平动方式为打开（选择二维矢量伺服平动，平动半径为 0.2 mm），型腔数为 4（各型腔坐标：X_1=12.5 mm，Y_1=12.5 mm；X_2=12.5 mm，Y_2=27.5 mm，X_3=27.5 mm，Y_3=27.5 mm，X_4=27.5 mm，Y_4=12.5 mm）。

5）编制加工程序

编制加工程序如表 1-3-10 所示。

表 1-3-10　加 工 程 序

序　号	程 序 内 容	说　明
1	T84;	启动电解液泵
2	G90;	绝对坐标指令
3	G30 Z+;	按指定 Z 轴方向抬刀
4	G17;	XOY 平面
5	H970=10.000;	H970=10.00 mm
6	H980=1.000;	H980=1.00 mm
7	G00 Z0+H980;	快速移动到 Z=1 mm 处
8	G00 X12.500;	快速移到 X=12.5 mm 处
9	M98 P0127;	调用 127 号子程序
10	M05 G00 Z0+H980;	忽略接触感知，快速移到到 Z=1 mm 处
11	G00 X12.5;	快速移到 X=27.5 mm 处
12	G00 Y27.500;	快速移到 Y=12.5 mm 处
13	M98 P0127;	调用 127 号子程序
14	M05 G00 Z0+H980;	忽略接触感知，快速移到到 Z=1 mm 处
15	G00 X27.500;	快速移到 X=27.5 mm 处
16	G00 Y27.500;	快速移到 Y=12.5 mm 处
17	M98 P0127;	调用 127 号子程序
18	M05 G00 Z0+H980;	忽略接触感知，快速移到到 Z=1 mm 处

续表

序　号	程序内容	说　明
19	G00 X27.500；	快速移到 X=27.5 mm 处
20	G00 Y12.500；	快速移到 Y=12.5 mm 处
21	M98 P0127；	调用 127 号子程序
22	M05 G00 Z0+H980；	忽略接触感知，快速移到到 Z=1 mm 处
23	G00 X12.500；	快速移到 X=27.5 mm 处
24	G00 Y12.500；	快速移到 Y=12.5 mm 处
25	M98 P0126；	调用 126 号子程序
26	M05 G00 Z0+H980；	忽略接触感知，快速移到到 Z=1 mm 处
27	G00 X12.500；	快速移到 X=27.5 mm 处
28	G00 Y27.500；	快速移到 Y=27.5 mm 处
29	M98 P0126；	调用 126 号子程序
30	M05 G00 Z0+H980；	忽略接触感知，快速移到到 Z=1 mm 处
31	G00 X27.500；	快速移到 X=27.5 mm 处
32	G00 Y27.500；	快速移到 Y=27.5 mm 处
33	M98 P0126；	调用 126 号子程序
34	M05 G00 Z0+H980；	忽略接触感知，快速移到到 Z=1 mm 处
35	G00 X27.500	快速移到 X=27.5 mm 处
36	G00 Y12.500；	快速移到 Y=12.5 mm 处
37	M98 P0126；	调用 126 号子程序
38	M05 G00 Z0+H980；	忽略接触感知，快速移到到 Z=1 mm 处
39	G00 X12.500；	快速移到 X=12.5 mm 处
40	G00 Y12.500；	快速移到 Y=12.5 mm 处
41	M98 P0125；	调用 125 号子程序
42	M05 G00 Z0+H980；	忽略接触感知，快速移到到 Z=1 mm 处
43	G00 X12.500；	快速移到 X=12.5 mm 处
44	G00 Y27.500；	快速移到 Y=27.5 mm 处
45	M98 P0125；	调用 125 号子程序
46	M05 G00 Z0+H980；	忽略接触感知，快速移到到 Z=1 mm 处

续表

序　号	程序内容	说　明
47	G00 X27.500;	快速移到 X=27.5 mm 处
48	G00 Y27.500;	快速移到 Y=27.5 mm 处
49	M98 P0125;	调用 125 号子程序
50	M05 G00 Z0+H980;	忽略接触感知，快速移到到 Z=1 mm 处
51	G00 X27.500;	快速移到 X=27.5 mm 处
52	G00 Y12.500;	快速移到 Y=12.5 mm 处
53	M98 P0125;	调用 125 号子程序
54	M05 G00 Z0+H980;	忽略接触感知，快速移动到 Z=1 mm 处
55	T85 M02;	关闭电解液泵，程序结束
56	N0127;	127 号子程序
57	G00 Z+0.500;	快速移动到 Z=0.5 mm 处
58	C127 OBT000;	关闭自由平动，按 127 号条件加工
59	G01 Z+0.110–H970;	加工到 Z= −9.89 mm 处
60	H910=0.090;	H910=0.144 mm
61	H920=0.000;	H920=0.000 mm
62	M98 P9210;	调用 9210 号子程序
63	G30 Z+;	按指定 Z 轴正方向抬刀
64	M99;	子程序结束
65	;	
66	N0126;	126 号子程序
67	C126 OBT000;	关闭自由平动，按 126 号条件加工
68	G01 Z+0.070–H970;	加工到 Z=−9.93 处
69	H910=0.144;	H910=0.144 mm
70	H920=0.000;	H920=0.000 mm
71	M98 P9210;	调用 9210 号子程序
72	G30 Z+;	按指定 Z 轴正方向抬刀
73	M99;	子程序结束
74	N0125;	125 号子程序

续表

序　号	程序内容	说　明
75	C125 OBT000；	关闭自由平动，按 125 号条件加工
76	G01 Z+0.027−H970；	加工到 $Z=-9.973$ mm 处
77	H910=0.172；	H910=0.172 mm
78	H920=0.000；	H920=0.000 mm
79	M98 P9210；	调用 9210 号子程序
80	G30 Z+；	按指定 Z 轴正方向抬刀
81	M99；	子程序结束

思考与练习题

什么是淬火、回火、正火、退火？分别应用在哪些场合？

任务三　冲模的电火花加工

任务说明

在本次任务中，通过完成图 1-3-6 所示的冲模零件，掌握相关加工冲模内容的基本方法。

知识点

- 编制数控电火花加工冲模零件的加工工艺。
- 掌握冲模零件的装夹和校正的方法。
- 掌握冲模零件加工方法。

一、任务引入

图 1-3-6 所示为单孔零件图，其材料为 Cr12MoV 钢。该零件的主要尺寸为直径ϕ145 mm、高度 20 mm±0.1 mm；内孔直径ϕ70 mm±0.05 mm，2×ϕ6mm 孔和 4×M12 螺纹孔的中心圆直径ϕ120 mm；需要电火花加工该零件的尺寸小端 *R* 3 mm；大端 *R* 5 mm 均布 16 槽；*R*3～*R*5 的中心距 6 mm；均布 16 槽的最大外圆直径ϕ108 mm，被电火花加工的表面粗糙度 *Ra* 值为 1.6 μm，零件上表面的表面粗糙度 *Ra* 值为 0.8 μm，内孔的表面粗糙度 *Ra* 值为 3.2 μm，零件其余表面粗糙度 *Ra* 值均为 6.3 μm。

二、任务分析

由图 1-3-6 所示零件图可知，要电火花加工凹模的孔，这也是一个多孔加工。加工这种形式的零件其加工方法有两种：一种是做多个电极组合成一体，对各孔同时加工，另一种是只做一个电极，对各孔依次加工，或做两个电极分别进行粗、精加工。这种加工方法需要做一个能分度的夹具，或者机床具有 C 轴功能。图 1-3-1 所示的零件是一个凹模，在使用中还需要凸模，凸、凹模之间需要保证一定的间隙，采用凸模直接加工凹模的方法，通过选择合适的电规准，能使凸、凹模之间得到最佳间隙。加工完成后，切除凸模损耗部分并截取适当的长度作为凸模。因此加工该零件的方法选用组合电极的方式。

三、相关知识

下面介绍模具相关知识。

模具是利用压力变形来制作具有一定形状和尺寸的制品的工具。在各种材料加工行业中广泛使用着各种模具。根据有关资料统计，汽车、拖拉机、电器、仪表及计算机等工业，有 60%～80%的产品是靠模具冲制或压制而成的。显而易见，模具的制造能力与水平是衡量一个国家工业水平的重要标志之一。

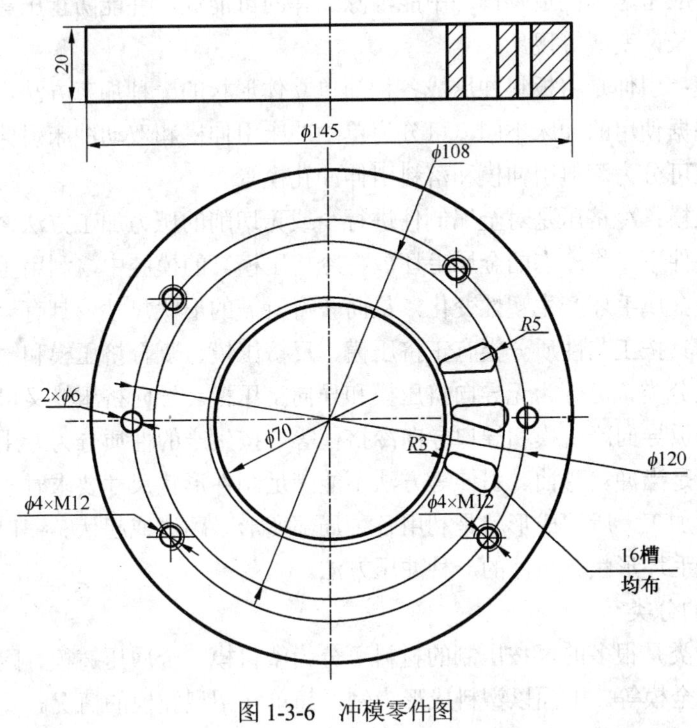

图 1-3-6　冲模零件图

1）冲裁模的分类

冲裁模的形式很多，主要根据以下三个特征分类：

（1）按工序的性质分类，有冲孔模，落料模、切边模、切断模、剖切模、切口模、整修模等。

（2）按工序的组合分类，有单工序模和多工序模。单工序模又称简单模，指在冲床的一次行程中，只完成冲裁中的一个工序，如冲孔模及落料模。多工序模又分复合模和跳步模（又称连续模级进模）。复合模指在冲床的一次行程内，在模具的同一位置上完成两个以上的冲压工序，且每个工序都在同一制件上，如落料冲孔复合模。

跳步模是按照一定顺序，在冲床的一次行程内，在模具的不同位置上完成两个以上的冲压工序。因此对制件来说，要经过几个工步，也就是说要经过冲床的几个行程才能冲成。例如落料冲孔跳步模，就需经冲孔和落料两次行程。

（3）按模具的结构分类，如按上下模间的导向形式分无导向（敞开式）和有导向（导板、导柱、导筒）冲模。按挡料或送料形式分类，有固定挡料钉、活动挡料销、导头和侧刃定距的冲模。冲裁模的分类如按凸凹模选用材料不同，又可分为硬质合金冲模、钢结硬质合金冲模，钢皮冲模，橡皮冲模等，还可根据凹模的厚薄而分为厚板冲模和薄板冲模。

2）冲压模的分类

（1）压弯模：压弯是使板料、棒料等产生弯曲变形的一种加工方法。压弯模的结构与一般冲裁模结构相似，分上模部分和下模部分，它由凸凹模定位、卸件、导向及紧固零件等组成。但是压弯模有它自己的特点，如凸凹模，除一般动作外，有时还需要摆动、转动等动作。设计压弯模时，应考虑到制造及修理中能消除回弹的可能性，并能防止压弯件的偏移，尽量减少压弯件的拉长，变薄等现象。

（2）引伸模：引伸是将板料冲压成各种简单立体形状的一种加工方法。引伸模的结构一般比较简单，根据使用的冲床不同，可分为单动冲床引伸模和双动冲床引伸模；根据引伸工序复合情况，又可分为落料引伸模和落料引伸冲孔模等。

（3）冷挤压模：冷挤压是对金属制件进行少或无切削的压力加工方法之一。金属的冷挤压是指在常温条件下，将冷态的金属毛坯放在冷挤压模具的模腔中，利用压力机的往复运动和压力作用，使金属毛坯产生塑性变化，从而获得所需的形状尺寸及具有一定机械性能的挤压件。冷挤压模具按工艺性质分类有正挤压模、反挤压模、复合挤压模和镦挤复合模等。

按导向装置分类，可分为无导向挤压模和导向挤压模。导向挤压模又可分为导柱导套导向冷挤压模，导板导向冷挤模和导口导向冷挤模等。按生产的性质分为专用冷挤模和通用的冷挤模。成形模是当冲裁弯曲、引伸等方法不能满足制件形状尺寸要求时，可以采用成形的方法对制件进行加工。所谓成形就是利用各种局部变形（翻边或起伏、缩口、胀形、矫形和旋压等）来改变毛坯形状、尺寸的一种冲压方法。

3）型腔模的分类

型腔模的种类是很多的，按压制的材料可分为塑料模、金属压铸模、陶土模、橡胶模、玻璃模及粉末冶金模等。下面以塑料成形为例，简单介绍型腔模的情况。

（1）按塑料的成形方法分类如下：

① 压胶法（又称压制法）：是热固性塑料的主要成形方法之一。在成形前，根据压制工艺条件，需把模具加热到成形温度，然后将压塑粉或预压料团加入金属压胶模内，使其软化，并在压力作用下，使模具闭合，并使塑料流动而充满型腔，同时发生物理、化学变化而固化定形，脱模后得塑件。压胶法成形的特点：塑料容易成形，使用较方便。成形纤维状塑件时，热固直压成形的，纤维不容易碎断，故塑件强度较高。无浇口痕迹，塑件修整容易，外形美观，但成形纤维状塑料时，塑件毛边较厚，塑件修整较为困难。不能成形外形复杂、壁厚相差较大的塑件。塑件尺寸，特别是厚度尺寸不易保证精度。成形周期长。

② 挤胶法（又称挤塑法、压塑法）：闭模后将塑料放入加断腔，在压力和成形温度的作用下，使塑料变成半熔融状态，通过模具的浇注系统，以高速挤入型腔，并经一定时间的保压保温，塑料完全固化，然后开模取出塑件。挤胶法成形的特点：可成形带有复杂且细薄而需两端定位金属嵌件的塑件。可成形深孔及复杂形状的塑件。塑料在热与压力下，通过模具浇注系统，加热迅速而均匀，保证硬化时间较短。塑件尺寸精度容易保证，分型面飞边薄。对流动性小于80mm 的塑料挤胶较为困难。成形压力比压胶法大。耗用塑料须增加（浇注部分）。

③ 注射法：将粒状或粉状塑料在注射机料筒内受热熔化到流动状态，然后用很高压力和较快的速度，通过一个狭小的喷嘴和模具的浇注系统，充满整个型腔，经过一定时间的定形，开启模具，即可从模具中取出塑件。注射成形的特点：成形周期短，容易实现；塑件尺寸精度容易保证；模具通常设计成固定式，塑件金属嵌件较多时，嵌件的安装就较困难。

（2）塑料模具按成形方式分类如下：

塑料模具按成形方式可分为热固性塑料压胶模、热固性塑料挤胶模、热固性塑料注射模及热塑性塑料注射模。热固性塑料压胶模按加工料腔的形式又可分为：

① 敞开式压胶模，即型腔就是加料腔。

② 半封闭式压胶模，即加料腔的截面。

③ 封闭式压胶模即加料腔本身就是型腔的延续部分，成形压力通过上模完全传到被压制的塑料件上。按结构形式可分为移动式压胶模和固定式压胶模。

四、任务实施

1. 电极制造

（1）电极材料的选择：Cr12MoV 钢。

（2）电极尺寸：小端为 $R3 \pm 0.05$ mm，大端为 $R5 \pm 0.05$ mm，两端其中心距为 6 mm，电极长度为 45 mm。

（3）电极制造：采用成形磨削加工，电极的组合形式如图 1-3-7 所示。由图 1-3-7 可见，电极组合质量的好坏直接影响加工质量的好坏，因此对组合电极的装配质量要提出较高的技术要求。

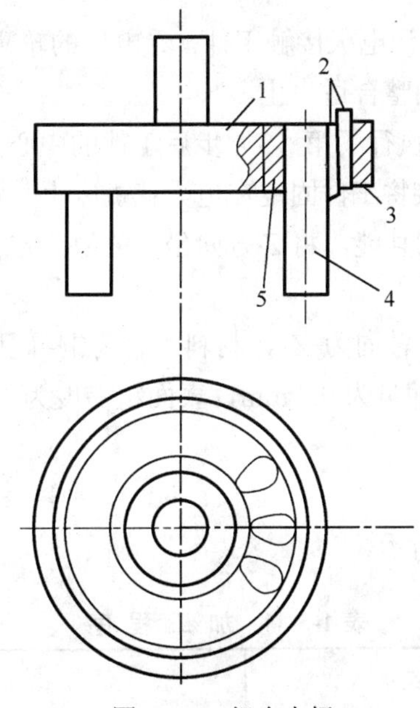

图 1-3-7　组合电极

1—本体；2—斜销；3—外圈；4—电极（12 个）；5—拼块

2. 电极的装夹与找正

在电火花加工前首先还是校正问题。对于图 1-3-8 所示组合电极，只需要校正垂直关系，校正方法是将百分表固定在机床上，表的触点接触在电极上，让机床 Z 轴上下移动（此时要按【忽略接触感知】键），将电极的垂直度调整到满足零件加工要求为止。

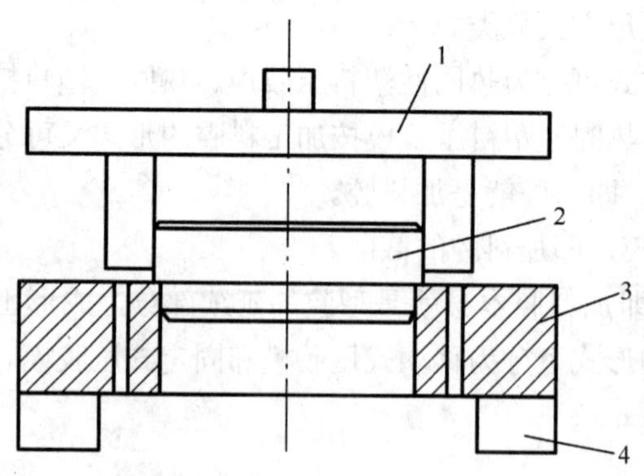

图 1-3-8　组合电极的校正

1—组合电极；2—校正块；3—工件；4—垫块

3. 工件的装夹与校正

校正方法及步骤如下：

（1）先将校正块插入工件中（如图 1-3-8 所示，工件上表面粗糙度 Ra 值为 0.8 μm 的表面下面要有高度一致的垫块若干，既可方便电解液流动，也防止电极打到电磁吸盘）。

（2）取下校正块。

（3）在电极底部涂上颜料，让电极接触工件，看电极的轮廓线与工件上的ϕ8 mm 孔重叠是否均匀，否则转动工件直至调整合适为止。

（4）重复第（1）步，检验执行了第（3）步后工件的中心是否发生变化。

工件装夹是用磁力吸盘直接将工件固定在电火花机床上，将 X、Y 方向坐标原点定在工件的中心，利用机床接触感知的功能，将 Z 方向坐标的原点定在工件的上表面上。

4. 电火花加工工艺数据

停止位置为 1.00 mm，加工轴向为 Z–，材料组合为铜–硬质合金，工艺选择为低损耗，加工深度为 20.20 mm，电极收缩量为 0.5 mm，表面粗糙度为 1.6 μm，投影面积为 0.2 cm^2，平动方式为关闭。

5. 编制加工程序

编制加工程序如图 1-3-11 所示。

表 1-3-11　加 工 程 序

序　号	程 序 内 容	说　明
1	T84;	启动电解液泵
2	G90;	绝对坐标指令
3	G30 Z+;	按指定 Z 轴方向抬刀
4	G17;	XOY 平面
5	H970=10.000;	H970=10.00 mm

续表

序　号	程序内容	说　明
6	H980=1.000；	H980=1.00 mm
7	G00 Z0+H980；	快速移动到 Z=1 mm 处
8	G00 X12.500；	快速移到 X=12.5 mm 处
9	M98 PO127；	调用 127 子程序
10	M05 G00 Z0+H980；	忽略接触感知，快速移到到 Z=1 mm 处
11	G00 X12.5；	快速移到 X=27.5 mm 处
12	G00 Y27.500；	快速移到 Y=12.5 mm 处
13	M98 P0127；	调用 127 号子程序
14	M05 G00 Z0+H980；	忽略接触感知，快速移到到 Z=1 mm 处
15	G00 X27.500；	快速移到 X=27.5 mm 处
16	G00 Y27.500；	快速移到 Y=12.5 mm 处
17	M98 P0127；	调用 127 号子程序
18	M05 G00 Z0+H980；	忽略接触感知，快速移到到 Z=1 mm 处
19	G00 X27.500；	快速移到 X=27.5 mm 处
20	G00 Y12.500；	快速移到 Y=12.5 mm 处
21	M98 P0127；	调用 127 号子程序
22	M05 G00 Z0+H980；	忽略接触感知，快速移到到 Z=1 mm 处
23	G00 X12.500；	快速移到 X=27.5 mm 处
24	G00 Y12.500；	快速移到 Y=12.5 mm 处
25	M98 P0126；	调用 126 号子程序
26	M05 G00 Z0+H980；	忽略接触感知，快速移到到 Z=1 mm 处
27	G00 X12.500；	快速移到 X=27.5 mm 处
28	G00 Y27.500；	快速移到 Y=27.5 mm 处
29	M98 P0126；	调用 126 号子程序
30	M05 G00 Z0+H980；	忽略接触感知，快速移到到 Z=1 mm 处
31	G00 X27.500；	快速移到 X=27.5 mm 处
32	G00 Y27.500；	快速移到 Y=27.5 mm 处
33	M98 P0126；	调用 126 号子程序

续表

序 号	程序内容	说 明
34	M05 G00 Z0+H980；	忽略接触感知，快速移到到 Z=1 mm 处
35	G00 X27.500	快速移到 X=27.5 mm 处
36	G00 Y12.500；	快速移到 Y=12.5 mm 处
37	M98 P0126；	调用 126 号子程序
38	M05 G00 Z0+H980；	忽略接触感知，快速移到到 Z=1 mm 处
39	G00 X12.500；	快速移到 X=12.5 mm 处
40	G00 Y12.500；	快速移到 Y=12.5 mm 处
41	M98 P0125；	调用 125 号子程序
42	M05 G00 Z0+H980；	忽略接触感知，快速移到到 Z=1 mm 处
43	G00 X12.500；	快速移到 X=12.5 mm 处
44	G00 Y27.500；	快速移到 Y=27.5 mm 处
45	M98 P0125；	调用 125 号子程序
46	M05 G00 Z0+H980；	忽略接触感知，快速移到到 Z=1 mm 处
47	G00 X27.500；	快速移到 X=27.5 mm 处
48	G00 Y27.500；	快速移到 Y=27.5 mm 处
49	M98 P0125；	调用 125 号子程序
50	M05 G00 Z0+H980；	忽略接触感知，快速移到到 Z=1 mm 处
51	G00 X27.500；	快速移到 X=27.5 mm 处
52	G00 Y12.500；	快速移到 Y=12.5 mm 处
53	M98 P0125；	调用 125 号子程序
54	M05 G00 Z0+H980；	忽略接触感知，快速移动到 Z=1 mm 处
55	T85 M02；	关闭电解液泵，程序结束
56	N0127；	127 号子程序
57	G00 Z+0.500；	快速移动到 Z=0.5 mm 处
58	C127 OBT000；	关闭自由平动，按 127 号条件加工
59	G01 Z+0.110–H970；	加工到 Z= −9.89 mm 处
60	H910=0.090；	H910=0.144 mm
61	H920=0.000；	H920=0.000 mm

续表

序　号	程序内容	说　明
62	M98P9210；	调用 9210 号子程序
63	G30 Z+；	按指定 Z 轴正方向抬刀
64	M99；	子程序结束
65	；	
66	N0126；	126 号子程序
67	C126 OBT000；	关闭自由平动，按 126 号条件加工
68	G01 Z+0.070–H970；	加工到 $Z=-9.93$ mm 处
69	H910=0.144；	H910=0.144 mm
70	H920=0.000；	H920=0.000 mm
71	M98 P9210；	调用 9210 号子程序
72	G30 Z+；	按指定 Z 轴正方向抬刀
73	M99；	子程序结束
74	N0125；	125 号子程序
75	C125 OBT000；	关闭自由平动，按 125 号条件加工
76	G01 Z+0.027–H970；	加工到 $Z=-9.973$ mm 处
77	H910=0.172；	H910=0.172 mm
78	H920=0.000；	H920=0.000 mm
79	M98 P9210；	调用 9210 号子程序
80	G30 Z+；	按指定 Z 轴正方向抬刀
81	M99；	子程序结束

思考与练习题

模具可以分为哪些种类？举例说出电火花加工模具的工件。

任务四　斜孔的电火花加工

任务说明

斜孔加工是电火花加工中较难的工作。在本次任务中，通过完成图 1-3-9 所示的斜孔零件，掌握相关斜孔加工内容的基本方法。

知识点

- 编制数控电火花加工斜孔零件的加工工艺。
- 掌握零件的装夹和校正的方法。
- 掌握斜孔零件加工方法。

一、任务引入

图 1-3-9 所示为斜孔零件图，其材料为 45 钢。该零件的主要尺寸为直径ϕ80 mm，高度 140 mm。零件的上平面的边离斜方孔的中心线为 28 mm，斜方孔的中心线与零件左边的夹角为 40°，需要电火花加工该零件斜方孔的尺寸为 10 mm×10 mm；零件表面粗糙度 *Ra* 值均为 3.2 μm。

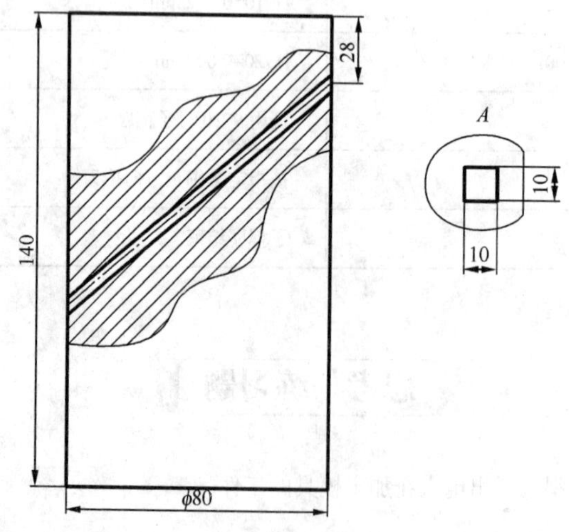

图 1-3-9　斜孔零件图

二、任务分析

该形状在加工中没有什么特别之处，只是加工斜孔时不能用任何平动方式来修光孔壁。

所以，为了提高孔壁的表面粗糙度，必须采用多电极及不同的加工条件来加工，若仅是得到孔的形状，对空的尺寸及孔壁的表面粗糙度没有要求，则用单电极、单条件加工即可。

本例采用单电极、单条件加工。

三、相关知识

1. 常用工件金属材料

1）钢的名称、牌号及用途

普通碳素结构钢用于一般机器零件，常用的牌号有 A1～A7，代号 A 后的数字越大，钢的抗拉强度越高而塑性越低。优质碳素结构钢用于较高要求的机械零件。常用牌号有钢 10～钢 70。钢 15（15 号钢）的平均含碳量为 0.15%，钢 40 为 0.40%，含碳量越高，强度、硬度也越高，但越脆。合金结构钢广泛用于各种重要机械的重要零件。常用的有 20Cr、40Cr（齿轮、轴、杆）、18CrMnTi、38CrMoAlA（重要齿轮、渗氮零件）及 65Mn（弹簧钢）。前边的数字 20 表示平均含碳量为 0.20%，38 表示 0.38%。末尾的 A 表示高级优质钢。中间的合金元素化学符号含义：Mn 锰、Si 硅、Cr 铬、W 钨、Mo 钼、Ti 钛、AL 铝、Co 钴、Ni 镍、Nb 铌、B 硼、V 钒。碳素工具钢因含碳量高，硬而耐磨，常用作工具、模具等。碳素工具钢牌号前加 T 字，以此区别于结构钢。牌号后的 A 表示高级优质钢。常用的有 T7、T7A、T8、T8A、…、T13、T13A 等。合金工具钢牌号意义与合金结构钢相同，只是前面含碳量的数字是以 0.10%为单位（含碳量较高）。例如 9CrSi 中平均含碳量为 0.90%。常用做模具的有 CrWMn、Cr12MoV（冷冲模用）、5CrMnMo（热压模用）。

2）铸铁的名称、牌号及用途

灰铸铁牌号中以灰、铁二字的汉语拼音第一字母为首，后面第一组数字为最低抗拉强度，第二组数字为最低抗弯强度。常用的有 HT10-26、HT15-33、HT20-40、HT30-54、HT40-68 等，用以铸造盖、轮、架、箱体等。球墨铸铁比灰铸铁强度高而脆性小，常用的牌号有 QT45-0、QT50-1.5、QT60-2 等。第一组数字为最低抗拉强度，最后的数字为最低延伸率。可锻铸铁强度和韧性更高，有 KT30-6、KT35-10 等，牌号意义同上。

3）有色金属及其合金

纯铜又称紫铜，铜及铜合金有良好的导电性和导热性、耐腐蚀性和塑性。电火花加工中广泛作为电极材料，加工稳定而电极损耗小。牌号有 T1～T4（数字越小越纯）。铜合金主要有黄铜（含锌），常用牌号有 H59、H62、H80 等。黄铜电极加工时特别稳定，但电极损耗很大。纯铝的牌号有 L1～L6（数字越小越纯）。铝合金主要为硬铝，牌号有 LY11～LY13，用作板材、型材、线材等。

4）粉末冶金材料

最常用的是硬质合金，具有极高的硬度和耐磨性，广泛用作工具及模具。由于其成分不同而分为钨钴类和钨钛类两大类硬质合金。钨钴类硬质合金用 YG 表示，如 YG6 代表含钴量为 6.0%，含碳化钨为 94%的硬质合金，硬度极高而脆，不耐冲击，主要用于切削加工钢的刃具和量具。钨钴钛类硬质合金用 YT 表示，除含碳化钨和钴外，还加入碳化钛以增加韧性。例如 YT15 代表含碳化钛 15%的钨钴钛硬质合金，可用于制造模具。

2. 编制一般工艺规程

一般模具的加工工艺基本方法是切削加工、热处理、电加工、线切割、冷挤、钳制、钳装、校模等。现重点阐述编制模具电火花加工工艺规程。

1）型腔模电火花加工一般工艺规程

应分别编制上、下模及电极的机械加工工艺和型腔模的电火花加工工艺。型腔模的材料有9Mn2V、T10、T10A、3Cr2W8等。

（1）上模和下模的制造工艺。刨形，各放0.5～1 mm，外形余量根据型腔复杂程度而定。刨两平面并放磨，划全形。电火花加工对形腔，一般比原型腔打深 0.3～0.5 mm，留出磨量，以便磨床磨去因钳工修正打光而产生的上口塌角。以电加工型腔为基准，车、钻、镗、铣各形孔、形面。钳工整修对形。热处理后淬硬 46～53 HRC。钳工装配，校模压样品。电极材料有高纯石墨和紫铜。

（2）电极制造工艺。石墨在加工前应在油里浸透好，以便在机械加工时，石墨屑不易飞扬，清角线和棱角线不易剥落。石墨和紫铜电极采用一般的机械加工（车、铣、刨、磨等），最后钳工修正成形。紫铜电极还可采用线切割加工。一般对于形状比较简单的型腔，多数采用单电极成形工艺，即采用一个电极，借助平动扩大间隙，达到修光型腔的目的。所谓单电极，可以是独块电极，也可以是镶拼电极，这由电极加工工艺而定。

对于大中型及型腔复杂的模具，可以采用多电极加工，各个电极可以是独块的，也可以是镶拼的，视具体情况而定。

（3）电火花加工型腔模（上模或下模）。一般先加工对形，再以电加工后的型腔为准，加工外形或其他型孔，这样对于电加工操作者来说，找准定位还是比较方便的。但也不是一概如此，有些模具涉及许多因素，最后一道工序是电加工也是不少见的（外形及其他各型孔尺寸已做到）。这就对电加工定位、装夹、加工等有更高的要求。

2）型腔模加工改进方案

近年来，在脉冲电源、机床设备、工艺方法等方面有了很多进展。

（1）采用中精加工低损耗电源。由于中精加工低损耗电源的开发取得了显著成绩，从而为高精度的型腔模加工开创了新途径。

众所周知，以往的型腔模加工，是在机械加工后由钳工修正总装。但因机械加工在型腔四周、清角处、型腔中侧部、台阶和圆角等处的余量较多，所以钳加工的工作量很大。若采用低损耗电源加工，只需要用一只紫铜电极进行“光一光”（即用一个按一定比例稍缩小的电极，在要加工的型腔上进行电蚀加工）的操作，就能达到预期目的。

使用低损耗电源还可以把型腔的整体加工改为型腔的局部加工。考虑到经济效益，在能够采用机械加工的地方尽量用机械加工，对复杂型腔，四周清角、底部圆弧及窄槽等无法用机械加工的地方，则采用局部加工。此外也可采用整体加工和局部加工相结合的方法，即先用石墨电板加工出大致的形状，然后再用紫铜电极进行局部加工。上述方法均取得很好的效果。

（2）选择不同的电极材料，把整体加工分解为局部加工。过去型腔电加工绝大多数采用石墨电极，极少采用紫铜电极。那是因为过去型腔模电火花加工绝大多数采用整体加工方式，而且那时虽然也有晶体管和可控硅脉冲电源，但是电极损耗较大，尤其在精规准时，损耗可达 25%～30%，不适宜做局部加工。而且大块石墨容易找到，容易制作，并且分量轻，可磨削，易加工，因而被大量采用。而铜电极，由于大块紫铜难找，磨削困难，再加上电极损耗后，钳工修正困难，因此大大限制了紫铜电极的使用。

随着低损耗电源问世以来，型腔电加工工艺也随之由整体加工逐渐转为局部加工，不再需要大块电极，因此紫铜电极应运而生。局部加工的电极不需要很大，但是几何形状较复杂，尺寸精度要求高，因此人们采用紫铜作为局部加工的电极。

（3）线切割和电火花加工配套应用。中精加工低损耗电源输出功率较小，生产率略低，加工模具的双面间隙在 0.1～0.25 mm 左右。目前人们还是采用平动方法，扩大间隙来达到修光型腔的目的，但是平动方法也有它的不足之处，仿形精度受到一定影响，四周会产生圆角，底部产生平台，因此平动量不宜太大，一般为 0.1～0.3 mm。因而确定了电极的缩放量为 0.1～0.3 mm。根据型腔模具设计原则，电极尺寸的缩放按几何方法计算，因此在电极设计时只要在技术要求上写明电极的缩放量即可。

目前国内的线切割机床都有间隙补偿装置。线切割机床可利用间隙补偿装置自行切割电极。如果采取线切割与电火花加工配合应用，可简化电极设计，保证电极质量，提高工效，缩短制造周期。

在电火花加工型腔模具工艺中，除了利用低损耗电源扩大电加工应用范围及线切割与电加工配合应用外，还有许多方法可以提高型腔模的精度，采用 *X*、*Y*、*Z*、*U*、*C* 五轴数控联动（*X* 水平方向，*Y* 水平方向，*Z* 垂直方向，主轴转动 *U*，主轴分度运动 *C*），采用自动交换电极的电火花加工中心，只要事先调整好电极和编好相应的程序，便能自动加工复杂模具。

3. 加工中的异常现象及措施

加工中的异常现象指的是拉弧、积炭等排屑不良引起的现象。防止措施如表 1-3-12 所示。

表 1-3-12　加工中的异常现象及措施

发生情况图示	电极：工件	原　因	措　施
	铜：钢发生在底部	加工电流太大； 抬刀设定错误； 脉冲太短	降低峰值电流； 提高抬刀频率； 延长脉间
	铜：钢发生在角部	加工小面积时电流太大； 抬刀设定错误	降低峰值电流； 提高抬刀频率； 延长脉间
	铜：钢发生在电极的凹进部分	伺服电压太低； 抬刀设定错误； 冲油处理错误	增加间隙电压； 增加抬刀高度； 加大冲油压力
	石墨：钢槽口的角部	加工电流太大； 抬刀设定错误； 脉间太短	降低峰值电流； 提高抬刀频率； 延长脉间

续表

发生情况图示	电极：工件	原　因	措　施
	石墨：钢在角部出现了隆起物	脉宽太大； 脉间太短	降低峰值电流； 延长脉间
	铜钨合金：硬质合金电极异常损耗	脉间太短； 伺服电压太低； 抬刀高度错误	延长脉间； 增加间隙电压； 提高抬刀频率

四、任务实施

1. 电极制造

（1）电极材料的选择：紫铜。

（2）电极尺寸：电极截面形状及尺寸如图 1-3-10 所示。

（3）电极制造：采用电火花线切割加工。

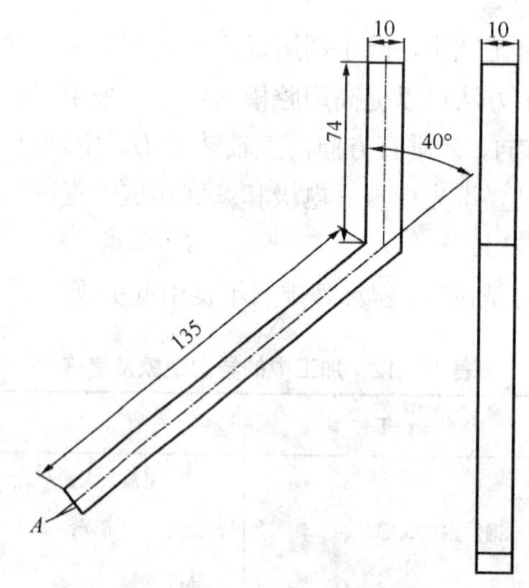

图 1-3-10　加工斜孔电极

2. 电极的装夹与找正

电极装夹与校正的目的是把电极牢固地装夹在主轴的电极夹具上，并使电极轴线与主轴进给轴线一致，保证电极与工件的垂直和相对位置。

1）电极校正

首先将百分表固定在机床上，百分表的触点接触在电极上，让机床 Z 轴上下移动，此时要按【忽略接触感知】键，将电极的垂直度调整到满足零件加工要求的位置，然后再校正电极 X 方向（或 Y 方向）的位置，其方法是让工作台沿 X 方向（或 Y 方向）移动，直至满足零件加工要求。

2）建立工件坐标系

用磁力吸盘直接将工件固定在电火花机床上，但要特别注意的是电极的垂直度要调整得非常准确，否则影响所加工孔的斜度。然后建立工件坐标系，该坐标系 X、Y 的原点同样是在工件的中心，Z 的原点在工件上表面。由于该电极的形状特殊，在用电极校正工件 X 方向的坐标原点时，只能用电极的 A 面去碰工件的右侧，从而算出工件 X 方向的原点位置（如工件实际直径为 ϕ80.1 mm，电极 A 面距工件右侧 1 mm，则应将此位置的 X 坐标值调整为 40.05 mm+1 mm=41.05 mm），所以必须准确测出工件的直径。在用电极校正工件 Z 方向的坐标原点时，只能用电极的底部去碰工件的上表面，从而算出工件 Z 方向的原点位置（如电极截面尺寸为 9.9 mm×9.9 mm，则 A 面的高度为 9.9/sin40° =15.4 mm；若电极底部距工件上表面 1 mm，那么应将此位置的 Z 坐标值调整为 1 mm+15.4÷2 mm=8.7 mm），所以必须准确测出电极的截面尺寸。

3. 工件的装夹与校正

用磁力吸盘直接将工件固定在电火花机床上，将 X、Y 方向坐标原点定在工件的中心，利用机床接触感知的功能，将 Z 方向坐标的原点定在工件的上表面上。

4. 电火花加工工艺数据

停止位置为 1.00 mm，加工轴向为 Z–，材料组合为铜–钢，工艺选择为低损耗，加工深度为 125.00 mm，电极收缩量为 0.1 mm，表面粗糙度为 3.2 μm，投影面积为 0.19 cm^2，平动方式为关闭。

5. 编制加工程序

编制加工程序如图 1-3-13 所示。

表 1-3-13　加 工 程 序

序　号	程序内容	说　明
1	T84;	启动电解液泵
2	G90 G54 G00 X42.0 Y0 Z2.0;	在 G54 绝对坐标下快速移动到指定点处
3	G00 X41 Y0 Z-26.587;	快速移动到指定点处
4	G31;	按路径反方向抬刀
5	M98 P0127;	调用 127 号子程序
6	T85 M02;	关闭电解液泵，程序结束
7	;	
8	N0127;	调用 127 号子程序
9	C127;	按 127 号子程序加工
10	G01 X–41 Z–124.311;	加工到 X=−41.0 mm，Z=−124.311 mm 处
11	M05 G00 X41 Y0 Z–26.587;	忽略接触感知，快速移到指定点处
12	M99;	子程序结束

思考与练习题

1. 简述加工中的异常现象及措施。
2. 简述斜孔加工中需要注意的事项。

第二部分 快速走丝电火花线切割加工

项目一 快速走丝电火花线切割加工的原理、特点及应用范围

任务一 快速走丝电火花线切割加工原理

任务说明

掌握电加工的物理本质及材料电腐蚀过程，熟悉电火花线切割加工常用名词与术语。

知识点

- 电火花线切割加工的物理本质。
- 电火花线切割加工的条件。
- 快走丝线切割结构原理。
- 电火花线切割加工常用名词与术语。

一、任务引入

电火花线切割机（EDW）是一种应用较广泛的电加工机床，是一种直接利用电能和热能进行加工的新工艺。目前这一工艺技术已广泛用于加工淬火钢、不锈钢、模具钢、硬质合金等难加工材料。特别是随着模具生产量的增加而被广泛应用，已成为切削加工的重要补充。

二、任务分析

线切割机床加工时，电极丝与工件在 X、Y 及 U、V 两个方向同时有相对伺服进给运动及垂直方向的直线相对方向。因为这种方法是用一根运动着的金属线（电极丝）作为工具电极与工件之间产生火花放电对工件进行切割，故称为线切割加工。由于现在的电火花切割机床的工件与电极丝的相对切割运动都是采用了数控技术来控制，所以称为数控电火花线切割加工或简称为数控线切割加工。

三、相关知识

1. 线切割电加工概述

1）线切割电加工的物理本质

一个物体，无论从宏观上看来是多么平整，但在微观上，其表面总是凹凸不平的，即由无数个高峰与凹谷组成，当处在工作介质中的两电极加上电压，两极间立即建立起一个电场。但其场强是很不均匀的。场强 F 不仅取决于极间电压 V，而且也取决于极间距离 G，即 $F=V/G$。当两极间距 G 在一定范围内时，由于最高峰处的 G 最小，F 最大，故最先在该处击穿介质，形成放电通道，释放出大量能量，工件表面被电蚀出一个坑来。工件表面的最高峰变成凹谷，另一处场强又变成最大。在脉冲能量的作用下，该处又被电蚀出坑来。这样以很高的频率连续不断地重复放电，工具电极不断地向工件进给，就可将工具的形状复制在工件上，加工出需要的零件来。

2）材料电腐蚀过程

在液体介质中较小间隙状态下中进行单个脉冲放电时，材料电腐蚀过程大致可分成介质击穿和通道形成、能量转换和传递、电蚀产物抛出三个连续的过程。其简述如下：

（1）处在绝缘的工作液介质中的两电极，两极加上无负荷直流电压 V_0，伺服轴电极向下运动，极间距离逐渐缩小，如图 2-1-1 所示。

（2）当极间距离——放电间隙小到一定程度时（粗加工为几十微米，精加工为几微米），阴极逸出的电子，在电场作用下，高速向阳极运动，并在运动中撞击介质中的中性分子和原子，产生碰撞电离，形成带负电的粒子（主要是电子）和带正电的粒子（主要是正离子）。当电子到达阳极时，介质被击穿，放电能道形成，如图 2-1-2 所示。

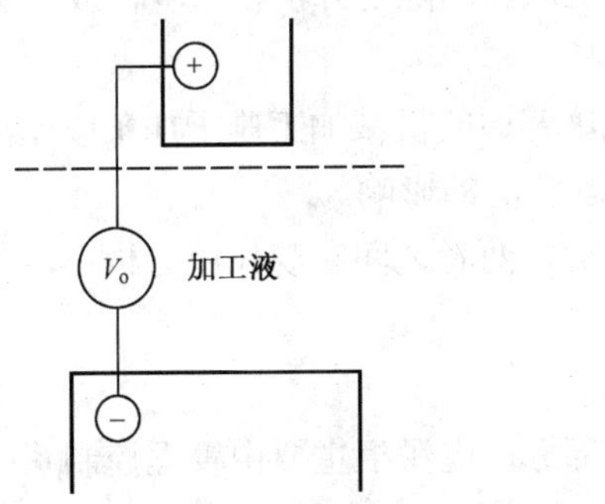

图 2-1-1　材料电腐蚀过程 1

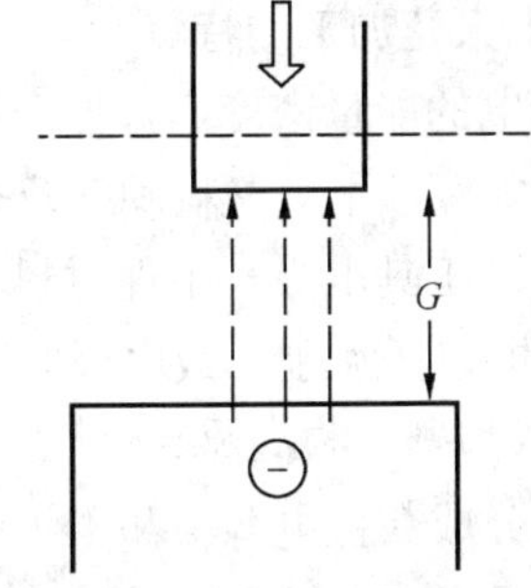

图 2-1-2　材料电腐蚀过程 2

（3）两极间的介质一旦被击穿，电源便通过放电通道释放能量。大部分能量转换成热能，这时通道中的电流密度高达 104～109 A/cm^2，放电点附近的温度高达 3 000 ℃以上，使两极间放电点局部熔化或气化，如图 2-1-3 所示。

（4）在热爆炸力、电动力、流体动力等综合因素的作用下，被熔化或气化的材料被抛出，产生一个小坑，如图 2-1-4 所示。

（5）脉冲放电结束，介质恢复绝缘，如图 2-1-5 所示。

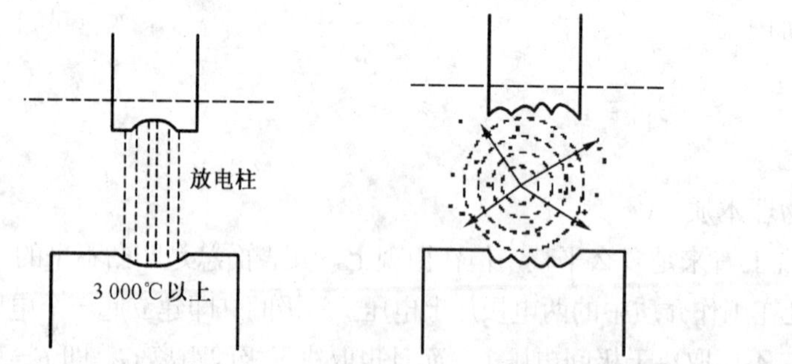

图 2-1-3　材料电腐蚀过程 3　　图 2-1-4　材料电腐蚀过程 4　　图 2-1-5　材料电腐蚀过程 5

3）实现电火花线切割加工的条件

（1）工具电极和工件电极之间必须加以 60～300 V 的脉冲电压，同时还需维持合理的距离——放电间隙。大于放电间隙，介质不能被击穿，无法形成火花放电；小于放电间隙，会导致积炭，甚至发生电弧放电，无法继续加工。

（2）两极间必须充满介质。电火花成形加工一般为火花液或煤油，线切割一般为去离子水或乳化液。

（3）输送到两极间脉冲能量应足够大，即放电通道要有很大的电流密度（一般为 104～109 A/cm^2）。

（4）放电必须是短时间的脉冲放电。一般为 1 μs～1 ms。这样才能使放电产生的热量来不及扩散，从而把能量作用局限在很小的范围内，保持火花放电的冷极特性。

（5）脉冲放电需要多次进行，并且多次脉冲放电在时间上和空间上是分散的，避免发生局部烧伤。

（6）脉冲放电后的电蚀产物能及时排放至放电间隙之外，使重复性放电顺利进行。

4）线切割电火花加工的特点

（1）脉冲放电的能量密度高，便于加工用普通的机械加工难于加工或无法加工的特殊材料和复杂形状的工件，不受材料硬度及热处理状况的影响。

（2）加工时，工具电极与工件材料不接触，两者之间宏观作用力极小，工具电极不需要比加工材料硬，即以柔克刚，故电极制造容易。

2. 快走丝线切割结构和原理

快走丝一般分成数控电源柜和主机两大部分，电源柜主要由管理控制系统、高频电源和伺服驱动等部分组成；主机主要由 *X*、*Y* 轴（有的带 *U*、*V* 轴）、工作台、丝筒、立柱（或丝架）、工作液箱等部分组成，其结构示意图如图 2-1-6 所示。

其工作原理是利用工具电极对工件进行脉冲放电时产生的电腐蚀现象来进行加工，但是电火花线切割加工不需要制作成形电极，而是用运动着的金属丝作电极，利用电极丝和工件的相对运动切割出各种形状的工件，若使电极丝相对于工件进行有规律的倾斜运动，还可以切割出带锥度的工件。

3. 常用名词术语

1）极性效应

快走丝一般采用中、小脉宽加工，因此一般采用负极性加工。

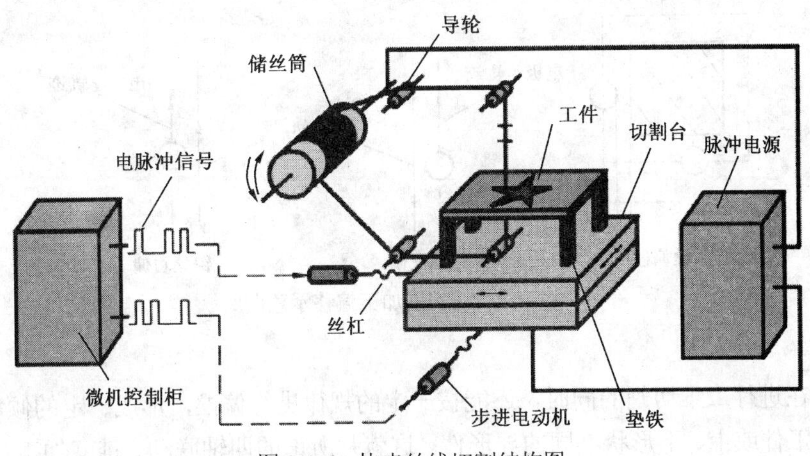

图 2-1-6　快走丝线切割结构图

2）伺服控制

电火花线切割加工过程当中，电极丝的进给速度是由材料的蚀除速度和极间放电状况的好坏决定的。伺服控制系统能自动态调节电极丝的进给速度，使电极丝根据工件的蚀除速度和极间放电状态进给或后退，保证加工顺利进行。电极丝的进给速度与材料的蚀除速度一致，此时的加工状态最好，加工效率和表面粗糙度均较好。

3）短路

电极丝的进给速度大于材料的蚀除速度，致使电极丝与工件接触，不能正常放电，称为短路。它使放电加工不能连续进行，严重时还会在工件表面留下明显条纹。短路发生后，伺服控制系统会做出判断并让电极丝沿原路回退，以形成放电间隙，保证加工顺利进行。

4）开路

电极丝的进给速度小于材料的蚀除速度。开路不但影响加工速度，还会形成二次放电，影响已加工面精度，也会使加工状态变得不稳定。开路状态可从加工电流表上反映出，即加工电流间断性回落。

5）放电间隙

放电发生时电极丝与工件的距离。这个间隙存在于电极丝的周围，因此侧面的间隙会影响成形尺寸，确定加工尺寸时应予考虑。快走丝的放电间隙，钢件一般在 0.01 mm 左右，硬质合金在 0.005 mm 左右，紫铜在 0.02 mm 左右。

6）偏移

线切割加工时电极丝中心的运动轨迹与零件的轮廓有一个平行位移量，也就是说电极丝中心相对于理论轨迹要偏在一边，这就是偏移。平行位移量称为偏移量，为了保证理论轨迹的正确，偏移量等于电极丝半径与放电间隙之和，如图 2-1-7 所示。

偏移根据实际需要可分为左偏和右偏，左偏或右偏要根据成形尺寸的需要来确定。依电极丝的前进方向，电极丝位于理论轨迹的左边即为左偏。钼丝位于理论轨迹的右边即为右偏。

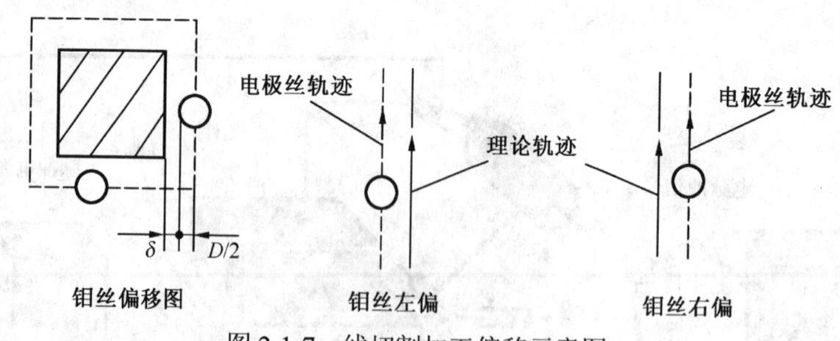

图 2-1-7 线切割加工偏移示意图

7）锥度

电极丝在进行二维切割的同时，还能按一定的规律进行偏摆，形成一定的倾斜角，加工出带锥度的工件或上、下形状不同的异形件。这就是所谓的四轴联动、锥度加工，如图 2-1-8 所示。

实际加工中，当加工方向确定时，电极丝的倾斜方向不同，加工出的工件锥度方向也就不同，反映在工件上就是上大或下大。锥度也有左锥、右锥之分，依电极丝的前进方向，电极丝向左倾斜即为左锥，向右倾斜即为右锥。

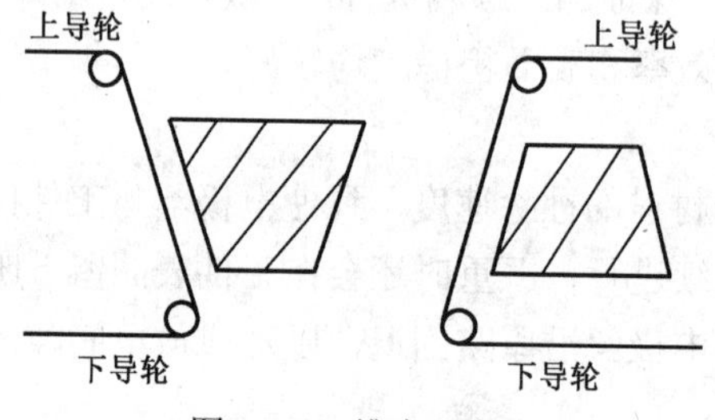

图 2-1-8 锥度示意图

8）加工效率（η）

衡量线切割加工速度的一个参数，以单位时间内电极丝加工过的面积大小来衡量。

$$\eta=\frac{\text{加工面积}}{\text{加工时间}}=\frac{\text{切割长度}\times\text{工件厚度}}{\text{加工时间}}\quad(\text{mm}^2/\text{min})$$

9）表面粗糙度（*Ra*）

Ra 是机械加工中衡量表面粗糙度的一个通用参数，其含义是工件表面微观不平度的算术平均值，单位为μm。*Ra* 是衡量线切割加工表面质量的一个重要指标。

思考与练习题

1. 简述电火花线切割加工的物理本质。
2. 实现电火花线切割加工的条件是什么？
3. 解释下列术语：短路、开路、放电间隙。

任务二　快速走丝电火花线切割加工的特点及应用范围

任务说明

掌握数控快速走丝线切割加工的特点，熟悉快速走丝电火花线切割加工应用范围。

知识点

- 快速走丝电火花线切割加工特点。
- 数控电火花线切割加工的应用范围。

一、任务引入

快速走丝电火花线切割加工作为加工方法之一。它与其他传统加工具有一定的优越性，同时必然也会存在一些局限性。我们只有掌握它的优缺点，才能更好地利用快速走丝电火花线切割加工方法来完成各种加工。

二、任务分析

将快速走丝电火花线切割加工与传统机械加工，以及与电火花成形机加工方法作比较，就能快速总结出其各个优缺点。从而认识到它的各种应用范围。

三、相关知识

1. 快速走丝电火花线切割加工特点

（1）电火花线切割加工属于特种加工

它与传统的机械加工相比，有如下优点：

① 非接触式，适合高硬度难切削材料的加工。

② 十分适合复杂形孔及外形的加工。

③ 切缝细，节省宝贵的金属材料。

④ 加工的尺寸精度高，表面粗糙度好。

⑤ 易于实现数字控制。

⑥ 加工的残余应力较小。

（2）与成形机比较，电火花线切割机有如下特点

① 不需要制造成形电极，工件材料的预加工量小。

② 能方便地加工出复杂形状的工件、小孔、窄缝等。

③ 脉冲电源的加工电流小，脉冲宽度较窄，属中、精加工范畴，一般采用负极性加工，即脉冲电源的正极接工件，负极接电极丝。

④ 由于电极丝是运动着的长金属丝，单位长度电极损耗较小，所以对切割面积不大的工件，因电极损耗带来的误差较小。

⑤ 只对工件进行平面轮廓加工，所以材料的蚀除量较小，余料还可利用。

⑥ 工作液选用乳化液，而不是煤油，成本低又安全。

（3）电火花线切割加工也有它的局限性。这主要体现在如下几个方面：

① 仅限于金属等导电材料的加工。

② 加工速度较慢，生产效率较低。

③ 存在电极损耗和二次放电。

④ 最小角部半径有限制。

2. 数控电火花线切割加工的应用范围

数控电火花线切割加工为新产品试制、精密零件加工及模具制造开辟了一条新的工艺途径，主要适用于以下方面。

1）加工模具

加工模具适用于加工各种形状的冲模。调整不同的间隙补偿量，只需一次编程就可以切割凸模、凸模固定板、凹模及卸料板等。模具配合间隙、加工精度通常都能达到要求。此外，还可加工挤压模、粉末冶金模、弯曲模、塑压模等通常带锥度的模具。线切割用于加工模具可总结如下：

（1）电动机行业。电动机的定转子冲片、电气柜和仪表机箱的冲孔、折弯模。图 2-1-9 所示为电动机的模具。

（2）电子仪表零件。开关、指针、接插件的冲孔、落料、切口、折弯模具和塑料模。图 2-1-10 所示为普通折弯模具示意图。

图 2-1-9 电动机的模具

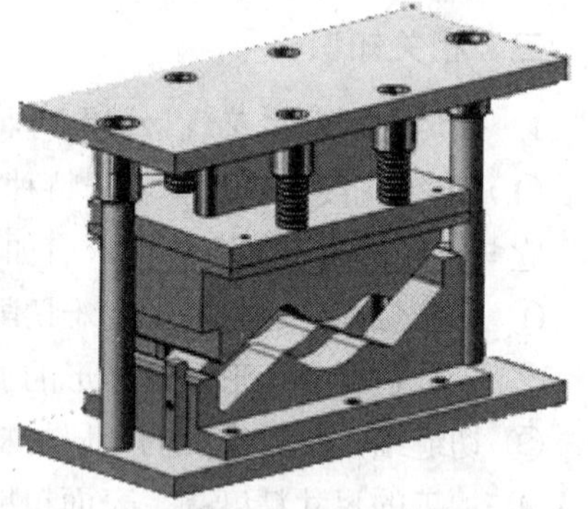

图 2-1-10 普通折弯模具

（3）家电行业。电视机、冰箱、洗衣机的注塑模。图 2-1-11 所示为电视机模具。

（4）建材行业。型材挤压模。图 2-1-12 所示为铝型材挤压模。

（5）粉末冶金。硬质合金压铸模。图 2-1-13 所示为压铸模。

（6）轻工产品。缝纫机、自行车零件模具。

（7）广告美工。不锈钢割字、面板加工。

（8）玩具制造。外形落料、冲孔、成形模。

图 2-1-11　电视机模具

图 2-1-12　铝型材挤压模

（9）眼镜制造。镜框、挂脚下料、成形模。图 2-1-14 所示为眼镜模具。

（10）液压气动元件压铸模。

图 2-1-13　压铸模

图 2-1-14　眼镜模具

2）加工电火花成形加工用的电极

一般穿孔加工用的电极、带锥度型腔加工用的电极以及铜钨、银钨合金之类的电极材料用线切割机工特别经济，同时也适用于加工微细复杂形状的电极。图 2-1-15 所示为铜电极。

3）加工零件

在试制新产品时，用线切割在坯料上直接割出零件，例如试制切割特殊微电动机硅钢片定、转子铁心，由于不需要另行制造模具，可大大缩短制造周期，降低成本。另外修改设计，变更加工程序比较方便，加工薄件时还可以多片叠加在一起加工。在零件制造方面，可用于加工品种多、数量少的零件，特殊难加工材料的零件、材料试验样件、各种型孔、特殊齿轮、凸轮、样板、成形刀具。同时还可进行微细加工，异形槽和人工标准缺陷的窄缝加工等。图 2-1-16 所示为线切割加工的典型零件。

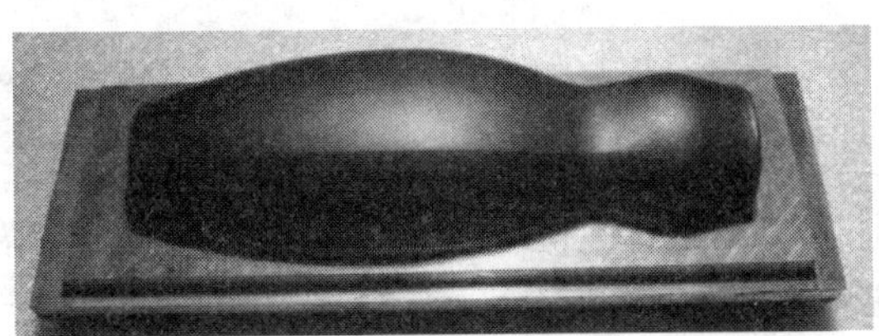
图 2-1-15　铜电极

图 2-1-16　线切割加工的典型零件

思考与练习题

1. 简述快速走丝电火花线切割加工较普通机械加工有哪些特点。
2. 列举数控电火花线切割加工的应用实例。

项目二 快速走丝电火花线切割加工工艺

任务一　快速走丝电火花线切割加工机床

任务说明

掌握电火花线切割加工机床的型号及分类，熟悉苏州长风电火花线切割加工机床各部位的功能。

知识点

- 电火花线切割加工机床的型号。
- 电火花线切割加工机床的主要技术参数。
- 电火花线切割加工机床的分类。
- 苏州长风电火花线切割机床各部位的功能。

一、任务引入

常见的数控线切割机床有多种多样，在加工之前需要根据机床的型号来选定合适的机床来进行加工。熟悉机床的主要技术参数，只有这样才能加工出好的工件，同时也能够有效的保护机床安全，延长其使用寿命。

二、任务分析

通过掌握国家对数控电火花线切割机床的型号规定，以及各种数控电火花线切割机床的分类了解，来熟悉苏州长风线切割机床各部位的功能。

三、相关知识

1. 数控电火花线切割机床的型号

线切割机床按电极丝运行的速度，可分为高速走丝和低速走丝两种类型的线切割机床，电极丝运动速度 8～10 m/s 为高速走丝线切割机床，低于 0.2 m/s 为低速走丝线切割机床，我国生产和使用的主要为前者，国外生产和使用的主要为后者。低速走丝线切割机床为高精度线切割加工机床，加工精度高，多使用铜丝，现在我国也在加工与使用。

我国数控电火花线切割机床的型号以 DK77××表示，如数控 DK7725 的含义如下：

D——机床类型代号；

K——机床特性代号（数控）；

7——组别代号（电火花加工机床）；

7——型别代号（7 为快速走丝，6 为慢速走丝）；

25——基本参数代号，表示 X 向工作台行程为 250 mm。

2. 数控电火花线切割机床的主要技术参数

数控电火花线切割机床的主要技术参数包括工作台行程（纵向行程×横向行程）、最大切割厚度、加工表面粗糙度、加工精度、切割速度以及数控系统的控制功能等。

以 DK7725 型数控电火花线切割机床为例，主要技术参数如下：

1）主要规格

工作台面尺寸（长×宽）　500 mm×320 mm

切割工件最大厚度　120 mm

工作台最大行程（纵×横）320 mm×250 mm

切割零件总重量　≤125 kg

2）主要技术参数

切割用钼丝直径　0.12～0.25 mm

T 形槽尺寸（槽宽×槽距）10 mm×63 mm

储丝筒直径　ϕ120 mm

步进电动机距角　1.5°

钼丝移动速度　约 8.8 m/s

步进电动机最大静转矩　0.882 N · m

储丝筒回转速度　1 440 r/min

工作台移动脉冲当量　0.001 mm

储丝同最大往复行程　150 mm

储钼丝筒电动机功率　250 W

手转刻度盘每一格　0.01 mm

张紧机构可逆电动机功率　10 W

手转每转一周工作台移动　1 mm

液压泵电动机功率　60 W

上下拖板标尺每一格　1 mm

液压泵流量　25 dm^3/min

工作台面 T 形槽槽数　5 条

设备总功耗　1.5 kW

外形尺寸（长×宽×高）　1 585 mm×1 120 mm×1 326 mm

3．数控线切割机床类型

1）按电极丝的运行速度分类

数控线切割机床根据电极丝走丝方式的不同，数控线切割机床分为以下两类：

（1）快走丝线切割机床。其电极丝做高速往复运动，一般走丝速度 8～10 m/s，电极丝可重复使用，但快走丝容易造成电极丝抖动和反向时停顿，加工质量下降，是我国生产和使用的主要机种，也是我国独创的数控电火花线切割加工模式。快走丝线切割机床走丝机构如图 2-2-1 所示。

（2）慢走丝线切割机床。其电极丝做低速单向运动，一般走丝速度低于 0.2 m/s，电极丝放电后不再使用，工作平稳、均匀、抖动小、加工质量较好，是国外生产和使用的主要机种。慢走丝线切割机床走丝机构如图 2-2-2 所示。

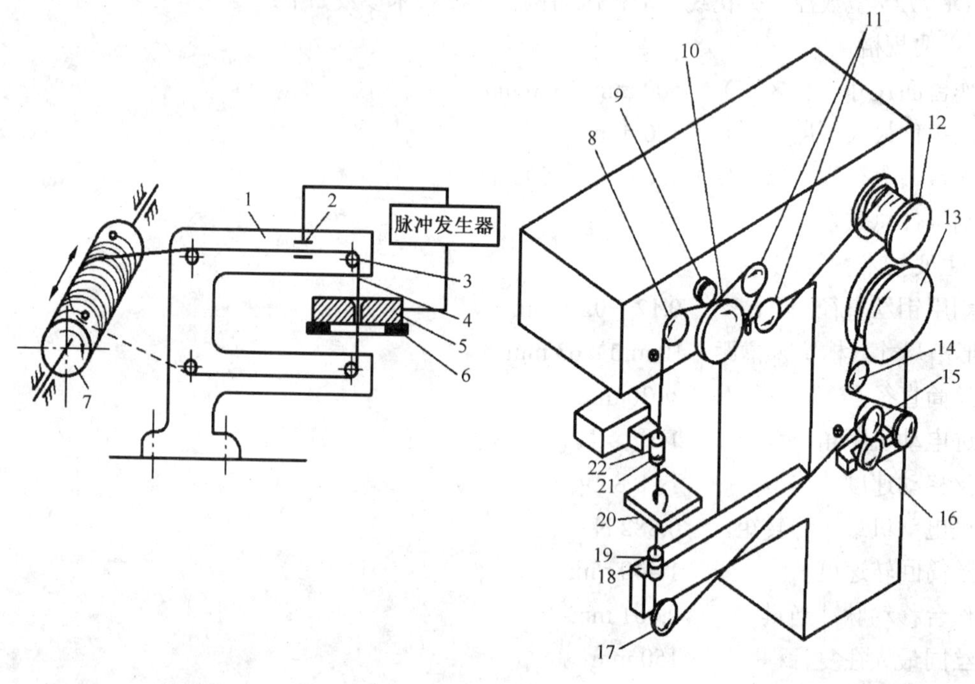

图 2-2-1　快速走丝机构

1—丝架；2—导电器；3—导轮；4—电极丝；5—工作台；6—工作台筒；7—储丝筒

图 2-2-2　慢速走丝机构

8、11、17—滑轮；9、16—压紧轮；10—制动轮；12—供丝；13—卷丝筒；14—导向轮；15—卷丝滚轮；18、22—导电器；19、20—金铜石导向器；21—工件

两者的特点对比如表 2-2-1 所示。

表 2-2-1　快走丝与慢走丝比较

线切割机床类型	快 走 丝	慢 走 丝
电极丝运行速度	300～700 m/min	0.5～15 m/min

续表

线切割机床类型	快 走 丝	慢 走 丝
电极丝运动形式	双向往复运动	单向运动
常用电极丝材料	钼丝（ϕ0.1～ϕ0.2 mm）	铜、钨、钼及各种合金（ϕ0.1～ϕ0.35 mm）
工作液	乳化液或皂化液	去离子水、煤油
尺寸精度	0.015～0.02 mm	±0.001 mm
表面粗糙度 *Ra*	1.25～2.5 μm	0.16～0.8 μm
设备成本	低廉	昂贵

2）根据对电极丝运动轨迹的控制形式分类

（1）靠模仿形控制。其在进行线切割加工前，预先制造出与工件形状相同的靠模，加工时把工件毛坯和靠模同时装夹在机床工作台上，在切割过程中电极丝紧紧地贴着靠模边缘作轨迹移动，从而切割出与靠模形状和精度相同的工件来。

（2）光电跟踪控制。其在进行线切割加工前，先根据零件图样按一定放大比例描绘出一张光电跟踪图，加工时将图样置于机床的光电跟踪台上的光电头始终追随图形的轨迹运动，再借助于电气、机械的联动，控制机床工作台连同工件相对电极丝作相似形状的运动，从而切割出与图样形状相同的工件来。

（3）数字程序控制。采用先进的数字化自动控制技术，驱动机床按照加工前根据工件几何形状参数预先编制好的数控加工程序自动完成加工，不需要制作靠模样板也无需绘制放大图，比前面两种控制形式具有更高的加工精度和广阔的应用范围，目前国内外95%以上的数控电火花线切割机床都已采用数控化。

3）按电源形式分类

按电源形式可分为RC电源、晶体管电源、分组脉冲电源及自适应控制电源等。

四、任务实施

熟悉苏州长风数控电火花线切割加工机床的基本组成（见表2-2-2）。

表2-2-2 苏州长风数控电火花线切割加工机床各构成部分功能

名 称	图 示	功 能
储丝筒		数控电火花线切割机床在工作时，为了让钼丝能进行循环上下来切割工件，则必须要让钼丝能够收卷起来，通过收卷的正反向旋转来收放钼丝，从而达到连续切割的目的。卷丝筒连接在电机上，电机旋转的正反向是通过控制柜提供电力并给予控制的

续表

名　称	图　示	功　能
控制柜	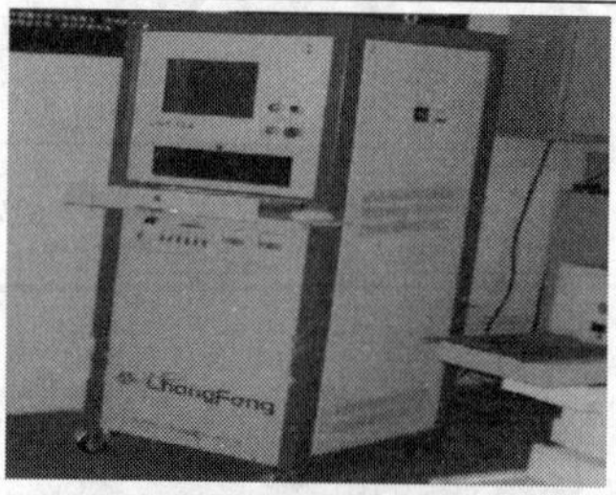	它是线切割机床加工的重要组成部分之一，控制系统的稳定性、可靠性、控制精度、步进原理等都会直接影响线切割的加工。控制系统的主要作用是在线切割过程中，控制钼丝相对于工件的切割路径和进给速度，来进行各种形状的加工，同时使进给速度与工件材料的蚀除速度平衡
上拖板		它是使工件进行 X 方向移动的主要部件，是机床的重要组成部分之一。上拖板负责工件 X 方向的运动
下拖板		它是使工件进行 Y 方向移动的主要部件，是机床的重要组成部分之一。上拖板负责工件 Y 方向的运动
小拖板	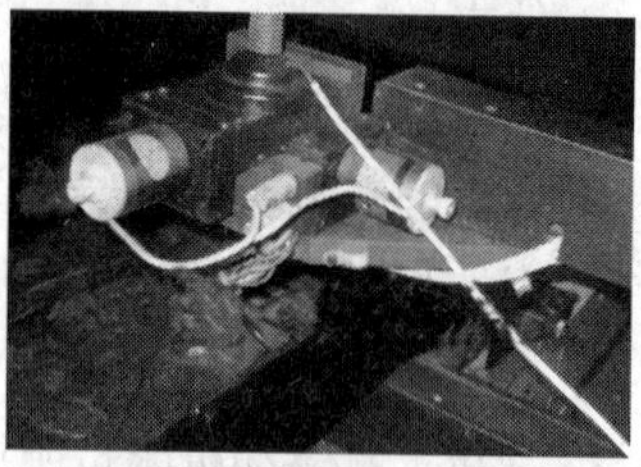	用来控制锥度加工的。通常下丝架是不动的，而调节锥度调节器，可以让上丝架固定导轮做进出移动，是上丝架与下丝架不对齐，形成了角度，则此时切割出来的制品是呈锥度（斜度）状的
立柱支架		立柱支架用来调节上丝架升降。通过丝架的升降可以调节线切割 Z 方向的距离，即当工件较厚时，必须把上丝架升起来，否则厚的工件是放不进去的，这也是判定线切割最大切割厚度的主要依据。通常上丝架的升降是有工人转动手轮来完成并锁紧
床身		床身是支撑整台机器和机械部分运动的平台，是机床的重要组成部分之一。线切割机除了控制柜不是安装在它的上面之外，其余的所有组件都是安装在床身上，可以证明它的重要性

续表

名　称	图　示	功　能
工作台		数控线切割机床工作台的移动一般是由两个坐标来控制，X 轴和 Y 轴由控制台发出进给信号，分别控制两个步进电动机，通过滚动导轨和丝杠传动副将电动机的旋转运动变为工作台的直线运动，通过两个坐标方向各自的进给移动，最终使工作台带动工件按要求的轨迹进行运动而对工件进行加工
冷却液系统		按一定比例配制的电火花线切割专用工作液，由工作液泵输送到线架上的工作液分配阀体上，阀体有两个调节手柄，分别控制上下丝臂水嘴的流量，工作液经加工区落在工作台上，再由回水管回到工作液箱进行过滤

思考与练习题

1．解释 DK7725 的含义。

2．简述数控电火花线切割机床的分类。

3．简述数控电火花线切割机床中的立柱支架的作用。

任务二 快速走丝电火花线切割加工工艺

任务说明

掌握加工放电参数的选用原则，掌握常见的工件装夹工艺，熟悉影响加工精度的因素。

知识点

- 加工条件的选用。
- 电极丝的选用。
- 工件的装夹、找正。
- 影响加工精度的因素。

一、任务引入

本任务介绍数控快速走丝电火花线切割加工工艺。

二、任务分析

任务中主要包含了加工条件的选用及工件的装夹等知识点。

三、相关知识

1. 加工放电参数的选用

1）脉宽

在特定的工艺条件下，脉宽增加，切割速度提高，表面粗糙度增大，这个趋势在脉宽增加的初期，加工速度增大较快，但随着脉宽的进一步增大，加工速度的增大相对平缓，粗糙度变化趋势也一样。这是因为单脉冲放电时间过长，会使局部温度升高，对侧边的加工量增大，热量散发快，因此减缓了加工速度。

通常情况下，ON 的取值要考虑工艺指标及工件的材质、厚度。如对表面粗糙度要求较高，工件材质易于加工，厚度适中时，ON 取值较小，一般在 3～10。中、粗加工，工件材质切割性能差，较厚时，ON 取值一般为 10～25。

当然，这里只能定性地介绍 ON 的选择趋势和大致取值范围，实际加工时要综合考虑各种影响因素，根据侧重的不同，最终确定合理的数值。

2）脉间间隙

设置脉冲停歇时间。在特定的工艺条件下，脉间间隙减小，切割速度增大，表面粗糙度增大不多。这表明脉间间隙对加工速度影响较大，而对表面粗糙度影响较小。减小“OFF”

可以提高加工速度，但是脉间间隙不能太小，否则消电离不充分，电蚀产物来不及排除。

3）功率管数 IP

IP 的选择是根据加工工件的厚度来确定。

4）电压 V

低压一般在找正时选用，加工时一般都选用常压，因而电压 V 参数一般不需修改。

2. 电极丝的选用

快走丝线切割的电极丝要反复使用，因此要有一定的韧性、抗拉强度和抗腐蚀能力。

1）可做快走丝电极丝的材料

可做快走丝电极丝的材料性能如表 2-2-3 所示。

表 2-2-3　可做快走丝电极丝的材料性能

材　料	适用温度/℃		延伸率/%	抗张力/MPa	熔点/(T_m/℃)	电阻率/(Ωm/mm²)	备　注
	长期	短期					
钨 W	2 000	2 500	0	1 200～1 400	3 400	0.061 2	较脆
钼 Mo	2 000	2 300	30	700	2 600	0.047 2	较韧
钨钼 $W_{50}Mo$	2 000	2 400	15	1 000～1 100	3 000	0.053 2	韧性适中

2）丝的直径及张力选择

常用的丝径有ϕ0.12 mm、ϕ0.14 mm、ϕ0.18 mm 和ϕ0.2 mm。

张力是保证加工零件精度的一个重要因素，但受丝径、丝使用时间的长短等要素限制。一般丝在使用初期张力可大些，使用一段时间后，丝已不易伸长，可适当去些配重，以延长丝的使用寿命。

工件的合理装夹及正确的位置，对加工质量和效率及加工方法起到决定作用，下面重点介绍工件的装夹及找正。

3. 工件的装夹、找正

1）快走丝线切割的装夹特点

（1）由于快走丝切割的加工作用力小，不像金属切削机床要承受很大的切削力，因而其装夹的夹紧力要求不大，有的地方还可用磁力夹具定位。

（2）快走丝切割的工作液是靠高速运行的丝带入切缝的，不像慢走丝那样要进行高压冲水，因此对切缝周围的材料余量没有要求，便于装夹。

（3）线切割是一种贯通加工方法，因而工件装夹后被切割区域要悬空于工作台的有效切割区域，因此一般采用悬臂支撑或桥式支撑方式装夹。

2）工件装夹的一般要求

（1）工件的定位面要有良好的精度，一般以磨削加工过的面定位为好，棱边倒钝，孔口倒角。

（2）切入点要导电，热处理件切入处要去积盐及氧化皮。

（3）热处理件要充分回火去应力，平磨件要充分退磁。

（4）工件装夹的位置应利于工件找正，并应与机床的行程相适应，夹紧螺钉高度要合适，避免干涉到加工过程。上导轮要压得较低。

（5）对工件的夹紧力要均匀，不得使工件变形和翘起。

（6）批量生产时，最好采用专用夹具，以利于提高生产率。

（7）加工精度要求较高时，工件装夹后，必须拉表找平行、垂直。

3）常见的工件装夹方法

（1）悬臂式支撑。工件直接装夹在台面上或桥式夹具的一个刃口上，如图 2-2-3 所示。悬臂式支撑通用性强，装夹方便，但容易出现上仰或倾斜，一般只在工件精度要求不高的情况下使用，如果由于加工部位所限只能采用此装夹方法而加工又有垂直要求时，要拉表找正工件上表面。

（2）垂直刃口支撑。如图 2-2-4 所示，工件装在具有垂直刃口的夹具上，此种方法装夹后工件也能悬伸出一角便于加工。装夹精度和稳定性较悬伸式为好，也便于拉表找正，装夹时夹紧点注意对准刃口。

（3）桥式支撑。如图 2-2-5 所示，此种装夹方式是快走线切割最常用的装夹方法，适用于装夹各类工件，特别是方形工件，装夹后稳定。只要工件上、下表面平行，装夹力均匀，工件表面即能保证与台面平行。桥的侧面也可做定位面使用，拉表找正桥的侧面与工作台 X 方向平行，工件如果有较好的定位侧面，与桥的侧面靠紧即可保证工件与 X 方向平行。

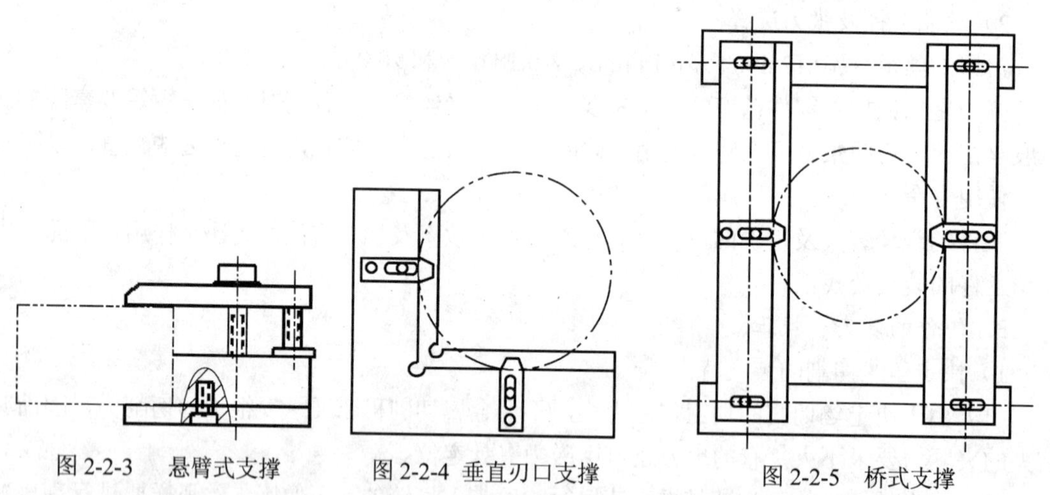

图 2-2-3　悬臂式支撑　　图 2-2-4　垂直刃口支撑　　图 2-2-5　桥式支撑

（4）V 形夹具装夹。如图 2-2-6 所示，此种装夹方式适合于圆形工件的装夹，工件母线要求与端面垂直，如果切割薄壁零件，注意装夹力要小，以防变形。V 形夹具拉开跨距，为了减小接触面，中间凹下，两端接触，可装夹轴类零件。

（5）板式支撑。加工某些外周边已无装夹余量或装夹余量很小，中间有孔的零件，可在底面加一托板，用胶粘固或螺栓压紧，使工件与托板连成一体，且保证导电良好，加工时连托板一块切割，如图 2-2-7 所示。

（6）分度夹具装夹。

① 轴向安装的分度夹具：如小孔机上弹簧夹，头的切割，要求沿轴向切两个垂直的窄

槽，即可采用专用的轴向安装的分度夹具，如图 2-2-8 所示。分度夹具安装于工作台上，三爪内装一检棒，拉表跟工作台的 X 或 Y 方向找平行，工件安装于三爪上，旋转找正外圆和端面，找中心后切完第一个槽，旋转分度夹具旋钮，转动 90°，切另一槽。

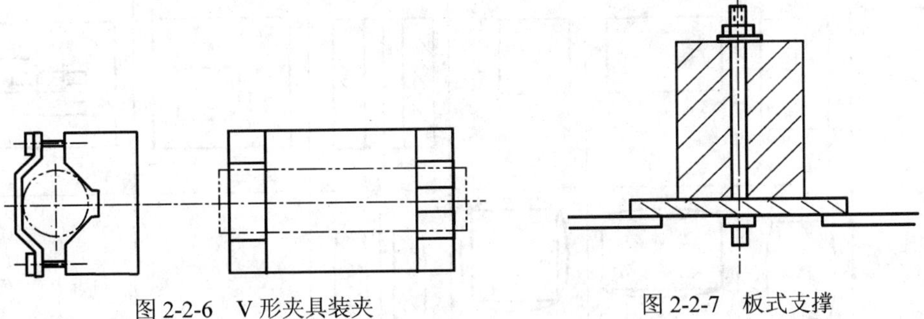

图 2-2-6　V 形夹具装夹

图 2-2-7　板式支撑

② 端面安装的分度夹具：如加工中心上链轮的切割，其外圆尺寸已超过工作台行程，不能一次装夹切割，即可采用分齿加工的方法。如图 2-2-9 所示，工件安装在分度夹具的端面上，通过心轴定位在夹具的锥孔中，一次加工 2～3 齿，通过连续分度完成一个零件的加工。

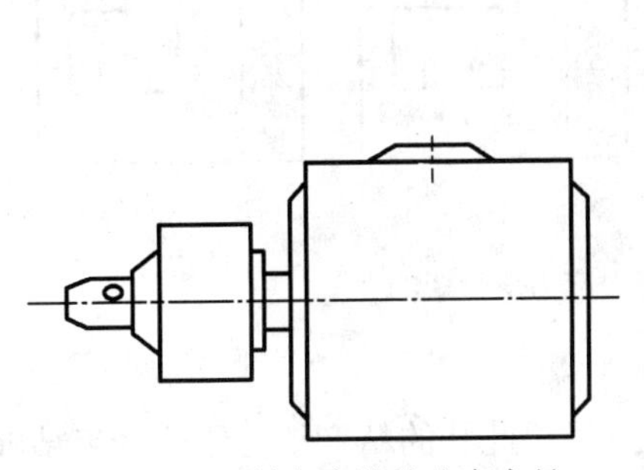

图 2-2-8　轴向安装的分度夹具

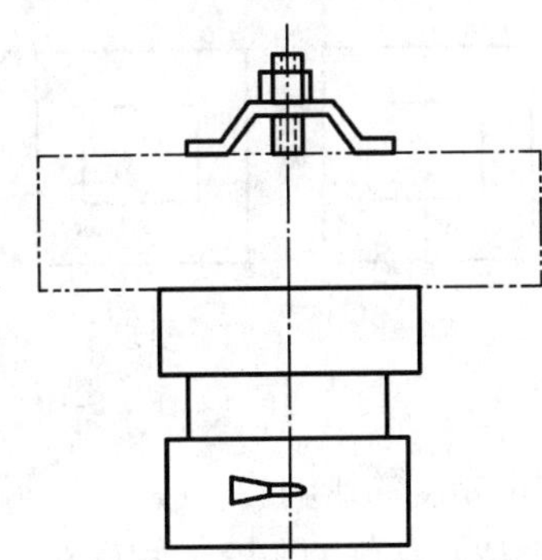

图 2-2-9　端面安装的分度夹具

4）工件的找正

工件找正的目的是为了保证切割型腔与工件外形或型腔与型腔之间有一个正确的位置关系，与外形的位置关系可通过找外形或找工艺孔的中心来确定，工艺孔在坐标镗上已精确的加工出，型腔与型腔之间的位置关系是靠定位移动的步距来保证的，但要注意穿丝孔小时位置精度不能太差，以保证移至下一个型腔加工的穿丝位置时能顺利穿丝。找正的实质是为了确定加工起点，而一般情况下型腔与外形或型腔之间的位置参考点就是加工起点，常选在对称中心处。

4. 影响加工精度的因素

1）材料内应力变形

材料的内应力一般有热应力、组织应力和体积效应，以热应力影响为主，热应力对工件形状的影响如表 2-2-4 所示。

表 2-2-4 热应力对工件形状的影响

零件类别	轴 类	扁 平 类	正 方 形	套 类	薄壁型孔	复杂型腔
理论形状					A B	A B
热应力作用					A 变大，B 变大	A 变小，B 变大

对于应力变形，一般可采用预加工，如在余料上钻孔、切槽等。热处理件充分回火消应力，采用穿丝并选择合理的加工路径，以限制应力释放，如图 2-2-10 所示。

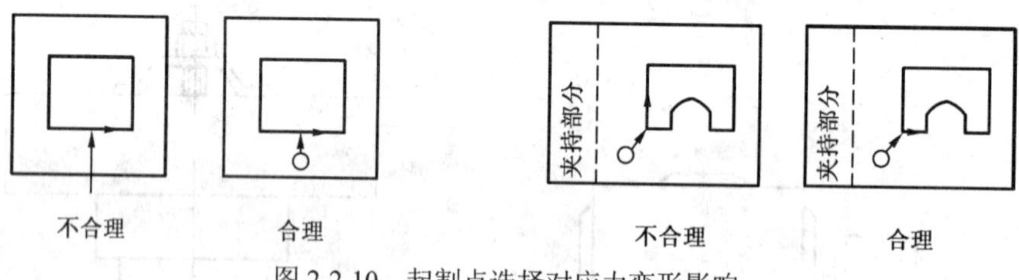

图 2-2-10 起割点选择对应力变形影响

2）找正精度的影响

（1）定位孔精度的影响。定位孔自身的精度及找正此孔的精度都会影响加工精度。如果用穿丝孔作为定位孔，则要保证穿丝孔精度。如图 2-2-11 所示，定位孔若有α的倾斜度，工件厚 H，则找正的中心 O_d 与理论中心 O_D 的误差为$\Delta=H\tan\alpha/2$，即找中心误差与工件厚度、倾角的正切成正比。

为了减小定位孔自身精度对定位的影响，就要设法减小 H 与α。在工件厚度不变的情况下，通常采用挖空刀孔以减小 H，如图 2-2-12 所示，再就是设法提高定位孔的垂直度，对要求较高的定位孔需在坐标镗上加工。对于多孔位加工，为了保证各孔的位置精度，也需在坐标镗上加工定位孔。

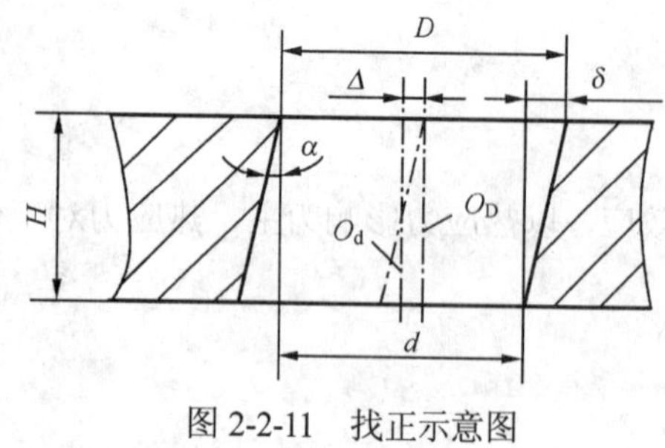

图 2-2-11 找正示意图

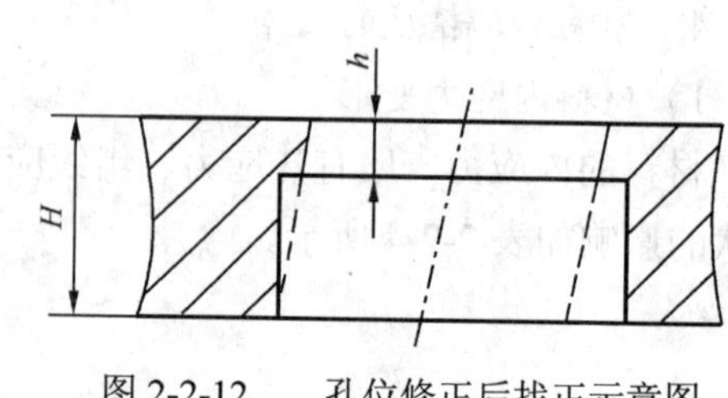

图 2-2-12 孔位修正后找正示意图

另外，为了提高感知精度，感知面的粗糙度要小，孔口倒角以防产生毛刺。

（2）找中心的方法，第一次找正完后接着再找正 2～3 次，以差值很小为准。由于找正前电极丝不在孔的中心，找正误差较大，多找正几次可减小误差。

找正时注意感知表面要干净，电极丝上不要有残留的工作液，影响感知精度。

（3）对于垂直度有要求的工件加工，电极丝找垂直要精细。首先检查运丝是否抖动，若抖。

（4）动则应清洗导轮槽，检查导电块是否已磨出深槽，丝与导电块接触是否良好，导轮轴承运转是否灵活，有无轴向窜动。其次要保证找正块与台面接触良好，找正时速度要逐步降低，在找正块的一个位置粗找后，换一个位置再精找。

3）拐角策略

线切割加工时由于电磁力的作用，电极丝会产生一个挠曲变形而滞后，在进行拐角切割时，会抹去工件轮廓的尖角造成塌角，如图 2-2-13 所示。为防止塌角可采用以下方法：

（1）程序段末延时，以等待电极丝切直。

（2）过切，进行凸模加工时可在外面的余料上过切，即沿原程序段多切一段距离，再原路返回，在这个过切过程中，电极丝已回直则可加工出倾角。

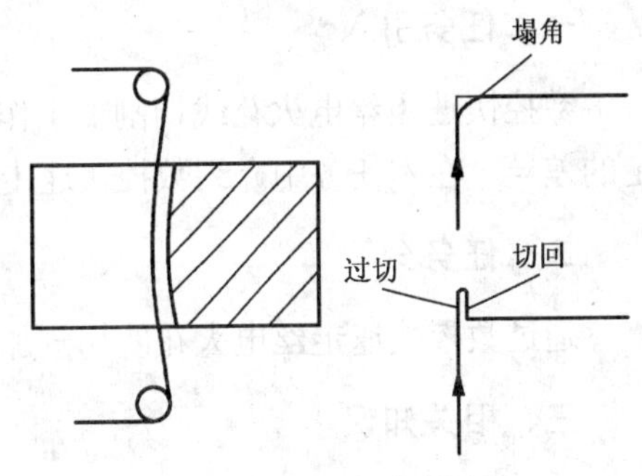

图 2-2-13 拐角策略

4）运丝系统精度的影响

快走丝线切割运丝系统的状况对工件的表面质量有较大的影响。运丝系统正反向运丝时的张力差，是产生换向条纹、影响表面粗糙度的重要因素。此外，运丝的平稳性（即丝的抖动）、张力的大小都会对加工表面及尺寸精度带来影响。丝抖动反映在切割表面，会呈现两端条纹明显而中间稍好。张力大小会影响工件纵剖面尺寸的一致性。

运丝环节包括丝筒、配重、导轮、导电块，检查维护好这些环节是保证运丝平稳的条件。

张力的大小要根据侧重点确定。张力大则丝绷得直，工件上下一致性好，但丝的损耗大且对导电块、导轮及轴承的磨损也大。电极丝在使用的中后期要适当减小配重，以延长使用寿命。

思考与练习题

1. 常见的工件装夹方法有哪些？
2. 选择脉宽的作用是什么？
3. 工件装夹的一般要求是什么？
4. 如何选择合适的张力？

任务三　快速走丝电火花线切割加工的操作流程

任务说明

掌握数控快速走丝电火花线切割加工的操作流程。

知识点

数控快速走丝电火花线切割加工的操作流程。

一、任务引入

数控快速走丝电火花线切割加工作为特种加工，其加工流程较其他加工法式必定存在一定的差异，在本任务中介绍数控快速走丝电火花线切割加工的操作流程。

二、任务分析

通过数控快速走丝电火花线切割加工的操作流程图，来掌握其各个过程的要点。

三、相关知识

数控线切割加工，一般作为工件加工的最后一道工序，是工件达到图样规定的尺寸、形位精度和表面粗糙度等工艺指标。图 2-2-14 所示为数控电火花线切割加工的加工流程。

1. 工件准备

工件材料的选择是由图样设计时确定的。作为模具加工，在加工前毛坯需经锻打和热处理。锻打后的材料在锻打方向与垂直方向会有不同的残余应力，淬火后也会出现残余应力。加工过程中残余应力的释放会使工件变形，从而达不到尺寸精度要求，淬火不当的工件还会在加工过程出现裂纹，因此工件需经两次以上回火或高温回火。另外，加工前还要进行消磁处理及去除表面氧化皮和锈斑等。

工件加工基准的选择：为便于线切割加工，根据工件按外形和加工要求，应准备相应的校正和加工基准，并且此基准应尽量与图样的设计基准一致，常见的有以下两种形式：

（1）以外形为校正和加工基准。外形是矩形状的工件，一般需要有两个相互垂直的基准表面，并垂直于工件的上、下面如图 2-2-15 所示。

（2）以外形为校正基准，内孔为加工基准。无论是矩形、圆形还是其他异形的工件，都应准备一个与工件的上、下面保持垂直的校正基准，此时其中一个内孔可作为加工基准，如图 2-2-16 所示。

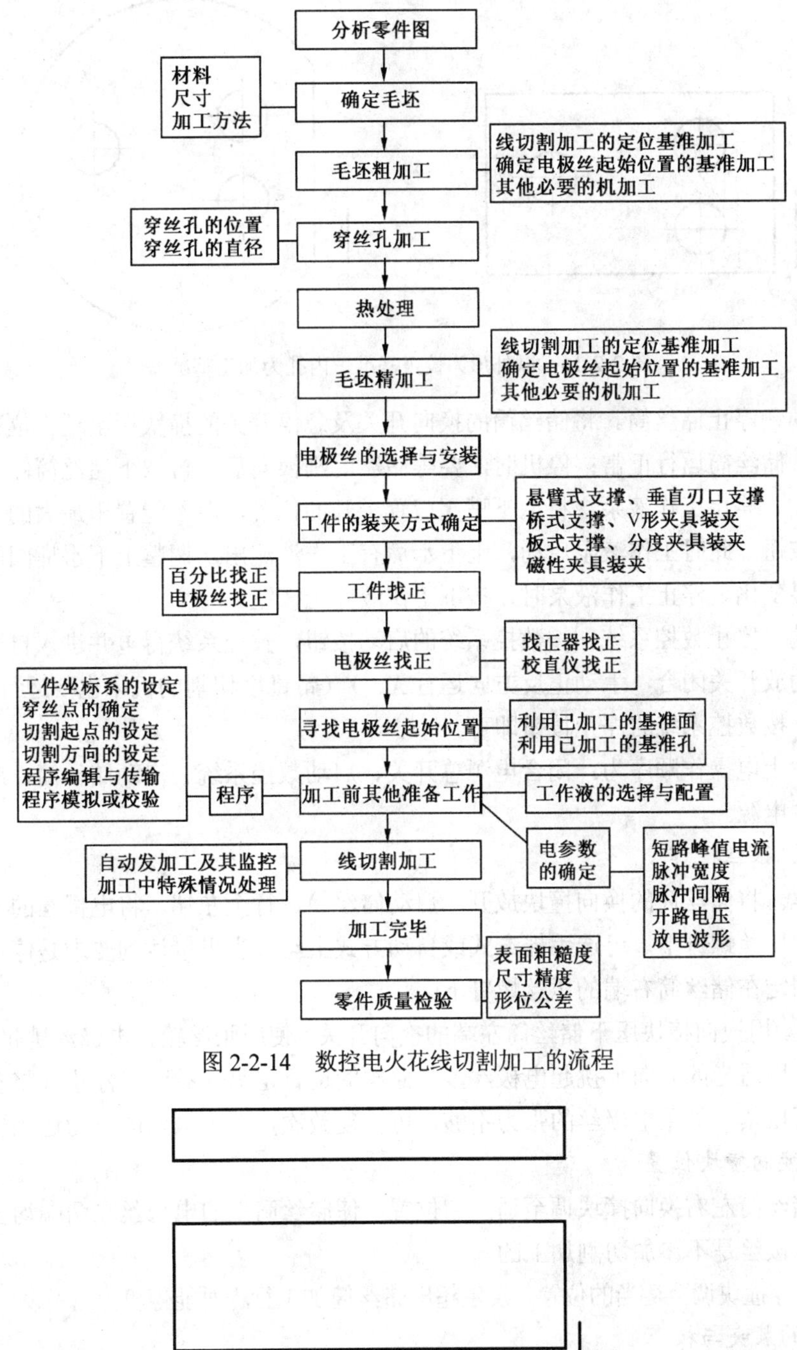

图 2-2-14　数控电火花线切割加工的流程

图 2-2-15　以外形为校正和加工基准

2. 快速走丝数控电火花线切割机床的上电操作

（1）机床上电。确认电气箱、柜的门已关闭后，闭合电源总开关，电源指示灯亮。检查工作台行程限位开关、储丝筒的换向开关及急停开关是否安全可靠。

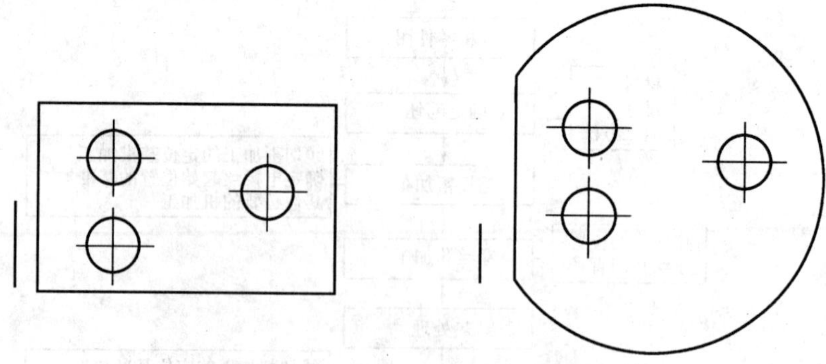

图 2-2-16　以外形为校正基准，内孔为加工基准

（2）启动、停止储丝筒。将储丝筒的换向开关及急停开关的撞块调至适当位置，按储丝筒启功按钮，储丝筒运行正常；停机时，要等储丝筒刚换向后，再按下储丝筒停止按钮。

（3）启动、停止工作液泵。将上下嘴阀门置于开的位置，但不能置于最大的位置，按下工作液启动按钮，此时工作液泵启动，上下水嘴有工作液流出，调整上下水嘴阀门，工作液的流量有明显变化。停止工作液泵时，按下工作液停止按钮。

（4）启动、停止数控系统。按数控系统的启动按钮，数控系统得电并进入自检状态。自检结束后将功放开关闭合，手动正反方向运行 *X*、*Y*（带锥度切割的机床也要运行 *U*、*V*）拖板。停止时，按数控系统的停止按钮即可。

加工时，上电操作顺序为：闭合电源总开关、启动数控系统、启动储丝筒、启动工作液泵、启动脉冲电源。

3. 上丝、张丝操作

（1）上丝。将储丝筒的换向撞块放开，启动储丝筒运行至左端。将电极丝的一端固定在储丝筒左端的压丝螺钉下，可选手摇方式或自动方式上丝，当思量达到要求是停止，将电极丝的另一端固定在储丝筒右端的压丝螺钉下。

（2）张丝。用换向撞块压下储丝筒左端的换向开关，使用张丝轮将电极丝挑起，摇动（启动）储丝筒，用适当的方向上挑起电极丝，当储丝筒运行至另一端时，停止并将多余的电极丝剪掉，重新压紧。如果电极丝的张力不够，可重复数次，至电极丝的张力达到要求。

4. 调整换向撞块位置

（1）将储丝筒左右换向撞块调至适当的位置，使储丝筒上的电极丝在两端均留一定的余量，这部分电极丝是不参加切割加工的。

（2）将急停撞块调至适当的位置。发生超出储丝筒加工行程时能停机，而不发生断丝故障。

5. 工件的装夹与校正

工件装夹时，一方面需要考虑线切割加工时电极丝由上而下穿过工件一因素，另一方面应充分考虑装夹部位、穿丝孔和切入位置，以保证切割路径在机床坐标行程内。

使用机床配备的夹具及附件即满足使用要求，工件的装夹步骤如下：

（1）擦净工作台面和工件。

（2）用夹具将工件固定在工作台上，压板要平行压紧工件。

（3）在工件夹紧之前，用百分表校正工件平行度，即将工件的水平方向调整到指定的角度，一般为工件的侧面与机床运动的坐标相平行，控制在 0.01 mm 之内。

6. 程序的编制与输入

程序的编制与输入将在项目三的加工实例中详细介绍。

7. 工作液的配置与更换

（1）快走丝线切割选用的工作液是乳化液，乳化液有以下特点：

有一定的绝缘性能。乳化液水溶液的电阻率约为 $10^4 \sim 10^5 \Omega \cdot cm$，适合于快走丝对放电介质的要求。另外由于快走丝的独特放电机理，乳化液会在放电区域金属材料表面形成绝缘膜，即使乳化液使用一段时间后电阻率下降，也能起到绝缘介质的作用，使放电正常进行。

① 具有良好的洗涤性能。所谓洗涤性能指乳化液在电极丝带动下，渗入工件切缝起溶屑、排屑作用。洗涤性能好的乳化液，切割后的工件易取，且表面光亮。

② 有良好的冷却性能。高频放电局部温度高，工作液起到了冷却作用，由于乳化液在高速运行的丝带动下易进入切缝，因而整个放电区能得到充分冷却。

③ 有良好的防锈能力。线切割要求用水基介质，以去离子水作介质，工件易氧化，而乳化液对金属起到了防锈作用，有其独到之处。

④ 对环境无污染，对人体无害。

（2）常用乳化液有如下几种：

① DX-1 型皂化液。

② 502 型皂化液。

③ 植物油皂化液。

④ 线切割专用皂化液。

（3）乳化液的配制方法。乳化液一般是以体积比配制的，即以一定比例的乳化液加水配制而成，浓度根据要求是：

① 加工表面粗糙度和精度要求较高，工件较薄或中厚，配比较浓些，约 8%～15%。

② 要求切割速度高或大厚度工件，浓度淡些，约 5%～8%，以便于排屑。

③ 用蒸馏水配制乳化液，可提高加工效率和表面粗糙度。对大厚度切割，可适当加入洗涤剂，如“白猫”洗洁精，以改善排屑性能，提高加工稳定性。

根据加工使用经验，新配制的工作液切割效果并不是最好，在使用 20 h 左右时，其切割速度、表面质量最好。

（4）流量的确定。快走丝线切割是靠高速运行的丝把工作液带入切缝的，因此工作液不需多大压力，只要能充分包住电极丝，浇到切割面上即可。

8. 确定电参量

启动机床进行切割，根据加工要求调整加工参数。

思考与练习题

1. 简述乳化液有哪些特点。
2. 简述工件装夹的步骤。

任务四　快速走丝电火花线切割机床安全规程及日常维护保养

任务说明

掌握电火花线切割加工的常见故障及排除方法，熟悉电火花线切割加工加工安全规程。

知识点

- 电火花线切割加工加工安全规程。
- 电火花线切割加工的常见故障及排除方法。
- 电火花线切割日常维护与保养要点。

一、任务引入

在工厂里到处可见“安全第一，质量第一”的各种标语。足可以证明机床安全和日常维护保养的重要性，只有机床能够良好运转，才能保证加工出优质的工件。

二、任务分析

根据电火花线切割机床加工的特色，总结各种常见故障及其排除的方法。进一步得出电火花线切割加工中的日常维护与保养要点。

三、相关知识

1. 电火花线切割加工安全规程

保证电火花线切割加工的安全性，要注意两个方面：一方面是人身安全，另一方面是设备安全。具体有以下几点要求：

（1）操作者必须熟悉线切割机床的操作技术，开机前应按设备润滑要求，对机床有关部位注油润滑。

（2）操作者必须熟悉线切割机床加工工艺，适当地选取加工参数，按规定操作顺序合理操作，防止造成断丝等故障发生。

（3）用手柄操作储丝筒后，应及时将摇柄拔出，防止储丝筒转到时将摇柄甩出伤人。废丝要放在规定的容器内，防止混入电路和走丝系统中，造成电器短路、触电和断丝事故。停机时，要在储丝筒刚换向后尽快按下停止按钮，防止因丝筒惯性造成断丝及传动件碰撞。

（4）正式加工工件之前，应确认工件位置是否安装正确，防止碰撞丝架和因超程撞坏丝杠、螺母等传动部件。对于无超程限位的工作台，要防止超程坠落事故。

（5）在加工工件之前应对工件进行热处理，尽量消除工件的残余应力，防止切割过程中工件爆裂伤人。加工之前应安装好防护罩。

（6）在检修机床、机床电器、脉冲电源、控制系统之前，应注意切断电源，防止损坏电路元件和触电事故的发生。

（7）禁止用湿手按开关或接触电器部分。

（8）防止工作液等导电物进入电器部分，一旦发生因电器短路造成火灾时，应首先切断电源，立即用氯化碳等合适灭火器灭火，不准用水灭火。

（9）由于工作液在加工过程中可能因为一时供应不足而产生放电火花，所以机床附近不得放置易燃、易爆物品。

（10）定期检查机床的保护接地是否可靠，注意各部位是否漏电，尽量采用防触电开关。合上加工电源后，不可用手或手持导电工具同时接触脉冲电源的两输出端（床身与工件）以防触电。

（11）停机时，应先停高频脉冲电源，再停工作液，让电极丝运行一段时间，并等储丝筒反向后再停走丝。工作结束后，关掉电源，擦净工作台及夹具，并润滑机床。

2. 线切割机床的常见故障

数控线切割机床中的常见故障及排除方法如表 2-2-5 所示。

表 2-2-5　机床常见故障及排除方法

序　号	加工中的故障	产生的原因	排除的方法
1	工件表面有明显的丝痕	① 电极丝松动或抖动； ② 工作台纵横运动不平衡，储丝筒横向运动时震动大，上线架未夹紧或燕尾间隙过大； ③ 跟踪不稳定	① 按紧丝方法排除； ② 检查调整工作台、储丝筒精度以及上线架； ③ 调节电参数
2	抖丝	① 电极丝松动； ② 长期使用、轴承、导轮、排丝轮磨损； ③ 储丝筒换向时冲击及储丝筒跳动增大； ④ 电极丝弯曲不直	① 将电极丝收紧； ② 更换轴承、导轮、排丝轮； ③ 调整储丝筒； ④ 更换电极丝
3	导轮跳动有啸叫声，转动不灵活	① 导轮轴向间隙大； ② 冷却液进入轴承； ③ 长期使用轴承精度降低，导轮磨损	① 调整导轮轴向间隙； ② 用煤油清洗轴承； ③ 更换轴承及导轮
4	断丝	① 电极丝长期使用老化发脆； ② 严重抖丝； ③ 冷却液供应不足电蚀物排泄不出； ④ 工件厚度和电参数选择配合不当； ⑤ 筒拖板换向间隙大造成不当； ⑥ 开关失灵拖板超出行程位置； ⑦ 表面有氧化皮	① 更换电极丝； ② 检查导轮及排丝轮； ③ 调节冷却液流量； ④ 正确选择电参数； ⑤ 调整拖板换向间隙； ⑥ 检查限位开关； ⑦ 手动切入或去氧化皮

续表

序　号	加工中的故障	产生的原因	排除的方法
5	松丝	① 电极丝安装太松； ② 电极丝使用时间过长产生松丝	① 重新紧丝； ② 紧丝或更换电极丝
6	烧伤	① 脉冲电源电参数选择不当； ② 冷却液太脏供应不足； ③ 自动调频不灵敏	① 正确调整电参数； ② 更换冷却液； ③ 检查控制器
7	工作精度不符	① 传动丝杠间隙过大； ② 传动齿轮间隙过大； ③ 数控装置失灵	① 调整丝杠、螺母副； ② 调整齿轮间隙； ③ 检查数控装置

3. 数控线切割机床的维护与保养

为了保持机床能正常可靠地工作，充分发挥作用，延长其使用寿命，对电火花线切割机床的维护保养是必不可少的。一般的维护保养有两方面，即日常维护保养和定期维护保养。主要内容有润滑运动部件、调整传动机构和更换易损件。每班维护时，班前要对设备进行点检，查看有无异常，并按润滑图表规定加油；确认安全装置及电源等是否良好。先空车运转，等到充分润滑及达到热平衡后再工作。对运行中的设备要注意观察，发现问题必须立即停机处理。同时严格遵守操作规程。对不能排除故障的设备要填写设备故障维修单，交给维修部门，检修完成后由操作者签字验收。下班时要切断电源，清扫、擦拭设备，在设备导轨部位涂油，清理工作场地、保持设备及周围环境清洁。

设备的定期维护是在维修工的配合下，由操作者进行的定期维修作业，按设备管理部门的计划执行。在维护作业中发现的故障隐患，一般由操作者自行调整，不能完成的则以维修工为主、操作者配合进行处理，并按规定做好记录备查。设备定期维护后要由机械员（师）组织维修组验收，由设备部门抽查。

1）定期维护的主要内容

（1）清洁：拆卸指定部件、箱盖及防尘罩等，彻底清洗，擦拭各部件内外；更换冷却液及清洗冷却液箱；补齐手柄、手球、螺钉、螺母及油嘴等机件，保持设备完整；清扫、检查、调整电气线路及装置。

（2）定期润滑：疏通油路，清扫滤油器，检修油毡、油线、油标，增添或更换润滑油。线切割机床上需定期润滑的部位主要有机床导轨、丝杠螺母、传动齿轮、导轨轴承等，一般用油枪注入。轴承和滚珠丝杠如是保护套式的，可以经半年或一年后拆开注油。机床各部位润滑情况如表 2-2-6 所示。

表 2-2-6　机床各部位润滑情况

序　号	润滑部位	油品牌号	润滑方式	润滑周期
1	X、Y 向导轨	根据参考数选择润滑脂	油枪注射	半年

续表

序　号	润滑部位	油品牌号	润滑方式	润滑周期
2	*X*、*Y* 向丝杠	根据参考书选择润滑脂	油枪注射	半年
3	滑枕上下移动导轨	根据参考书选择机油	油枪注射	每月
4	储丝筒导轨	根据参考书选择机油	油枪注入	每日
5	储丝筒丝杠	根据参考书选择润滑脂	油枪注入	每日
6	储丝筒齿轮	根据参考书选择机油	油枪注入	每日
7	*U*、*V* 轴导轨丝杠	根据参考书选择润滑脂	装配时填入	大修
8	机床特别要求	参考机床说明书	厂家要求	要求

（3）定期调整。对于丝杠螺母，部分线切割机床采用锥形开槽式的调节螺母，则需拧紧一些，凭经验和手感确定间隙，保持转动灵活。滚动导轨的调整方法为松开工作台一边的导轨固定螺钉，拧调节螺钉，看百分表的反应，使其靠紧另一边。挡丝块和进电块的调整在于改变电极丝与挡丝块和进电块的接触位置。因为挡丝块和进电块使用很长时间后，会摩擦出沟痕，易造成电极丝断，所以需转动或移动下，以改变接触位置。

（4）检查和调整各部分配合间隙，更换个别易损件及密封件。需定期更换的线切割机床上的易损件有导轮、进电块、挡丝块和导轮轴承。这些部件易磨损，要及时检查，发现后应更换。进电块、挡丝块目前常用硬质合金，只需改变位置，避开已磨损的部位即可。

2）使用及日常维护应注意的主要方面

（1）避开阳光直射，尽量远离振动源。机床附件不应有电焊机、高频处理设备等，避免高温对机床精度的影响，始终保持机床的清洁与完整。经常清理数控装置的散热通风系统，便于数控系统可靠运行。有超温情况时，一定要立即停机检测。

（2）机床电源保持稳定，波动范围控制在−15%～10%之间。最好有稳压装置和防止损坏系统。

（3）润滑装置要保持清洁、油路畅通，各部位润滑良好。油液必须符合标准。

（4）电气系统的控制柜和强电柜的门应尽量少开。防止灰尘、油雾对电子元器件的腐蚀及损坏。

思考与练习题

1. 简述数控线切割机床各部位润滑时间设定。
2. 简述数控线切割机床使用及日常维护应注意哪些主要方面。
3. 抖丝的主要原因是什么，应该怎么样去处理？

项目三　快速走丝电火花线切割加工实例

任务一　简单零件的手工编程

任务说明

读懂电火花线切割加工机床的编程指令，熟悉电火花线切割机床的坐标方向。

知识点

- 电火花线切割加工的坐标方向确定。
- ISO 代码中的 G 指令功能。
- ISO 代码中的 M 指令功能。
- 绝对坐标与相对坐标。

一、任务引入

在生产实践中会碰到各式各样的数控线切割机床，尽管它们的数控系统不一定相同，但大部分数控机床都能够兼容 ISO 代码指令。所以作为数控电加工工人是有必要学会数控线切割的手工编程。在这一任务中将完成图 2-3-1 所示典型零件的手工编程。

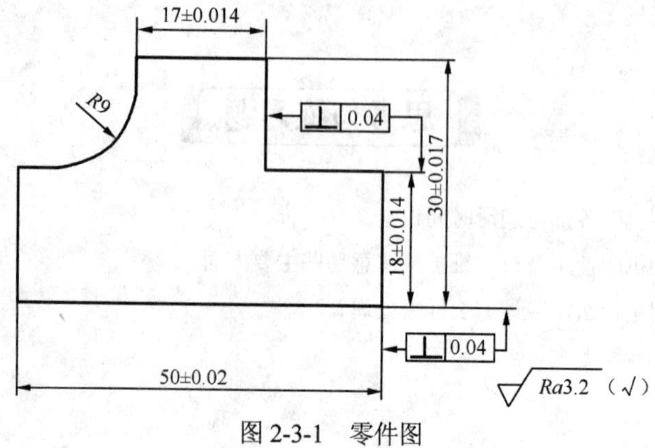

图 2-3-1　零件图

二、任务分析

数控机床的控制系统是按照人的“指令”去控制机床加工的。因此，必须事先把要加工的图形，用机器所能接受的“语言”编排好“指令”。这项工作称为数控编程，简称编程。

三、相关知识

1. 坐标系及运动方向

运动方向的确定：机械工业标准（JB/T 19660—2005）中规定：机床某一部件运动的正方向，是增大工件和刀具之间距离的方向。

（1）*Z* 坐标的运动：线切割机床 *Z* 轴垂直于工件上表面。

（2）*Y* 坐标的运动：操作者站立在操作面板前面，指向人的方向即为线切割机床的 *Y* 方向。

（3）*X* 坐标的运动：垂直于 *Y*、*Z* 轴线的方向。

2. 绝对坐标系与增量（相对）坐标系

本系统中有绝对坐标系和增量坐标系。

绝对坐标系，即每一点的坐标值都是以所选坐标系原点为参考点而得出的值。增量坐标系则是指当前点的坐标值是以上一个点为参考点而得出的值，如图 2-3-2 所示。

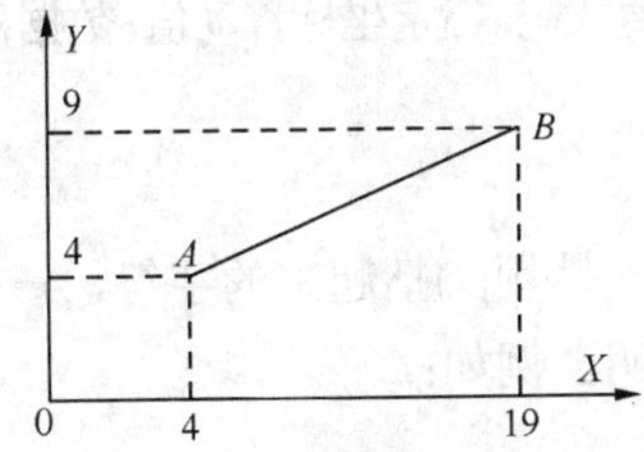

图 2-3-2　绝对坐标系与增量坐标系

从 *A*(4，4)点加工到 *B*(19，9)点，不同坐标方式的程序如下：

绝对坐标：G90 G01 X15 Y10;

增量坐标：G91 G01 X10 Y5;

3. 数控系统的 ISO 代码概要

1）字符集

编程中能够使用的字符如下：

数字字符：0 1 2 3 4 5 6 7 8 9

字母字符：A B C D E F G H I J K L M N O P Q R S T U V W X Y Z

特殊字符：+ – ；/ 空格 .( )

本系统编程中，小写英文字母与大写英文字母所表示的意义相同。

2）字

字就是字母（地址）后接一个相应的数据的组合体，它是组成程序的最基本单位。

例如：G00，M05，T84，G01，X17.88 等。

3）代码与数据

代码和数据的输入形式如下：

A*：指定加工锥度，其后接一十进制数。

C***：加工条件号，如 C007，C105。

D/H***：补偿代码，从 H000～H099 共有 100 个。可给每个代码赋值，范围为±99999.999 mm 或±9999.9999 英寸。

G**：准备功能，可指令插补、平面、坐标系等。如 G00、G17、G54。

I*, J*, K*：表示圆弧中心坐标，数据范围为±99999.999 mm 或±9999.9999 英寸。如 I5. J10。

L*：子程序重复执行次数，后接 1～3 位十进制数，最多为 999 次，如 L5，L99。

M**：辅助功能代码，如 M00，M02，M05。

N****/O****：程序的顺序号，最多可有一万个顺序号。如 N0000，N9999 等。

P****：指定调用子程序的序号，如 P0001，P0100。

R：转角 R 功能。后接的数据为所插圆弧的半径，最大为 99999.999 mm。

SF：变换加工条件中的 SF 的值，其后接一位十进制数。

T**：表示一部分机床控制功能。如 T84，T85。

X*, Y*, Z*, U*, V*, W*：坐标值代码，指定坐标移动值，数据范围为±99999.999mm 或±9999.9999 英寸。

4）注释

在自动生成的程序中，会有一些用( )括起来的字符，一般为 NC 程序的注释部分，并非执行对象，仅对该段程序进行说明。例如：

```
(Main Program);                         注释
G90 G92 X0 Y0;
M98 P0010;
G05; (X Mirror Image ON);               注释
⋮
(Sub program);                          注释
⋮
```

5）段

段是由一个地址或符号“/”开始，以“;”结束的一行程序。一个 NC 程序由若干个段组合而成。一个段内有如下约束：

（1）若在一段内含有两个或多个轴，依据代码，可同时处理。

（2）在一个段内不能有多个运动代码，否则将出错。

例如：G00 X10. G01 Y–10.; 一个段内有 G00 和 G01 则出错。

应为：G00 X10.;

G01 Y–10.;

（3）在一个段内不能有相同的轴标识，否则将出错。

例如：G01 X10. Y20. X40.; 一个段内有两个 X 轴标识则出错。

4. 准备功能 G 代码

1）G90（绝对坐标指令）、G91（增量坐标指令）

G90：绝对坐标指令，即所有点的坐标值均以坐标系的零点为参考点。

G91：增量坐标指令，即当前点坐标值是以上一点为参考点得出的。

2）G92（设置当前点的坐标值）

G92 代码把当前点的坐标设置成需要的值。

例如：G92 X0 Y0；把当前点的坐标设置为(0，0)，即坐标原点。

又如：G92 X10 Y0；把当前点的坐标设置为(10，0)。

（1）在补偿方式下，如果遇到 G92 代码，会暂时中断补偿功能，相当于撤销一次补偿，执行下一段程序时，再重新建立补偿。

（2）每个程序的开头一定要有 G92 代码，否则可能会发生不可预测的错误。

G92 只能定义当前点在当前坐标系的坐标值，而不能定义该点在其他坐标系的坐标值。

（3）G54，G55，G56，G57，G58，G59（工作坐标系 0～5）。这组代码用来选择工作坐标系，从 G54～G59 共有 6 个坐标系可选择，以方便编程。这组代码可以和 G92、G90、G91 等一起使用。

（4）G00（定位、移动轴）。

格式：G00 {轴 1}±{数据 1} {轴 2}±{数据 2}；

G00 代码为定位指令，用来快速移动轴。执行此指令后，不加工而移动轴到指定的位置。可以是一个轴移动，也可以两轴移动。例如：

```
G00 X+10. Y-20.;
```

轴标识后面的数据如果为正，“＋”号可以省略，但不能出现空格或其他字符，否则属于格式错误。这一规定也适用于其他代码。例如：

```
G00 X 10. YA10.;
     ↑     ↑
```

出错，轴标识和数据间有空格或字符

3）G01（直线插补加工）

格式： G01 {轴 1}±{数据 1} {轴 2}±{数据 2}；

用 G01 代码，可指令各轴直线插补加工，最多可以有四个轴标识及数据。例如：

```
G01 X20. Y60.;
```

4）G02、G03（圆弧插补加工）

格式：{平面指定} {圆弧方向} {终点坐标} {圆心坐标}；

用于两坐标平面的圆弧插补加工。平面指定默认值为 *XOY* 平面。G02 表示顺时针方向加工，G03 表示逆时针方向加工。圆心坐标分别用 I、J、K 表示，它是圆心相对于圆弧起点的坐标增量值。

例如图 2-3-3 加工指令：

```
G17 G90 G54 G00 X10. Y20.;
C001 G02 X50. Y60. I40.;
G03 X80. Y30. I20.;
```

I、J 有一个为零时可以省略，如此例中的 J0。但不能都为零、都省略，否则会出错。

图 2-3-3　圆指令

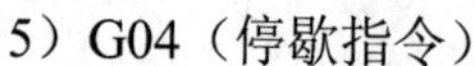

5）G04（停歇指令）

格式：G04 X{数据}；

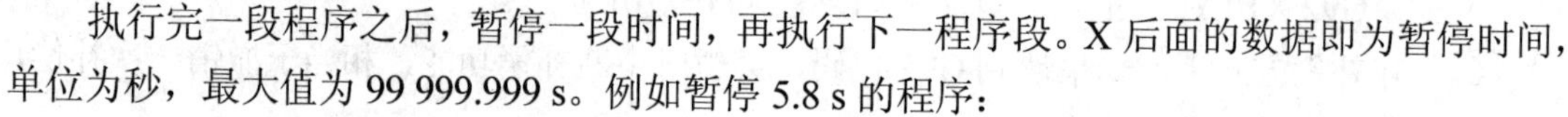

执行完一段程序之后，暂停一段时间，再执行下一程序段。X 后面的数据即为暂停时间，单位为秒，最大值为 99 999.999 s。例如暂停 5.8 s 的程序：

公制：G04 X5.8; 或 G04 X5800;

英制：G04 X5.8; 或 G04 X58000;

6）G20，G21（单位选择）

这组代码应放在 NC 程序的开头。

G20：英制，有小数点为 in，否则为万分之一英寸。如 0.5in 可写为 0.5 或 5000。

G21：公制，有小数点为毫米，否则为微米。如 1.2 mm 可写作“1.2”或“1200”。

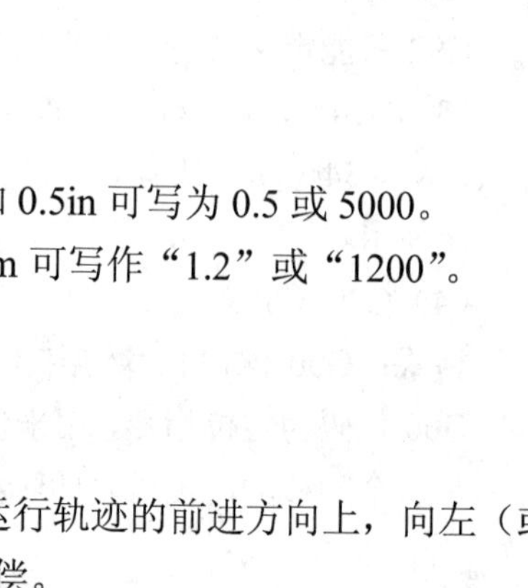

1 英寸=25.4 mm。

7）G40，G41，G42（补偿和取消补偿）

格式：G41 H*** ；

G41 为电极左补偿，G42 为电极右补偿。它是在电极运行轨迹的前进方向上，向左（或者向右）偏移一定量，偏移量由 H***确定。G40 为取消补偿。

（1）补偿值（D，H）

较常用的是 H 代码，从 H000～H099 共有 100 个补偿码，它存于 offset.sys 文件中，开机即自动调入内存。可通过赋值语句 H*** =_______ 赋值，范围为 0～99 999 999。

（2）补偿开始的情形

图 2-3-4 表示补偿建立的过程。在第Ⅰ段中，无补偿，电极中心轨迹与编程轨迹重合，第Ⅱ段中，补偿从无到有，称为补偿的初始建立段。规定这一段只能用直线插补指令，不能用圆弧插补指令，否则会出错。第Ⅲ段中，补偿已经建立，故称为补偿进行段。

① 补偿进行中的几种情形如下：

- 直线—直线；
- 直线—圆弧；
- 圆弧—直线；
- 圆弧—圆弧。

② 补偿撤销时的情形如下：

- 撤销补偿时只能在直线段上进行，在圆弧段撤销补偿将会引起错误。

图 2-3-4　补偿图

正确的方式：G40 G01 X0 Y0；

错误的方式：G40 G02 X20. Y0 I10. J0；

当补偿值为零时，运动轨迹与撤销补偿一样，但补偿模式并没有被取消。

③ 改变补偿方向：在补偿方式下改变补偿方向时（由 G41 变为 G42，或由 G42 变为 G41），电极由第一段补偿终点插补走到下一段的补偿终点。

④ 补偿模式下的 G92 代码：在补偿模式下，如果程序中遇到了 G92 代码，那么补偿会暂时取消，在下一段像补偿起始建立段一样再把补偿值加上。

5. 常用辅助功能 M 指令

M 指令是用来控制机床各种辅助动作及开关状态的，如主轴的转与停、冷却液的开与关等。程序的每一个语句中 M 代码只能出现一次。

1）M00 程序暂停

执行含有 M00 指令的语句后，机床自动停止。如编程者想要在加工中使机床暂停（检验工件、调整、排屑等），使用 M00 指令，重新启动程序后，才能继续执行后续程序。

2）M02 程序结束

执行含有 M02 指令的语句后，机床自动停止。机床的数控单元复位，如主轴、进给、冷却停止，表示加工结束，但该指令并不返回程序起始位置。

3）M30 程序结束

执行含有 M30 指令的语句后，机床自动停止。机床的数控单元复位，如主轴、进给、冷却停止，表示加工结束，但该指令返回程序起始位置。

4）M98 调用子程序

在加工中，往往有相同的工作步骤，将这些相同的步骤编成固定的程序，在需要的地方调用，那么整个程序将会简化和缩短。我们把调用固定程序的程序叫做主程序，把这个固定程序叫做子程序，并以程序开始的序号来定义子程序。当主程序调用子程序时只需指定它的序号，并将此子程序当做一个单段程序来对待。

主程序调用子程序的格式：M98 P**** L***；

其中：P****为要调用的子程序的序号，L***为子程序调用次数。如果 L***省略，那么此子程序只调用一次，如果为 L0，那么不调用此子程序。子程序最多可调用 999 次。

5）M99 子程序结束指令

子程序以 M99 作为结束标识。当执行到 M99 时，返回主程序，继续执行下面的程序。

在主程序调用的子程序中，还可以再调用其他子程序，它的处理和主程序调用子程序相同，这种方式称为嵌套（nesting），如图 2-3-5 所示。

四、任务实施

1. 按照零件图，标注出各角点的坐标

按照零件图，标注出各角点的坐标，如图 2-3-6 所示。

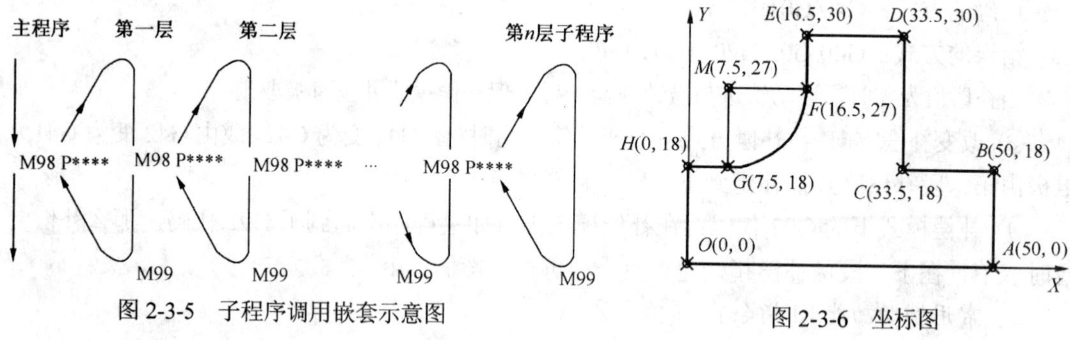

图 2-3-5　子程序调用嵌套示意图

图 2-3-6　坐标图

2. 编制手工加工编程

编制手工加工编程如表 2-3-1 所示。

表 2-3-1　加工程序列表

程序段号	程　序	说　明
N0010	G21 G90 ;	本段程序采用绝对坐标编程
N0020	G92　X0　Y0;	定义坐标系，使电极在坐标系中位置 X0，Y0
N0030	G 01　X50.0　Y0;	使电极切割加工至 X50. 0，Y0 位置处
N0040	X50. 0　Y18.0;	使电极切割加工至 X50.0，Y18.0 位置处
N0050	X34.5　Y0;	使电极切割加工至 X34.5，Y0 位置处
N0060	X33.5　Y30.0;	使电极切割加工至 X33.5，Y30.0 位置处
N0070	X16.5　Y30.0;	使电极切割加工至 X16.5，Y30.0 位置处
N0080	X16.5　Y27.0;	使电极切割加工至 X16.5，Y27.0 位置处
N0090	G02　X7.5 Y18.0　I-9.0;	使电极切割加工至 X7.5，Y18.0 位置处
N0100	G01　X0　Y18.0;	使电极切割加工至 X7.5，Y18.0 位置处
N0110	X0　Y0;	使电极切割加工至 X7.5，Y18.0 位置处
N0120	M02;	机床停止加工，程序复位

思考与练习题

1. 何为绝对坐标系和增量坐标系？
2. 程序中的 G、M 分别表示什么含义？
3. 解释下列代码含义：G92、G90、G00、G01、G02。

任务二　角度样板的自动编程线切割加工

任务说明

掌握长风线切割机床的操作，熟悉电火花线切割加工中的公差转换方式。

知识点

- 苏州长风电火花线切割机床面板按钮功能。
- 苏州长风电火花线切割机床的简单操作。
- 零件图的公差转换。

一、任务引入

采用苏州长风线切割机床按图 2-3-7 所示加工零件。

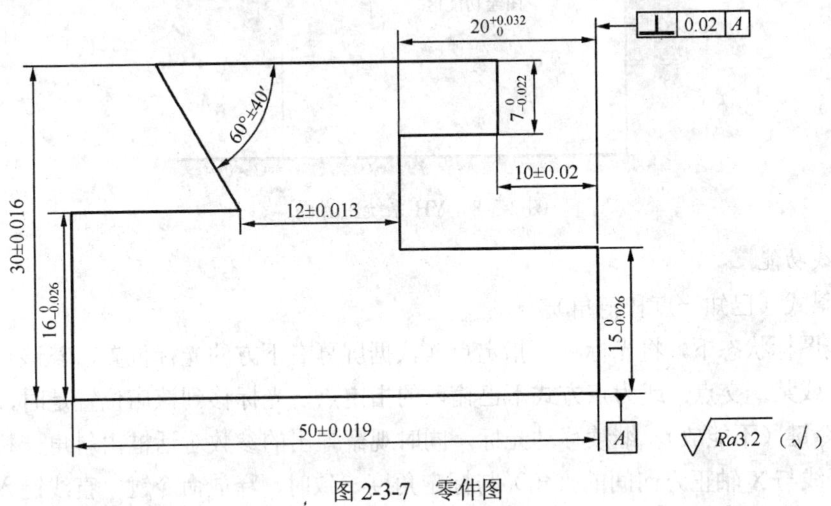

图 2-3-7　零件图

二、任务分析

采用苏州长风线切割加工零件，首先需要对机床的编程及加工系统熟悉。通过零件图分析，要完成图 2-3-7 所示精度，必须要完成对公差的转换处理。在此基础上才能加工出合格的零件。

三、相关知识

1. 长风线切割机床编程系统简介

主界面包括绘图功能区、状态栏和图表菜单和下拉菜单四大部分。如图 2-3-8 所示。

1）绘图功能区

绘图功能区是用户进行绘图设计的主要工作区域，它占据了屏幕的大部分面积，中央区有一个直角坐标系，在绘图区用鼠标或键盘输入的点，均以该坐标系为基准的绝对值，两坐标值的交点即为原点（0，0）。

2）状态栏

状态栏主要用来显示输入图号、比例系数、粒度、光标位置以及公英制的切换、绘图步骤的回退等。

3）图表菜单

图表菜单用20个图标表示。其功能分别为（自上而下）：点、线等16中绘图控制图标；剪除、询问、清理、重画四个编辑控制图标。

4）下拉菜单

下拉菜单分别为文件、编辑、编程和杂项四个按钮。

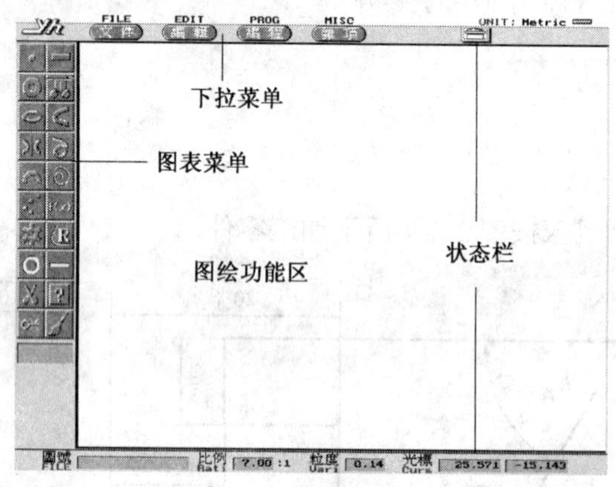

图 2-3-8　YH 系统主界面

2. 直线功能

1）点斜式（已知一点和斜角）

在直线图标状态下，将光标移至指定点（依据屏幕右下方的光标位置，若该点为另一直线的端点，或某一交点，或为点方式下已输入的指定点，光标移到该店位置是时，将变成X形）。按命令键（不能放），继续移动光标，同时观察弹出的参数对话框内斜角一栏，当其数值（指该直线与X轴正方向间的夹角）与标定角度一致时，释放命令键。直线键入后，如果参数有误差，可用光标选择参数对话框内的对应项（深色框内），轻点命令键后，用屏幕上出现的小键盘输入数据，并以回车键结束。参数全部无误后，单击YES按钮退出。

注意：在深色参数框内的数据输入允许有四则运算，例：10×12/24–12（乘法用“*”号，除法用“/”号）。

2）两点式（已知两点）

在直线图标状态下，将光标移至指定点（若该点为新点，依据移动光标到指定点，光标呈X形）。按命令键后（不能放），移动光标到另一定点（光标呈X形或到指定坐标）释放命令键。参数全部无误后，单击YES按钮退出。

3）圆斜式（已知一定圆和直线的斜角）

在直线图标状态下，在所需直线的近似位置作一直线（任取起点）使得角度为指定值。选择“编辑”→“平移”→“线段自身平移”选项，光标成“田”形，将光标移到该直线上（呈手指形）后，按下命令键（不能放），同时移动光标。此时该直线将跟随光标移动，在弹出的参数对话框内显示当前的移动距离。将直线移向定圆，当该直线变红色时，表示已与定圆相切，释放命令键。若输入正确，可单击参数对话框中 YES 按钮退出。若无其他线段需要移动，可将“田”光标放回工具包，表示退出自身平移状态（平移相切时以线段红为准，不要用眼睛估算。平移完成后如出现红黄课影，用光标单击“重画”图标即可）。

4）平行线（已知一直线和相隔距离）

选择“编辑→“平移”→“线段复制平移”选项。将光标移至该直线上（光标成手指）。按命令键（不能放），同时移动光标。屏幕上将出现一条深色的平行线，在弹出的参数对话框内显示当前的平移距离，移至指定距离时（或者，用光标点取参数对话框，待出现黑色底线时，直接用键盘输入平移量），释放命令键。若确认，可单击参数对话框的 YES 按钮退出。若无其他线段需要复制移动，可将“田”光标放回工具包，表示退出复制平移状态。

5）键盘输入

在直线图标状态下，将光标移至键盘命令框，出现数据输入框后可按下以下三种格式输入：

① 两点式（X1，Y1），（X2，Y2）（按【Enter】键）。

② 点斜式：（X，Y），角度（度）（按【Enter】键）。

③ 法线式：（法向距离），法径角度（按【Enter】键）；直线即自动生成。

3. 圆功能

将光标移到圆图标内，按【命令】键，该图标成深色，表示进入圆图标状态。在此状态下，可输入各种圆。

1）标定圆（已知圆心，半径）

在圆图标状态下，将光标移至圆心位置（根据光标位置值，或光标到达指定点时变成 X 形），按下【命令】键不放，同时移动光标，在弹出的参数对话框内将显示当前圆的半径，屏幕上绘出对应的圆（当光标远离圆心时，半径变大；当光标靠近圆心时，半径变小）。至指定半径时，释放【命令】键，定圆输入完成。若输入精度不够，可用光标选择相应的深色参数框，用屏幕小键盘输入数据。参数确认后，按 YES 按钮退出。

2）单切圆

已知圆心，并过一点在圆图标状态下，将光标移至圆心位置，光标呈手指形后按住【命令】键不放，同时移动光标至另一点位置，待光标成 X 时释放【命令】键。若确定无误，单击参数对话框中的 YES 按钮退出。

3）单切圆

已知圆心，并与另一圆或直接相切。在圆图标状态下，将光标移动圆心位置，按住【命令】键不放，同时移动光标，在屏幕上画出的圆弧逼近另一定圆或定线，待该圆弧成红色时（即相切），释放【命令】键。确认无误或修正后，单击 YES 按钮退出。

4. 删除线段

方法一：选择删除图标，屏幕左下角出现工具包图标，移动鼠标，可从工具包中剪刀形光标。将光标移至需删除的线段上，光标呈手指形，该线段变红色。此时按【命令】键删除该线段；按【调整】键以交替方式删除同一线上的各段（同一线上以交点分段）。完成后，将剪刀形光标放回工具包，按【命令】键退出。

方法二：将光标移入键盘命令框，在弹出的数据框内，直接输入需删除的线段号，该线段即删除。

四、任务实施

1. 认识各功能键

1）机床电气柜脉冲电源操作面板（见图 2-3-9）

（1）k1 幅值电压：幅值电压选择开关 k1 用于选择空载脉冲电压幅值 75 V 与 100 V。

（2）k2 功率管调节按钮：控制参加工作的功率管个数，当 6 个功率管同时工作，峰值电流最大。

（3）k3 脉冲间隙：改变脉冲间隔调节电位器 RP1 阻值，可改变输出矩形脉冲波形的脉冲间隔，即能改变加工电流的平均值，电位器旋置最左，脉冲间隔最小，加工电流的平均值最大。

（4） k4 脉冲宽度：脉冲宽度选择开关共分六挡，从左开始往右边分别为 5 μs、15 μs、30 μs、50 μs、80 μs、120 μs。

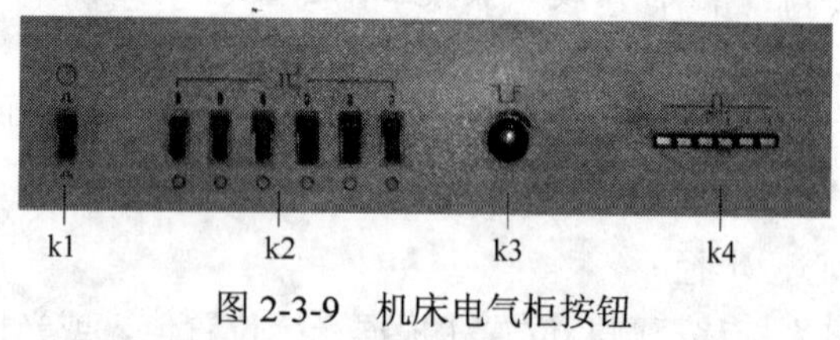

图 2-3-9　机床电气柜按钮

2）主机控制盒

图 2-3-10 所示为主机控制盒，各按钮主要对钼丝运作、冷却液开关、脉冲电压形式操作控制。

（1）s1：电源指示灯，提供电源通断信号。

（2）s2：急停按钮，按此键，机床运丝、水泵电机全停，脉冲电源输出切断。

（3）s3：丝筒旋转开关，丝筒旋转打开或关闭。

（4）s4：丝筒电源开关，打开丝筒电源。

（5）s5：停止冷却液。

（6）s6：打开冷却液。

（7）s7：电流表，显示瞬时电流状态。

（8）s8：脉冲电源开关。

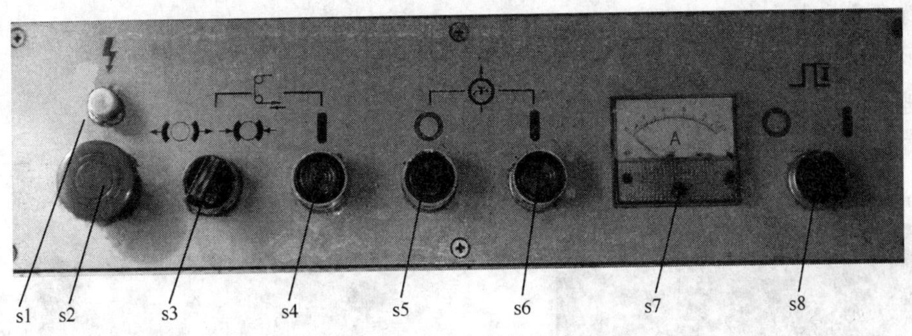

图 2-3-10　主机控制盒

2. 转换公差

转换公差如表 2-3-2 所示。

表 2-3-2　转换公差表

序　列	原基本尺寸/mm	转换公差后的基本尺寸/mm
1	16	15.087
2	20	20.016
3	7	6.089
4	15	14.087

3. 绘制零件图

利用 YH 系统绘制出零件图，如图 2-3-11 所示。

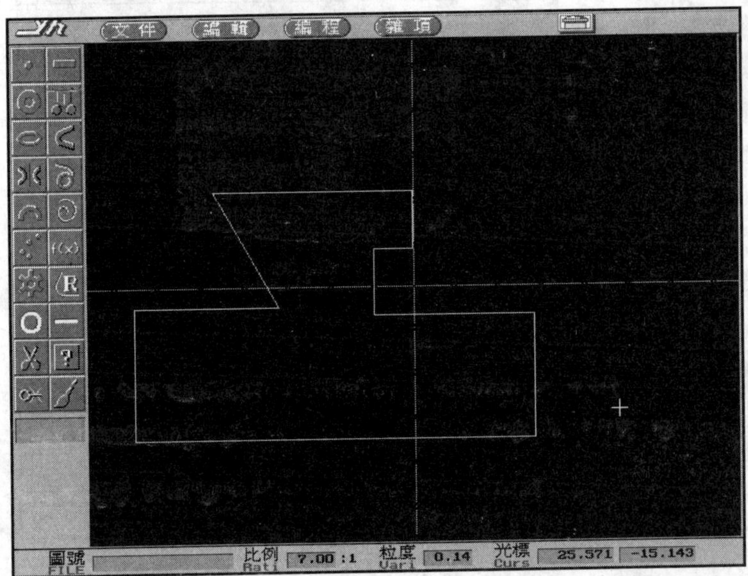

图 2-3-11　零件图在 YH 系统中

4. 打开主机与电柜开关

打开主机与电柜开关，如图 2-3-12 和图 2-3-13 所示。

5. 进入加工界面

在图 2-3-14 所示加工界面中进行如下操作：

图 2-3-12　主机开关

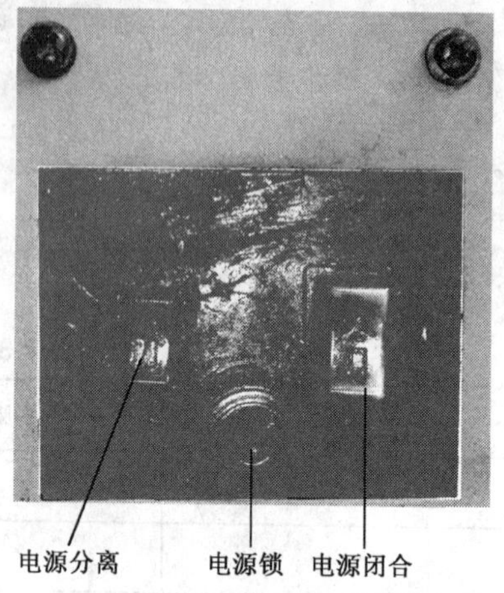

图 2-3-13　电柜开关

（1）打开高频开关使之处于打开状态。

（2）电动机开关状态处于打开状态。

（3）单击“加工”按钮准备开始加工。

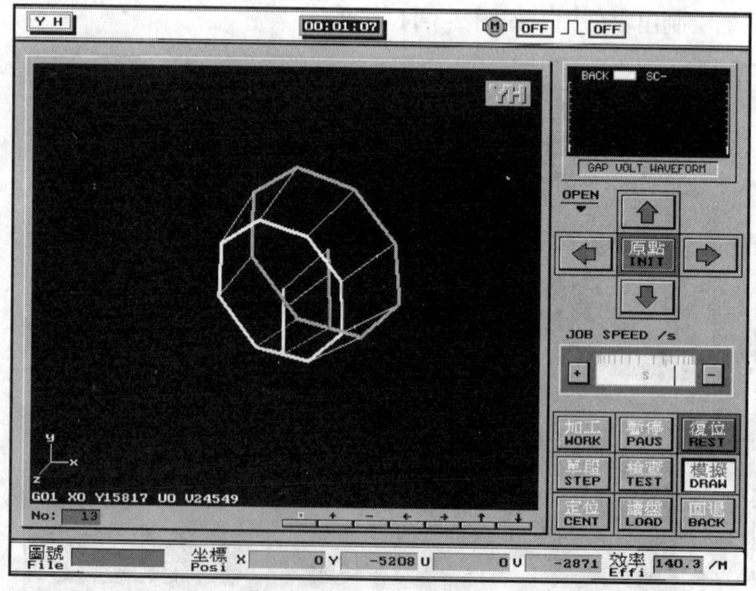

图 2-3-14　YH 加工界面

6. 装夹工件

按前面章节介绍过的悬臂梁装夹形式装夹工件。

7. 加工工件

加工完成后，工件实物图如图 2-3-15 所示。

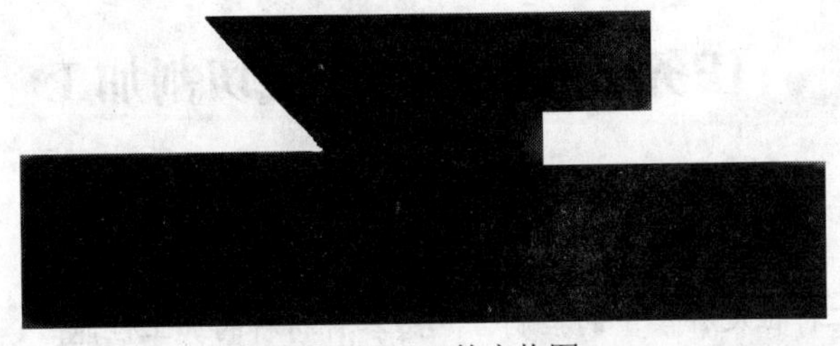

图 2-3-15　工件实物图

思考与练习题

在 YH 绘图界面上绘制图 2-3-16 所示零件图，并能够将所有的尺寸转换成以对称偏差形式的尺寸。

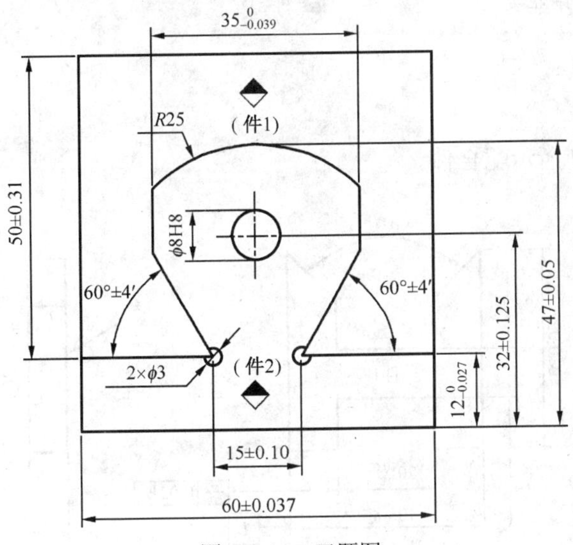

图 2-3-16　习题图

任务三　配合件的线切割加工

任务说明

掌握凹凸件加工特征及补偿量的控制，熟悉各种材料的加工性能。

知识点

- YH 系统中镜像命令。
- YH 系统中补偿控制。
- 快走丝线切割穿丝要领。

一、任务引入

加工如图 2-3-17 所示配合件。

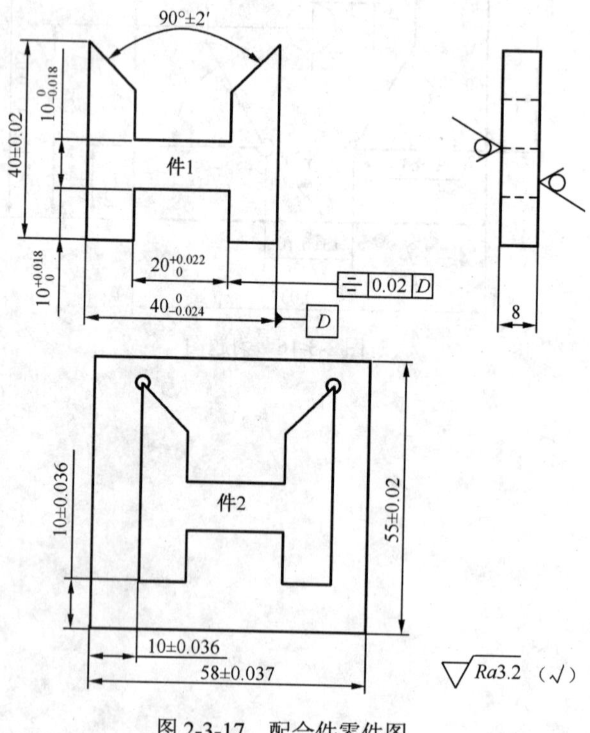

图 2-3-17　配合件零件图

二、任务分析

通过分析零件成轴对称，可以按镜像命令来完成零件图的绘制。加工配件注意选择凹凸件的补偿方向。

三、相关知识

1. YH 系统中的镜像命令

根据菜单选择，可将屏幕图形关于水平轴、垂直轴原点或任意直线做对称复制。

指定线段的对称处理：光标点取需对称处理的线段（光标成手指形）

指定图段的对称处理：光标点取需对称处理的线段（光标成 X 形）。

全部图形的对称处理：光标在屏幕空白区时，按【命令】键。

任意直线做镜像线的方法：在屏幕右上角出现“镜像线”提示时，将光标移动作为镜像的直线上（光标成手形），按一下【命令】键，系统自动做出关于该直线的镜像。

2. YH 系统中的补偿

在 YH 系统自动编程时，不管起割点与切割方向设定如何，都默认为凸件加工。如果为凹件加工则改动系统默认的方向反方向即可。

3. 常用材料及热处理和其切割性能

1）碳素工具钢

常用牌号有 T7、T8、T10A、T12A。特点是淬火硬度高，淬火后表面约为 62 HRC，有一定的耐磨性，成本较低。但其淬透性较差，淬火变形大，因而在线切割加工前要经热处理预加工，以消除内应力。碳素工具钢以 T10 应用最广泛，一般用于制造尺寸不大、形状简单、受轻负荷的冷冲模零件。

碳素工具钢由于含碳量高，加之淬火后切割中易变形，其切割性能不是很好，切割进度较之合金工具钢稍慢，切割表面偏黑，切割表面的均匀性较差，易出现短路条纹。如热处理不当，加工中会出现开裂。

2）合金工具钢

（1）低合金工具钢。常用牌号有 9Mn2V、MnCrWV、CrWMn、9CrWMn、GCr15。其特点是淬透性、耐磨性、淬火变形均比碳素工具钢好。CrWMn 钢为典型的低合金钢，除了其韧性稍差外，基本具备了低合金工具钢的优点。低合金工具钢常用来制造形状复杂、变形要求小的各种中、小型冲模、型腔模的型腔、型心。

低合金工具钢有良好的切割加工性能，其加工速度、表面质量均较好。

（2）高合金工具钢。常用牌号有 Cr12、Cr12MoV、Cr4W2MoV、W18Cr4V 等。其特点是有高的淬透性、耐磨性、热处理变形小，能承受较大的冲击负荷。Cr12、Cr12MoV 广泛用于制造承载大、冲次多、工件形状复杂的模具。Cr4W2MoV、W18Cr4V 用于制造形状复杂的冷冲、冷挤模。

高合金工具钢具有良好的线切割加工性能，加工速度高、加工表面光亮、均匀，有较小的表面粗糙度。

3）优质碳素结构钢

常用20号、45号钢。其中20号钢经表面渗碳淬火，可获得较高的表面硬度和芯部的韧性。适用于冷挤法制造形状复杂的型腔模。45号钢具有较高的强度，经调质处理有较好的综合力学性能，可进行表面或整体淬火以提高硬度，常用于制造塑料模和压铸模。

碳素结构钢的线切割性能一般，淬火件的切割性能较未淬火件好，加工速度较合金工具钢稍慢，表面粗糙度较差。

4）硬质合金

常用硬质合金有YG和YT两类。其硬度高、结构稳定、变形小，常用来制造各种复杂的模具和刀具。其线切割加工速度较低，但表面粗糙度好。由于线切割加工时使用水质工作液，其表面会产生显微裂纹的变质层。

5）紫铜

紫铜就是纯铜，具有良好的导电性、导热性、耐腐蚀和塑性。模具制造行业常用紫铜制作电极，这类电极往往形状复杂，精度要求高，需用线切割来加工。

紫铜的线切割加工速度较低，是合金工具钢的50～60%，表面粗糙度较大，放电间隙也较大，但其切割稳定性还是较好。

6）石墨

石墨完全是由碳元素组成的，具有导电性和耐腐蚀性，因而也可制作电极。

石墨的线切割性能很差，效率只有合金工具钢的20%～30%，其放电间隙小，不易排屑，加工时易短路，属不易加工材料。

7）铝

铝质量轻又具有金属的强度，常用来制作一些结构件，在机械上也可作为连接件等。

铝的线切割加工性能良好，切割速度是合金工具钢的2～3倍，加工后表面光亮，表面粗糙度一般，铝在高温下表面极易形成不导电的氧化膜，因而线切割加工时放电停歇时间相对要小，才能保证高速加工。

四、任务实施

（1）将零件图中所有非对称偏差的尺寸公差转换成对称偏差，如表2-3-3所示。

表2-3-3 公差转换

序列	原基本尺寸/mm	转换公差后的基本尺寸/mm
1	10	9.991
2	20	20.011
3	10	10.009
4	40	39.988

（2）按前面任务中介绍的直线命令和镜像命令，绘制零件图，如图2-3-18和图2-3-19所示。

（3）按前面任务所述方法加工凸件。

（4）穿丝。

① 通过将两旋钮往外移动扩大储丝筒的行程开关之最大行程处，如图 2-3-20 所示。

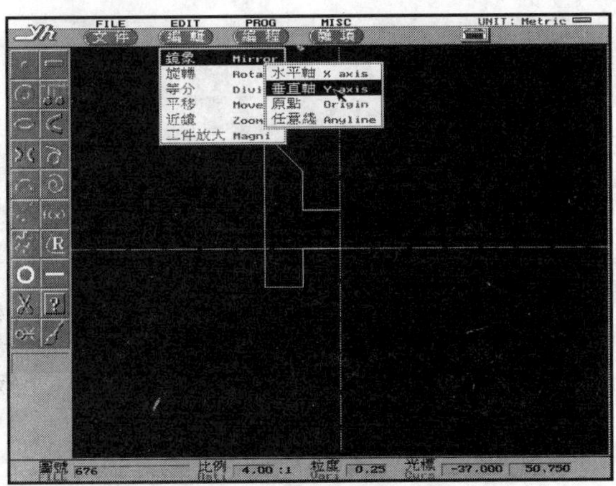

图 2-3-18　零件图绘制步骤一

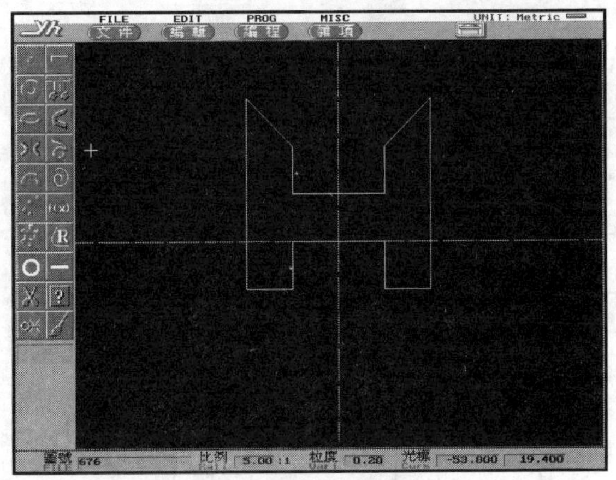

图 2-3-19　零件图绘制步骤二

图 2-3-20　运丝调整行程

② 按图 2-3-21 所示方法将丝依次经过丝筒、张紧轮、左上导轮、右上导轮、凹件穿丝空、右下导轮、左下导轮。

③ 按图 2-3-22 所示张紧钼丝。

图 2-3-21　穿丝

图 2-3-22　张紧钼丝

④ 加工凹件。

⑤ 完成凹件与凸件的配合，如图 2-3-23 所示。

图 2-3-23　凹凸件配合

思考与练习题

在 YH 绘图界面上绘制图 2-3-24 所示零件图，并能够将所有的尺寸转换成以对称偏差形式的尺寸。

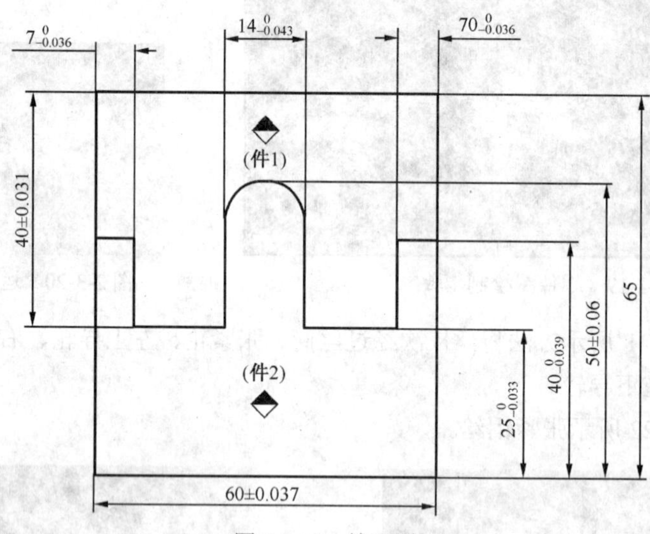

图 2-3-24　练习题

任务四　落料冲孔模的线切割加工

任务说明

掌握凹凸件加工特征及补偿量的控制，掌握凹凸模工件装夹的校准。熟悉常见的几种数控线切割加工经验与注意事项。

知识点

- 几项数控线切割加工经验。
- 几项数控线切割加工注意事项。
- 冲裁模具加工特征。
- 凹凸模工件装夹的校准方法。

一、任务引入

图 2-3-25 为落料冲孔模的装配图，本任务中完成其中的凹模（见图 2-3-26）与凸模加工（见图 2-3-27）。

二、任务分析

通过分析不难发现凸模与凹模的外形是相同的，可以共用一个加工图，只需要改动补偿量及补偿方向。

三、相关知识

1. 断丝处理

1）断丝后丝筒上剩余丝的处理

若丝断点接近两端，剩余的丝还可利用，先把丝多的一边断头找出并固定，抽掉另一边的丝，然后手摇丝筒让断丝处位于立柱背面过丝槽中心（即配重块上导轮槽中心右边一点），重新穿丝，定好限位，即可继续加工。

2）断丝后原地穿丝

FW 工作液有一层细过滤网，因此切缝中不是很粘，可以原地穿丝。若采用南京特种油厂生产的乳化液，切缝中更干净，一般加工后的工件可自行掉落，此切缝原地穿丝一般都能穿过，工件厚度 100 mm 左右也能穿过。原地穿丝时若是新丝，注意用中粗砂纸打磨其头部一段，使其变细变直，以便穿丝。

10SZPX

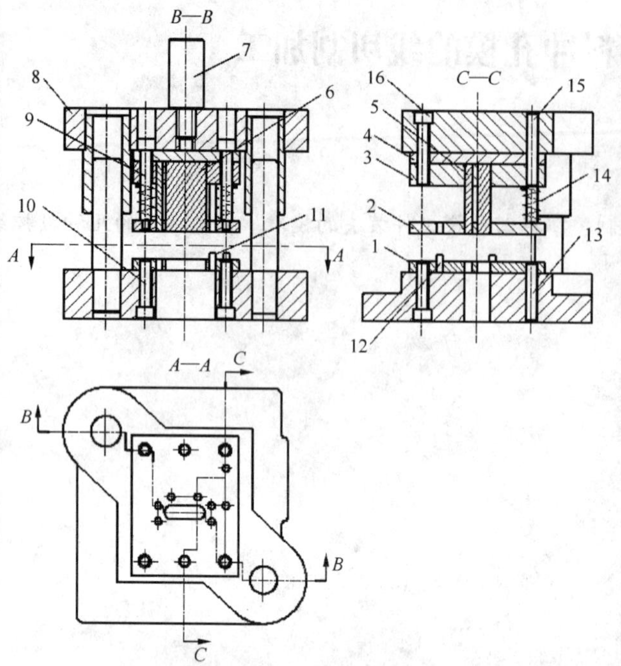

序号	名称	数量	材料	规格
16	内六角螺栓	2	45	M8×45
15	圆柱销	2	45	ϕ8H8×50
14	弹簧销	2	45	F16×30
13	圆柱销	2	45	ϕ8H8×40
12	挡料销	2	45	ϕ5H7×12
11	定位销	2	45	ϕ5H7×12
10	内六角螺栓	4	45	M8×30
9	吊紧螺栓	2	45	
8	模架	1		5#
7	模柄	1	45	
6	落料凸模	1	T10	
5	冲孔凸模	4	T10	
4	凸模垫板	1	45	
3	凹模固定板	1	45	
2	卸料板	1	45	
1	凹模	1	T10	

装配图	比例	共 张
	1∶4	第 张
制图		××××
设计		
审核		

图 2-3-25　落料冲孔模装配图

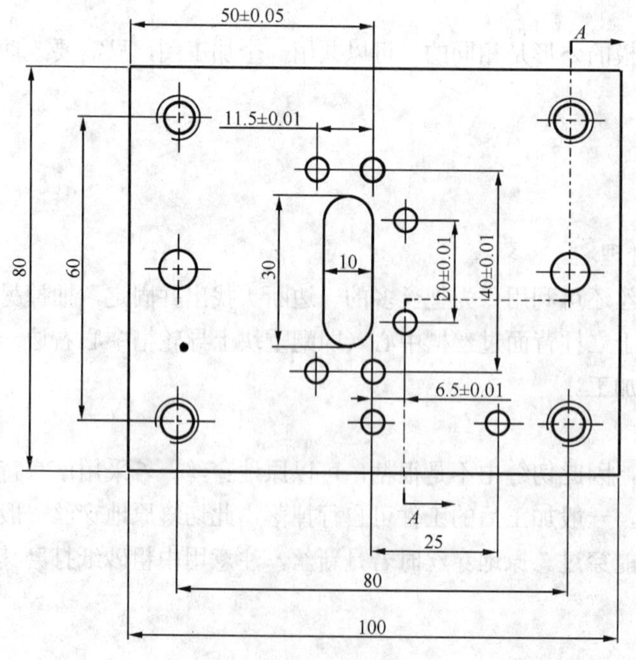

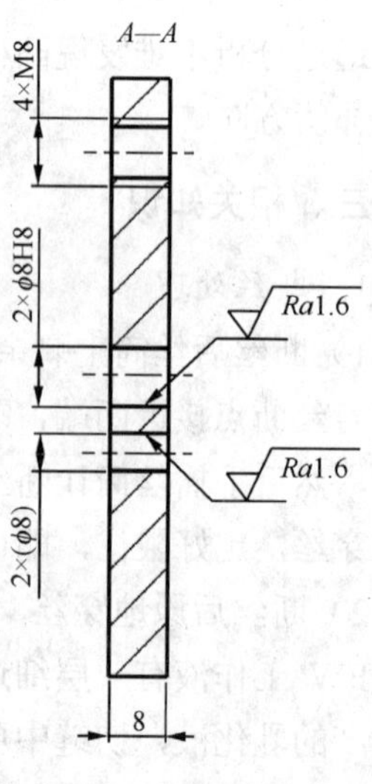

图 2-3-26　凹模零件图

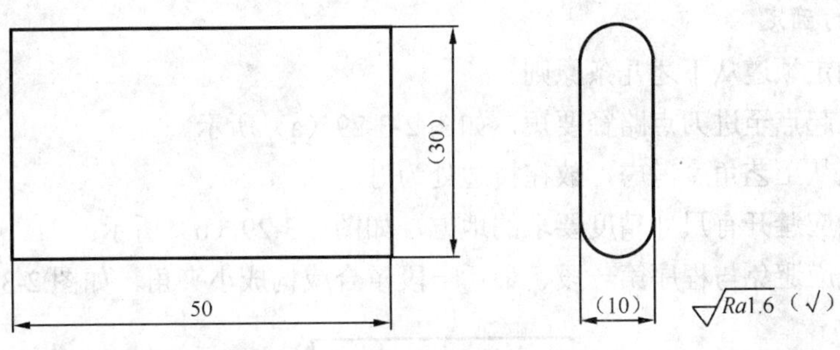

图 2-3-27　落料凸模

3）回穿丝点

若原地穿丝失败，只能回穿丝点，反方向切割对接。由于机床定位误差、工件变形等原因，对接处会有误差。若工件还有后序抛光、挫修工序，而又不希望在工件中间留下接刀痕，可沿原路切割，由于二次放电等因素，已切割面表面会受影响，但尺寸不受多大影响。

2. 短路处理

1）排屑不良引起的短路

短路回退太长会引起停机，若不排除短路则无法继续加工。可原地运丝，并向切缝处滴些煤油清洗切缝，一般短路即可排除。但应注意重新启动后，可能会出现不放电进给，这与煤油在工件切割部分形成绝缘膜，改变了间隙状态有关，此时应立即增大 SV 值， 等放电正常后再改回正常切割参数。

2）工件应力变形夹丝

热处理变形大或薄件叠加切割时会出现夹丝现象，对热处理变形大的工件，在加工后期快切断前变形会反映出来，此时应提前在切缝中穿入电极丝或与切缝厚度一致的塞尺以防夹丝。薄板叠加切割，应先用螺钉连接紧固，或装夹时多压几点，压紧压平，以防止加工中夹丝。

3. 接刀痕的处理

对于凸模加工，切断后的导电性及其位置都是不可靠的，如不加任何处理会在接刀处产生如图 2-3-28 所示的接刀痕。为了去掉接刀痕，在工件快切断前必须加以固定，可以端面进行粘接，为确保导电，在端面帖一小铜片后从四周粘接固定，不要在贴合面处涂胶。线切割常用粘接胶为 502，若用导电胶即可不考虑加贴铜片。

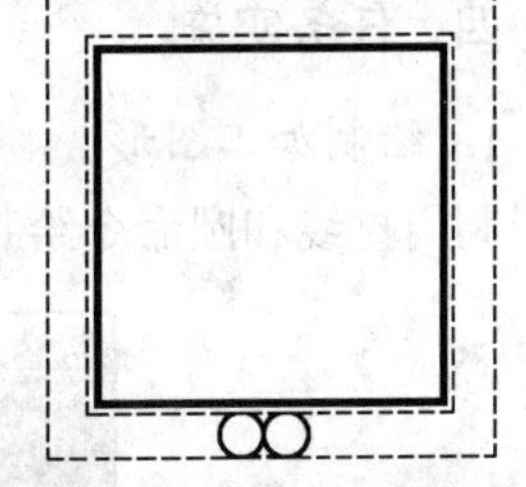

图 2-3-28　接刀痕的处理

4. 配合件加工

配合件加工时，放电间隙一定要准确，由于快走丝放电间隙制约因素较多且易变化，因此可在正式加工前试切一方，以确保加工参数合理。

5. 跳步模加工

跳步模加工转入下一孔位后，穿丝点不在切割起点，针对此种情况可采用两种方法：第一，根据偏离距离，定位移至穿丝孔中间，简易加工至切割起点，自动模式下光标移至此型腔加工处重新启动，此时绘图可能会不完整，但不影响加工。第二，从下一孔位起点定位到穿丝孔中间后，修改此孔位，G92 设定的起点坐标与屏幕显示值一致，然后从此处重新加工。

6. 进刀点的确定

进刀点的确定须遵从下述几条原则

（1）从加工起点至进刀点路径要短，如图 2-3-29（a）所示。

（2）切入点从工艺角度考虑，放在棱边处为好。

（3）切入点应避开有尺寸精度要求的地方，如图 2-3-29（b）所示。

（4）进刀线应避免与程序第一段、最后一段重合或构成小夹角，如图 2-3-29（c）所示。

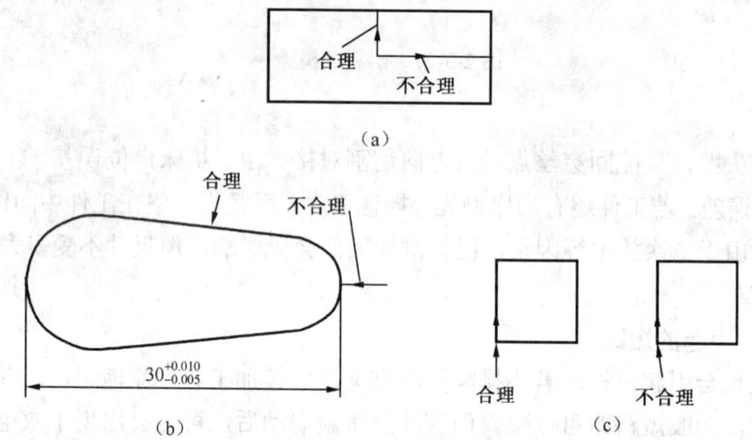

图 2-3-29　进刀点的确定

7. 防止废料卡住下臂

切凹模时的废料，切凸模时的工件，若切断后易落下，则切断后应暂停，拿掉废料或工件后再让机床回起点，否则可能会卡住下臂。

四、任务实施

1. 绘制加工图形

利用直线和圆命令绘制加工图形，如图 2-3-30 和图 2-3-31 所示。

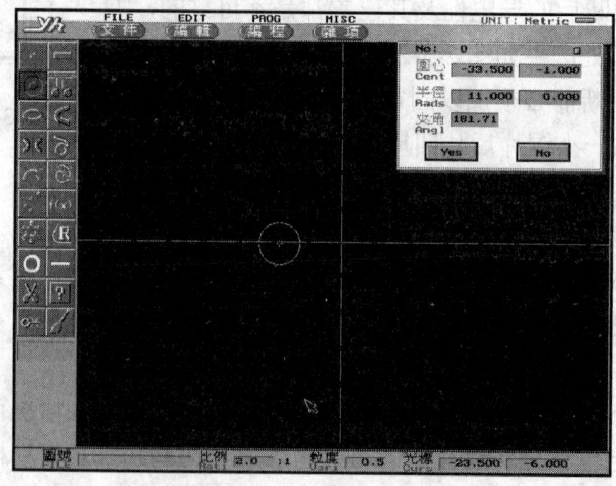

图 2-3-30　绘制步骤一

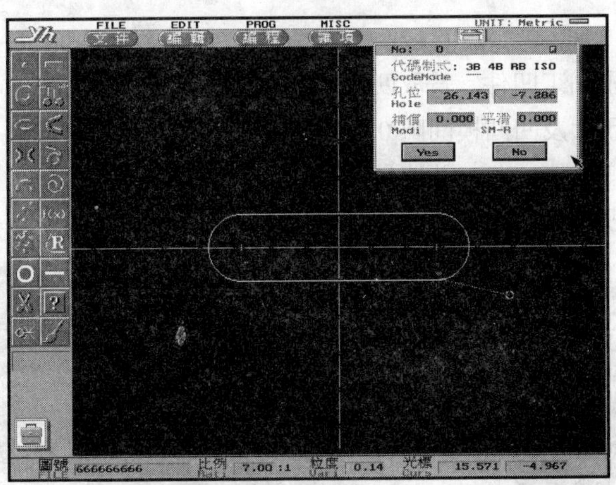

图 2-3-31　绘制步骤二

2. 加工凹模穿丝孔

利用钳工工具按加工图形划出孔位，加工凹模的穿丝孔如图 2-3-32 所示。

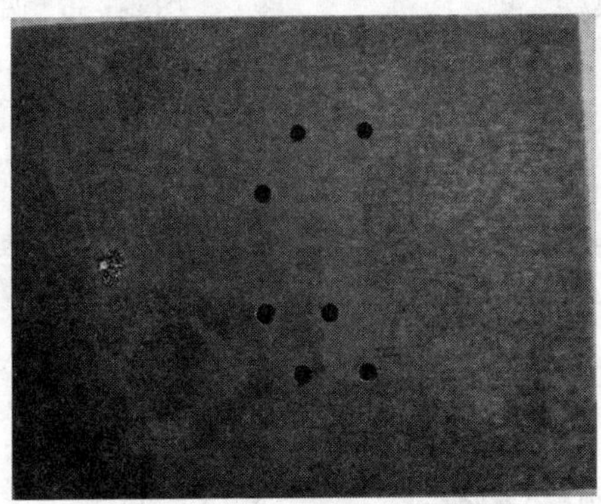

图 2-3-32　加工凹模穿丝孔

3. 校正

按图 2-3-33 所示方法采用刀口角尺初校正装夹后的工件，再以图 2-3-34 所示方法采用百分表高精密校正装夹后的工件。以此来满足凹凸模的高精度加工要求。

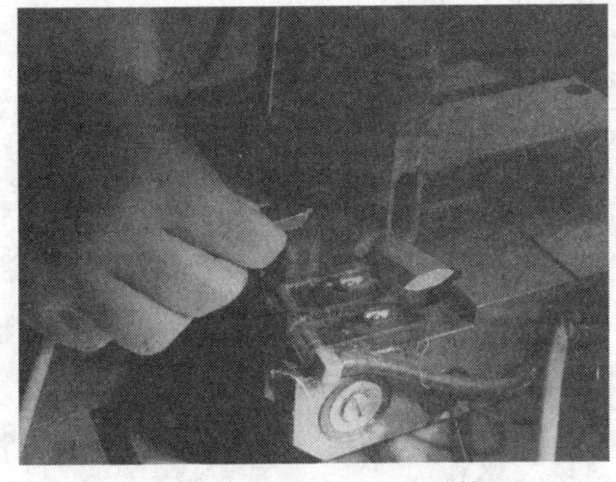

图 2-3-33　刀口角尺校正

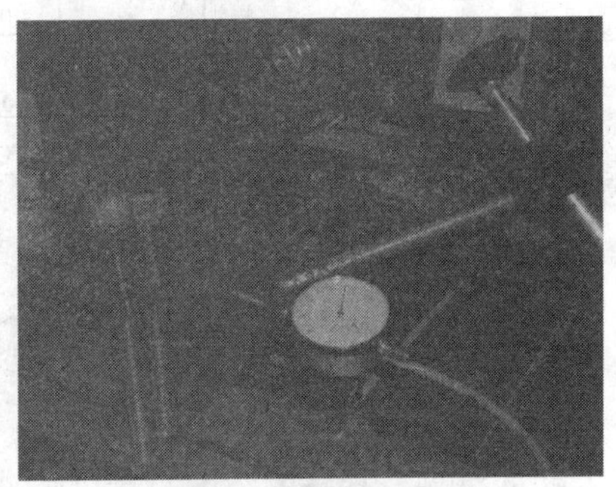

图 2-3-34　百分表校正

4. 凸凹加工

（1）按零偏差要求加工凹件。量取凹件实际尺寸。

（2）按凹模实际尺寸及凹凸模间隙 0.01 mm 要求，和凹模共用同一个加工轮廓图形。凹模加工参数中，改变补偿方向，补偿量减少 0.01 m，加工凸件。

（3）最终加工的凸模如图 2-3-35 所示，凹模如图 2-3-36 所示。

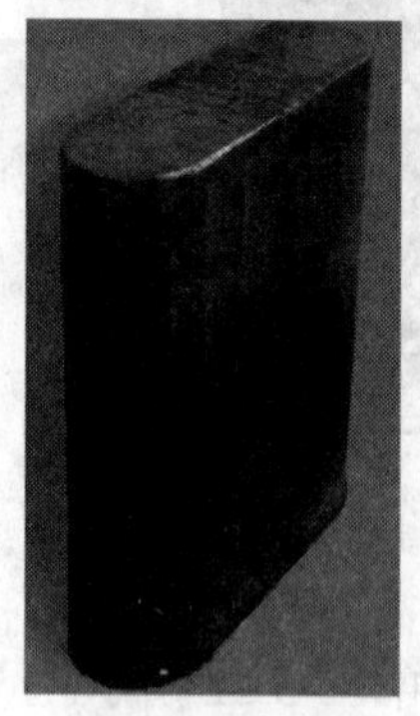

图 2-3-35　凸模

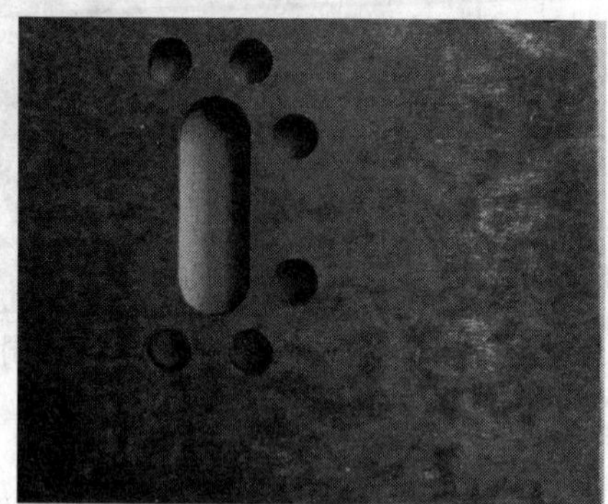

图 2-3-36　凹模

思考与练习题

在 YH 绘图界面上绘制图 2-3-37 所示零件图，并能够将所有的尺寸转换成以对称偏差形式的尺寸。

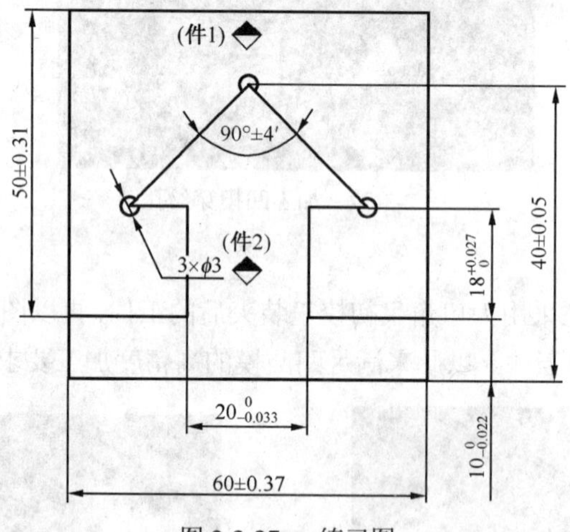

图 2-3-37　练习图

第三部分　慢速走丝电火花线切割加工

项目一　慢速走丝电火花线切割加工机床

任务　慢速走丝电火花线切割加工机床及日常维护保养

任务说明

认识慢速走丝电火花线切割加工机床，熟悉慢速走丝电火花线切割加工机床的日常维护保养工作。

知识点

- 慢速走丝电火花线切割加工机床的组成部分。
- 慢速走丝电火花线切割加工机床的日常维护保养知识。

一、任务引入

掌握慢速走丝电火花线切割加工机床的铭牌数据、基本组成部分及其主要特点和日常维护保养知识。

二、任务分析

该任务的主要目的是为了让学生在加工工件之前，对有关慢速走丝电火花线切割加工机床的结构和相关的日常维护保养知识进行熟悉，从而更好地为后续加工做好准备。

三、相关知识

1. 慢速走丝电火花线切割加工机床的组成部分

慢速走丝电火花线切割加工机床的组成部分及其作用如下。

慢速走丝电火花线切割加工机床主要由机床主体、脉冲电源、数控系统及工作液系统四大部分组成，如图 3-1-1 所示。

图 3-1-1　慢速走丝电火花线切割加工机床

1）机床主体

机床主体由立柱、主轴、工作台等组成，如图 3-1-2 所示。

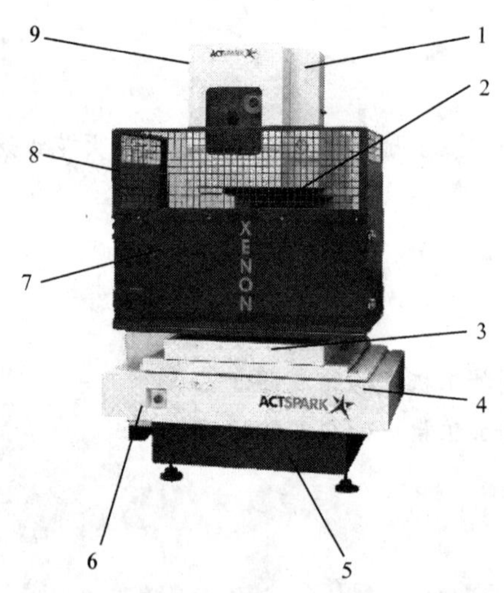

图 3-1-2　机床主体

1—立柱 U、V 轴；2—Z 轴；3—Y 护罩；4—X 护罩；
5—床；6—急停；7—液；8—防护；9—运丝系

2）水箱

工作液系统是由储液箱、油泵、过滤器及工作液分配器等部分组成。工作液系统可进行冲、抽、喷液及过滤工作，如图 3-1-3 所示。

3）电柜

数控系统是运动和放电加工的控制部分。在电火花加工时，由于火花放电的作用，工件不断被蚀除，电极被损耗，当火花间隙变大时，加工便因此而停止。为了使加工过程连续，电极必须间歇式地及时进给，以保持最佳放电间隙。这一基本任务就是由机床的数控系统控制主轴完成的，如图 3-1-4 所示。

图 3-1-3　水箱

1—离子交换；2—高压；3—洁水；4—污水；5—前盖；6—左侧盖；7—过滤

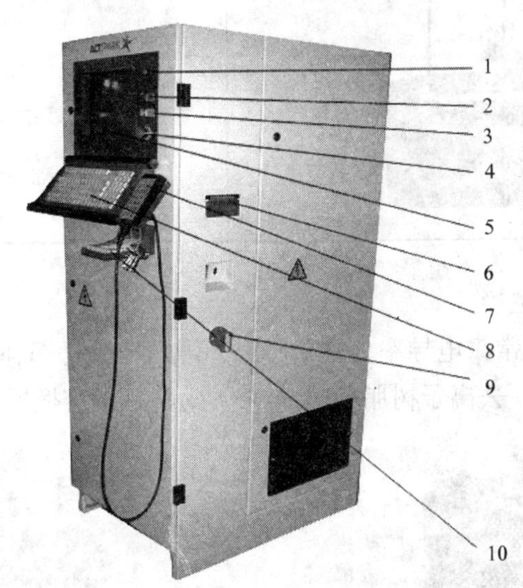

图 3-1-4　电柜

1—UPS 电源指示灯；2—启动开关；3—关机开关；4—急停钮；

5—CRT（阴极射线管显示器）；6—软驱；7—手控盒；8—键盘；9—主开关；10—鼠标

2. 慢速走丝电火花线切割加工机床的日常维护保养知识

1）滤芯的更换

观察过滤桶压力表，正常使用范围应在 1.2 bar（1.2×10^5Pa）左右，如果接近 2.0 bar（2×10^5Pa）或节水箱溢流口的水流量过小就应考虑更换滤芯。更换方法是：关机确认循环泵已停止工作；逆时针方向拧开星形把手，除去桶盖。用手取出滤筒中上面的滤芯，用提把取出下面的滤芯。更换新的滤芯；抹少许油脂于桶盖中的大 O 形圈和小 O 形圈并盖上桶盖予以密封。此时，过滤器更换完毕，即可使用，如表 3-1-1 所示。

表 3-1-1　滤芯的更换方法

序　号	图　示	步　骤
1		关机确认循环泵已停止工作
2		逆时针方向拧开星形把手 1，除去筒盖
3		注意：当过滤筒中有压力时，不要打开（可观察压力表显示）
4		用手取出滤筒中上面的滤芯 5
5		用提把 6 取出下面滤芯
6		复原提把 6
7		装入新的滤芯
8		抹少许油脂于筒盖中的大 O 形圈 4 和小 O 形圈 2
9		盖上筒盖 3 予以密闭。此时，过滤器即可使用

2）离子交换树脂的更换

当离子筒出口流量正常，电导率值却长时间不降，应该考虑补充或更换树脂。去离子树脂一般可使用一个月以上。去离子树脂如图 3-1-5 所示，离子交换树脂的更换如表 3-1-2 所示。

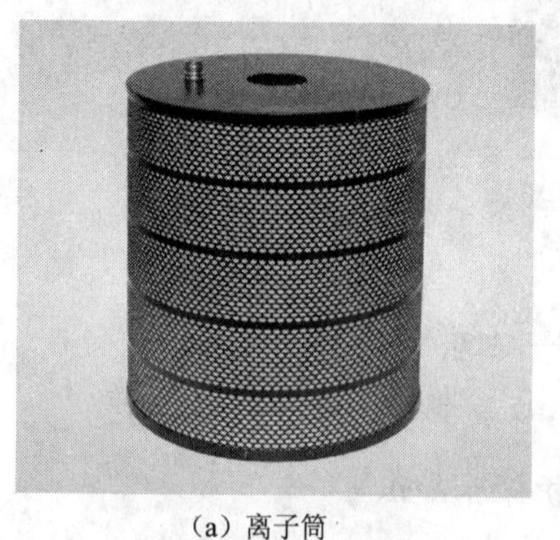
（a）离子筒

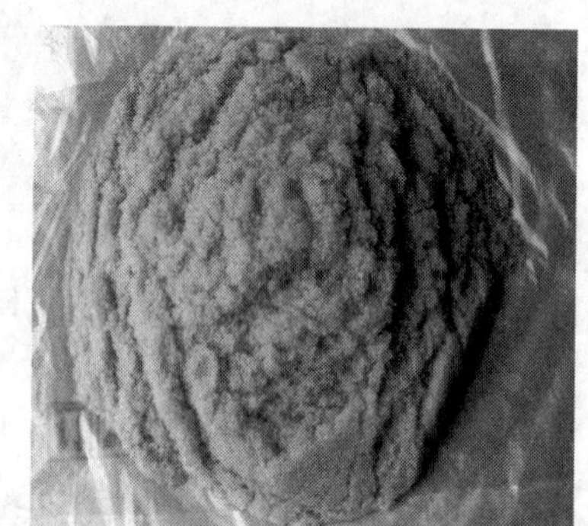
（b）树脂

图 3-1-5　离子筒和树脂

表 3-1-2　离子交换树脂的更换步骤

序　号	图　示	步　骤
1	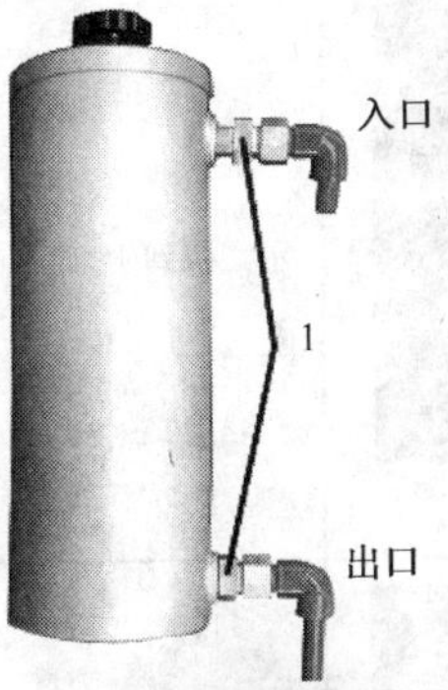 入口 1 出口 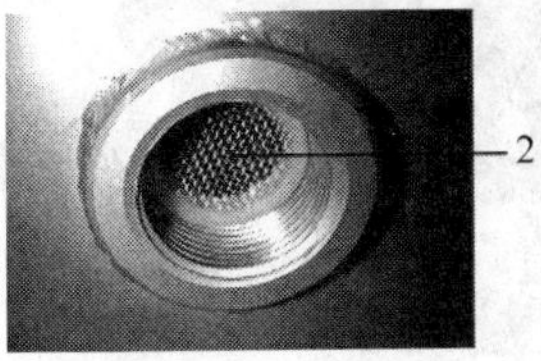 2	关机
2		将进、出口的铜螺母 1 拧开
3		拧开活动紧固圈上 M6×50 螺钉
4		将去离子筒从座上取下，倒掉失效的树脂并清洗，注意清洁进出口的滤网 2
5		倒入约 10 L 新树脂
6		按相反顺序安装完。在屏幕上将导电率 *K* 设置成需要的值

3）润滑 *X*、*Y*、*U*、*V*、*Z* 各轴丝杠、导轨

每年应进行一次 *X*，*Y* 轴丝杠、导轨的润滑。润滑方式如表 3-1-3 所示。

表 3-1-3　润滑 *X*、*Y*、*U*、*V*、*Z* 各轴丝杠、导轨

名　称	图　示	说　明
X 轴的润滑	 1	只要将床身外罩正左下方贴有润滑标志的长盖拆下，移动 *X* 轴将窗口对准油嘴架，用注油枪向嘴内注射出厂时提供的锂基润滑脂 P/N374009705 即可
Y 轴的润滑		拆开液槽下方前皮老虎，找到左右两个滑块上的油嘴（右图为左侧滑块油嘴）同样地拆开后皮老虎，找到左右滑块和丝杠螺母上的油嘴，用注油枪注射即可
U 轴的润滑	 1　1/3　4/5	拆下机床背后带玻璃窗的下盖板后，如图找到 *U* 轴 4 滑块和丝杠螺母共 5 处油嘴

续表

名　称	图　示	说　明
V 轴的润滑	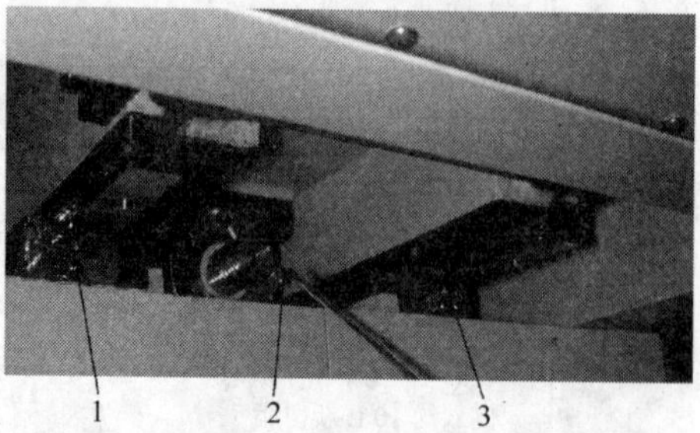	拆下液槽上方、V 轴罩下方防水板，如图所示。找到 V 轴前半部两滑块和丝杠螺母上的喷嘴
		拆下机床背后上盖板后如图找到 V 轴后半部两滑块上的油嘴
Z 轴的润滑	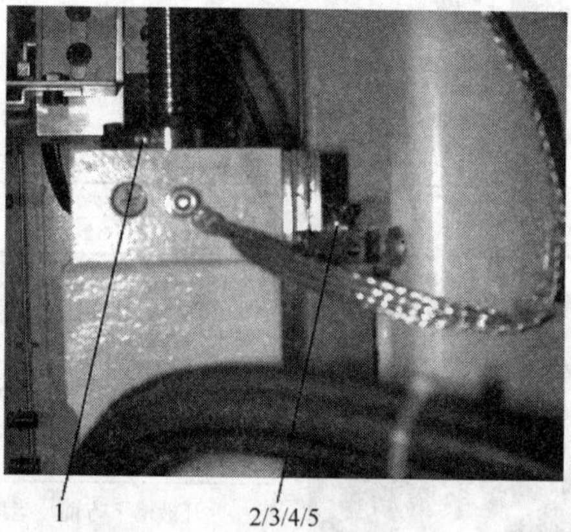	拆下机床背后带玻璃窗的下盖板后，如图找到 V 轴 4 滑块和丝杠螺母共 5 处油嘴

4）导电块的拆洗和重新安装

切断电源，用内六角扳手，松开固定导电块的 3 个 M4 螺钉，把导电块取出，用软刷子清洗导电块上的接触区。检查导电块的磨损程度，如果凹槽深度超过电极丝半径，则导电块应换一个接触位置。如果需要的话，利用深度尺来旋转导电块或移动一个新的位置，安装位置确定后，至少拧紧 2 个螺丝以确保导电块与导电盒有较好的接触，如图 3-1-6 所示。

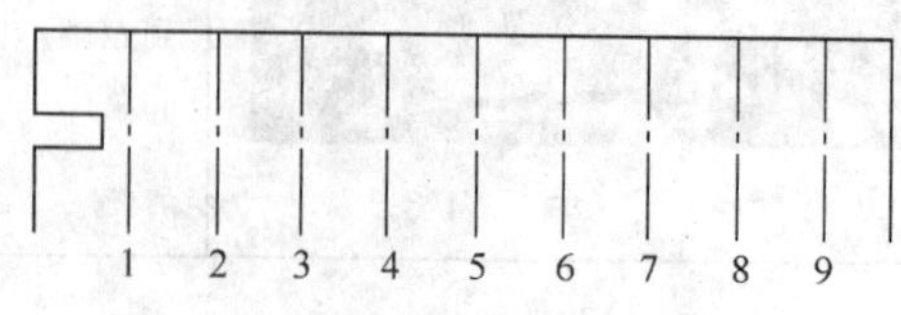

图 3-1-6　导电块的拆洗和重新安装

步骤如下：

（1）确认电源已切断。

（2）如图 3-1-6 所示，一个圆弧面上可有 9 个接触位置，可利用随机提供的深度尺测出导电块当前的位置，并记录。导电块可以转动，一个导电块可至少转动 4 次，所以至少有 36 个接触位置可供利用。

（3）用内六角扳手，松开固定导电块的 3 个 M4 顶丝。

（4）把导电块取出，用软刷子清洗导电块上的接触区。

（5）检查导电块的磨损的程度，如果凹槽深度超过电极丝的半径，则导电块应换一个接触位置。如果需要的话，利用深度尺来旋转导电块或移动一个新位置，用深度尺可以使导电块得到最充分利用。

（6）安装位置确定后，至少拧紧两个顶丝以确保导电块与导电盒有较好的接触。

5）倒空储丝筒

费丝堆积 2/3 筒深时需要将费丝筒倒空（触丝前必须关闭电源），如图 3-1-7 所示。

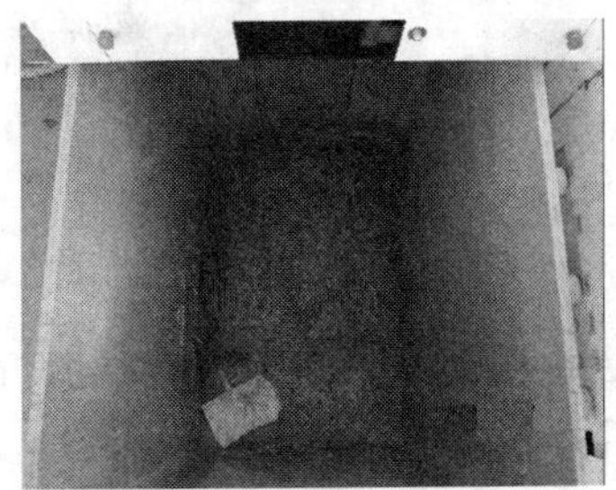

图 3-1-7　储丝筒

6）检查、清洗驱动轮与导轮

关闭电源，经常清洗和检查所有的丝驱动轮和导轮，如图 3-1-8 所示，每切割 40 h 要清洗驱动轮和导轮一次，以保证它的清洁干净，检查导轮的表面凹槽磨损情况，检查导轮运转是否灵活，必要时需要重新更换。

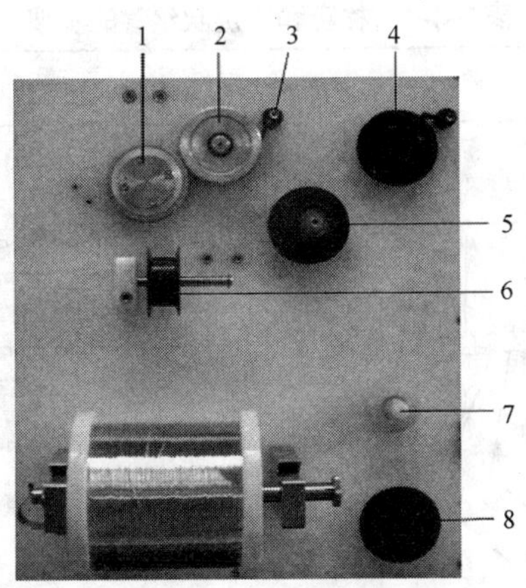

图 3-1-8　丝驱动轮和导轮

1、3—压丝轮；2—驱动轮；4、8—导轮；5—平衡轮；6—过渡轮；7—锁丝部件

7）清洗电柜清洗过滤网

为了防止被循环泵吸附，重清洗过滤网罩，如图 3-1-9 所示。

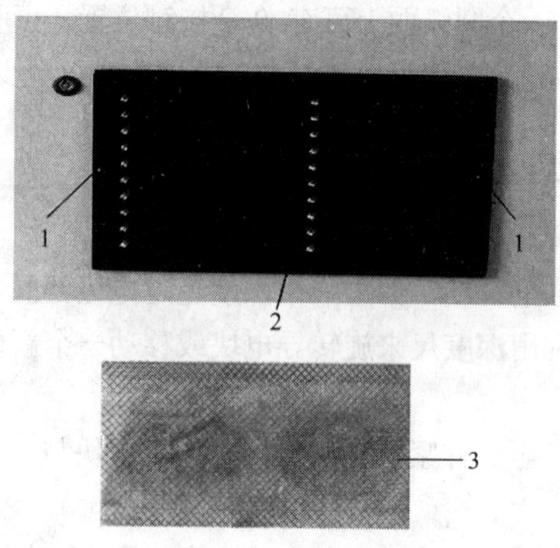

图 3-1-9　电柜过滤网

1—螺钉；2—网栅；3—过渡网

每周至少一次，按下述步骤进行：

（1）拧下进风板的两个 M6 滚花螺钉 1。

（2）取出网栅 2 内的空气过滤网 3。

（3）用吸尘器除灰尘或用中性清洗剂。在水温不超过 40℃的情况下清洗。

（4）晒干后再把过滤网 3 装回。

（5）过滤网最多清洗五次后必须更换。

8）检查和清洗吹丝管

建议平时用气积聚过多泵吹气送丝，以免电极丝粘带的铜屑末积聚在吹气管出口处。铜屑末一旦过多会影响穿丝的成功率，必要时将导管头取下用气泵吹净管内的铜屑末，方法如表 3-1-4 所示。

表 3-1-4　检查和清洗吹丝管的步骤

序　号	图　示	步　骤
1	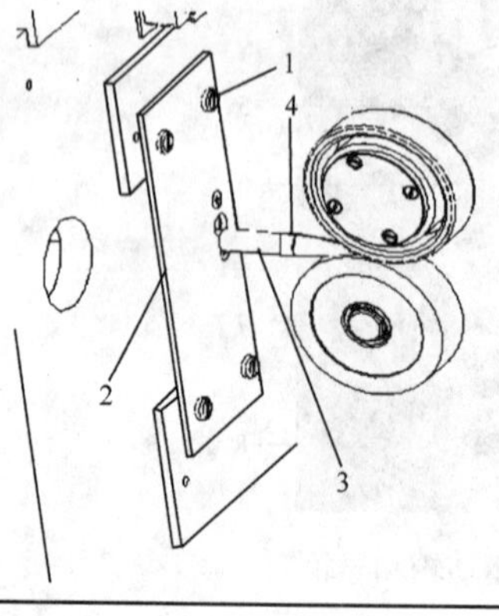	拧下 4 个螺钉 1
2		向左方移动固定板 2 使导管头 4 移开收丝轮
3		握紧有机玻璃管 3，慢慢旋拔出导管头 4
4		清洁有机玻璃管内铜屑，然后按相反顺序装好

9）检查和清洗上下导丝嘴、导向器及红宝石棒

松开上尼龙盖帽、下尼龙盖帽（当除去上盖帽后，分流板和O形圈将掉入盖帽），用导丝嘴专用工具取出导丝嘴，并从导丝嘴上取出导电器。

拧松3个顶丝后，把红宝石棒取下，用汽油清洗后吹干或晾干，不要用布擦；将导向器及导丝嘴洗净（特别是清洗内部通道），用擦布将导电盒内壁擦干净。

安装导向器和导丝嘴及红宝石棒，再将清洗后的尼龙盖帽重新装上并拧紧，如图3-1-10所示。

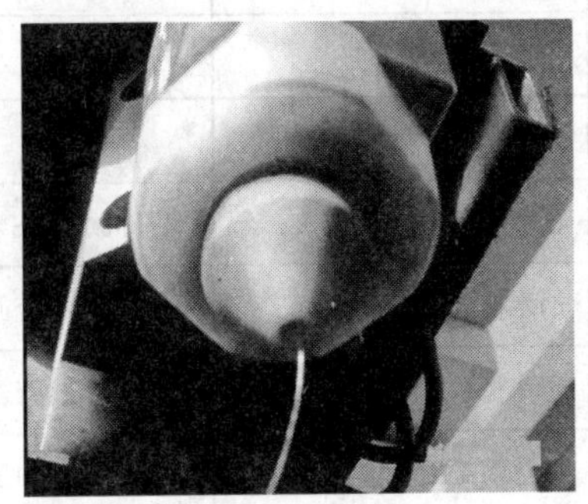

图3-1-10　上、下导丝嘴

10）换水并清洗水箱

（1）把水箱中的水排空 将水箱贴有排污口标签的左后侧板打开，拉出过滤器出口的排水球阀。打开球阀，将水放至事先准备好的容器内。开动循环泵将污水箱的沉积物搅起来，并从过滤器排出。清出的污水需排入专门的废水处理系统，不宜排入下水道。

（2）清洗水箱后，重新装入蒸馏水或纯净水。先将清水箱灌满水直到溢出到污水箱，继续向污水箱灌水直到水位高至离上口边沿100 mm左右，如图3-1-11所示。

图3-1-11　水箱

3. 部分提示信息表

部分提示信息如表3-1-5所示。

表3-1-5　部分提示信息

编　号	信　息	措　施
10000	UoK 电源异常	GL1、GL2、GL3、GL4，检查TP6-TP5（12V）和TP7-TP5（10.25V）；更换SUS-B02板

续表

编　号	信　息	措　施
10001	电柜温度报警	柜内温度> 30 ℃
10002	电柜温度过高，自动关机	柜内温度>52 ℃，检查电柜内的通风
10003	HPS 板上的 GOK2 异常	电压电流过载，请关机再开机，如果仍存在请更换
10004	上次异常关机	非正常关机；加工之前回　*Z*、*X*、*Y*、*U*、*V* 机械原点
10005	上次正常关机	正常关机
10006	上次外网掉电关机	
10007	UPS 电池电压太低	开机给 UPS 充电
10008	清水槽水位过低	加水或检查循环泵
10009	污水槽水位过低	加水或检查循环泵
10010	储丝筒盖子未装上	检查储丝筒盖子是否装上或检查开关 SW2
10011	Z+到限位	沿 Z–方向从限位开关处移开
10012	Z–到限位	沿 Z+方向从限位开关处移开
10013	液槽门已打开	检查液槽门开关 SW1
10014	检测到 WI1	垂直找正信息
10015	检测到 WI2	垂直找正信息
10016	穿丝失败	运丝系统信息
10017	电导率大于设置值	检查导电探头和去离子树脂
10018	SBC-B15 诊断异常	重新开机；检查通信部分；更换 SBC-15 板
10020	断丝或无丝	检查运丝系统，检查 R

思考与练习题

1．简述慢速走丝电火花线切割加工机床的组成部分。

2．简述慢速走丝电火花线切割机床维护和保养时的注意事项。

项目二 慢速走丝电火花线切割加工工艺

任务一　慢速走丝电火花线切割加工用户界面介绍

任务说明

掌握慢速走丝电火花线切割加工机床的功能，熟悉慢速走丝电火花线切割加工机床的用户界面。

知识点

- 慢速走丝电火花线切割加工机床的功能。
- 用户界面的操作。

一、任务引入

慢速走丝电火花线切割加工机床是按照事先编制好的加工程序，来自动对零件进行加工的。具体地说，慢速走丝电火花线切割加工机床是根据被加工零件的技术要求和工艺要求等，将具体加工过程的控制（如定位、加工参数等）使用数控系统能识别的指令按照一定的规则、格式编制成程序文件，并将程序文件输入到机床数控系统的过程。

二、任务分析

要正确运用电火花加工技术就必须明确慢速走丝电火花线切割加工机床的功能以及用户界面的操作，从而正确地运用在金属的生产和加工中。

三、相关知识

慢速走丝电火花线切割加工机床的功能如下：

1）手控盒功能

慢速走丝电火花线切割加工机床都设计有手控盒。使用手控盒可以方便地实现对机床的一些控制，如图 3-2-1 所示。手控盒的主要作用是用来实现轴移动功能，按住对应的轴向键就可以实现移动。另外，手控盒还具有其他一些功能，如工作液的开启与关闭、坐标设零等功能。具体功能如表 3-2-1 所示。

图 3-2-1　慢速走丝电火花线切割加工机床手控盒

表 3-2-1　手控盒的具体功能

图　示	名　称	功　能
+X	轴向键	用户根据需要选择坐标轴及移动方向
	点动速动键	按键可选择单步、低速、中速、高速
	回机械原点键	用于执行回机械原点功能
	回零键	用于执行回零功能，其功能
	喷流键	用于打开/关闭冲液系统
	运丝键	用于打开/关闭运丝系统
	穿丝键	用于打开/关闭穿丝阀
	启动键	用于启动加工
	暂停键	用于暂停当前的动作

2）用户界面介绍

慢走丝 CF20 线切割机床系统的用户界面，主要由 7 个区域组成（坐标显示区、任务显示区、当前任务对话框、加工状态显示区、错误信息显示区、CNC 状态显示区、任务窗口选择区），具体如表 3-2-2 所示。

表 3-2-2　手控盒的具体功能

序号	名　称	图　示
1	坐标显示区	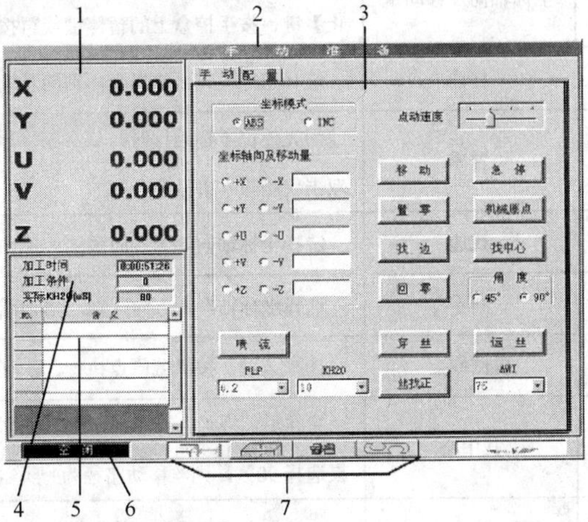
2	任务显示区	
3	当前任务对话框	
4	加工状态显示区	
5	错误信息显示区	
6	CNC 状态加工区	
7	任务窗口选择区	

使用说明：

（1）坐标显示区，显示当前坐标。当光标位于该区时双击可进行机械坐标和用户坐标切换。

（2）任务显示区，显示当前任务名称。

（3）当前任务对话框，显示当前任务的相关信息。

（4）加工状态显示区，显示本次加工时间、当前加工条件号和实际导电率。

（5）错误信息显示区，显示报警、错误和提示信息。

3）手动准备窗口

用于加工前的准备。包括手动页、配置页和时间页，单击手动准备任务键进入本窗口。在进行手动准备窗口的一系列功能操作时，不要启动加工任务：找边、找中心、丝找正、移动、回机械零点、回零，以免发生意外。

（1）手动页。手动准备窗口如图 3-2-2 所示，功能如表 3-2-3 所示。

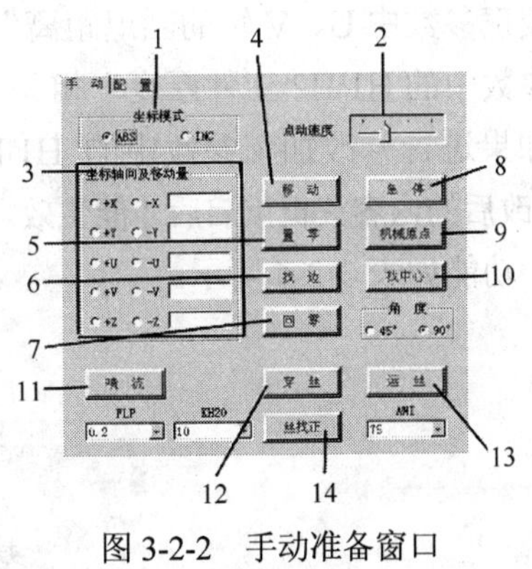

图 3-2-2　手动准备窗口

表 3-2-3　手动准备窗口功能

序　号	名　称	功 能 说 明
1	坐标模式	选择坐标模式：ABS（绝对）或 INC（增量）
2	点动速度	调节点动速度，分四挡，从左至右依次为单步、低速、中速和高速。通过手控盒上的速度键同样可选择点动速度
3	坐标轴向及移动量	选择轴移动方向和输入移动量。在执行过程中，可通过以下任一方式停止当前动作：按【停止】键，按手控盒上的暂停键或再按该功能键
4	移动	选择坐标模式，选择坐标轴向及输入坐标值（单轴或多轴）按【移动】键，执行移动命令
5	置零	当光标位于标题行时，双击删除显示区内所有的错误信息；当光标位于该区内某一行时，双击仅删除本条信息
6	找边	选择坐标轴向，无方向区别，单轴或多轴，如+/–X，按置零键执行
7	回零	选择坐标轴，无方向区别，单轴或多轴
8	机械原点	选择 Z 轴，按机械原点执行，Z 轴坐标自动设为最大形成
9	找中心	穿丝后，将丝大致移到孔的中心位置，选择角度。如果选择 45°，丝移动路径为 X 形；如果选择 90°，则丝移动路径为+形，按【找中心】键执行
10	喷流	FLP 为水压选择栏，单位为 bar，取值范围 0.1～12 bar
11	运丝	AWI 为丝速选择栏，单位为 mm/s，取值范围为 30～200 mm/s
12	丝找正	执行丝找正命令
13	穿丝	打开和关闭穿丝阀门，仅适用于已配备穿丝气泵的情况

（2）配置页。可以修改“语言”、“单位”、“丝垂直校正参数中 U、V 轴的回退距离”以及“3D 加工参数中的 H1\H2\工件厚度”相关信息。

如果进行修改加工参数中的 H1\H2\工作厚度，修改后的内容关机重启后才能生效。如图 3-2-3 所示，功能如表 3-2-4 所示。

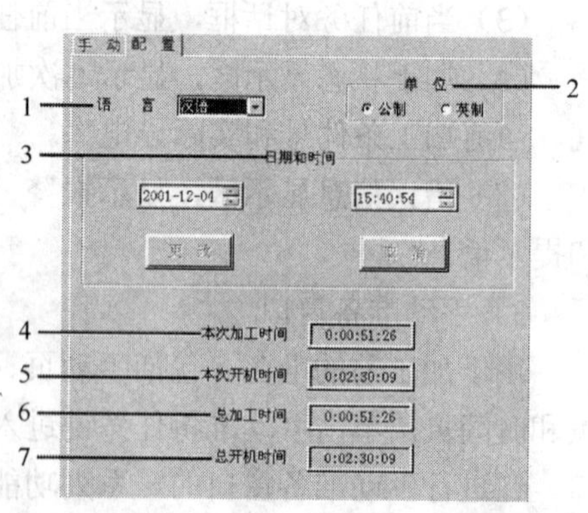

图 3-2-3　配置页

表 3-2-4　配置页功能

序　号	名　称	功能说明
1	语言	语言，允许用户选择语言。选择后需重新启动机床，所选语言才能生效

续表

序　号	名　称	功能说明
2	单位	允许用户选择度量单位，公制或英制
3	日期和时间	允许用户设置系统日期和时间
4	本次加工时间	用于显示本次加工的加工时间
5	本次开机时间	用于显示本次开机的时间
6	总加工时间	用于显示累积加工时间
7	总开机时间	用于显示累积开机时间

4）放电加工窗口

用于选择所需加工的 NC 文件和 TEC 文件，设置加工选项、加工参数、显示加工状态和加工轨迹。单击放电加工任务键进入本窗口。

（1）控制页如下：

① 选择所需 NC 文件。首先点击 NC 文件选项，然后在文件选择框中单击所需的 NC 文件。选择后文件路径和文件名显示在相应的位置，如图 3-2-4 所示。

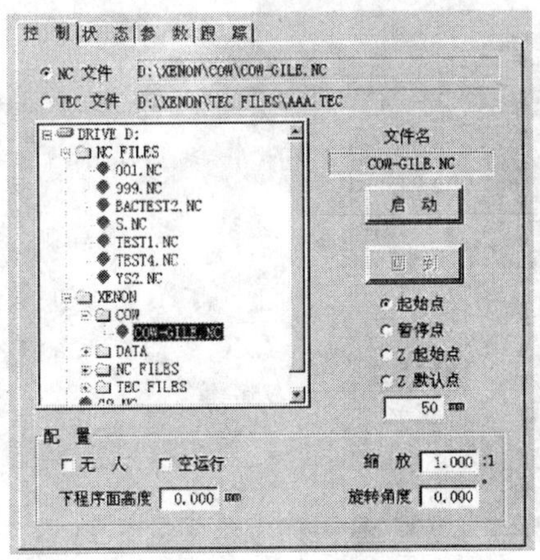

图 3-2-4　控制页

② 选择所需 TEC 文件。首先单击 TEC 文件选项，然后在文件选择框中单击所需的 TEC 文件。选择后文件路径和文件名显示在相应的位置。

③ 配置，如表 3-2-5 所示。

表 3-2-5　配置的功能

状　态	功能说明
无人	加工完成后系统自动关机
空运行	用于检测几何轨迹

续表

状　态	功能说明
下程序面高度	用于设置下程序面距工作台面得高度
缩放	在 NC 程序不变的情况下，可通过此项对工件进行缩放加工
选转角度	在 NC 程序不变的情况下，可通过此项对工件进行选转角度的加工

④ 启动/结束　用于启动和人为结束加工。

⑤ 回到。可以回到 *X*、*Y*、*U*、*V* 轴的加工起始点、暂停点（如断丝点）以及 *Z* 轴的加工起始点和加工默认点。

（2）状态页（见图 3-2-5）。此对话框显示当前加工状态中的间歇状态 TD（绿色曲线）、加工速度信息 VADV（红色曲线）、平均电流 IFS（粉红色曲线）、平均电压 UFS（黄色曲线）等相关信息。

（3）参数页（见图 3-2-6）。用于编辑和显示加工条件。可以直接输入或利用上下箭头键来更改条件号或修改所需参数项的值。为了方便编辑，本页还提供了复制加工条件的功能。

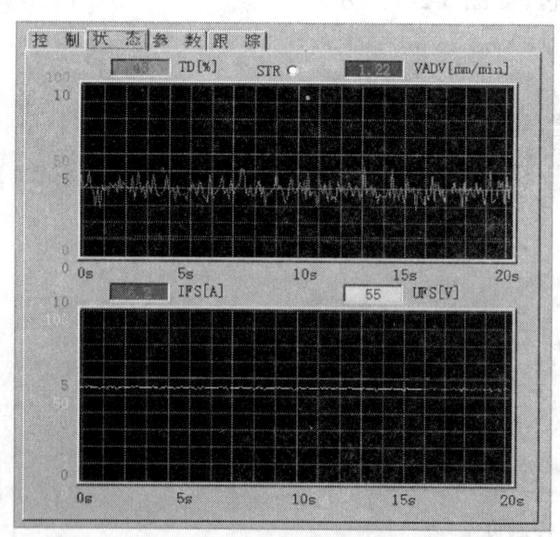

图 3-2-5　状态页

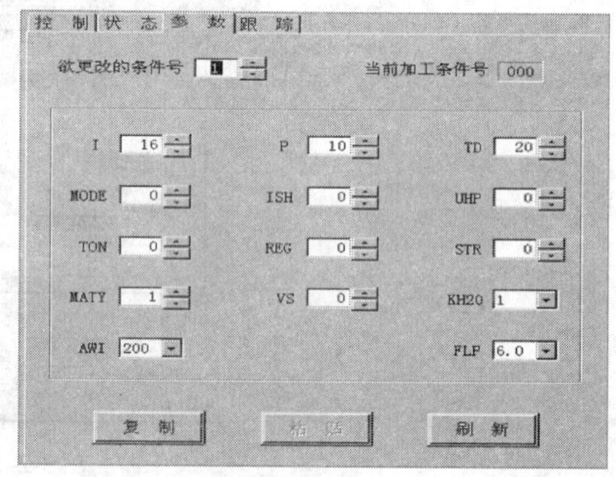

图 3-2-6　参数页

（4）跟踪页（见图 3-2-7）。实时跟踪当前加工轨迹。可用鼠标左键对图像进行平移、局部放大整体缩放以及三维立体观察的操作，页面显示 *X-Y*（绿色）和 *U-V*（红色）平面轨迹 PRG（蓝色）编程轨迹，还显示当前加工次数的加工轨迹，1（黄色）、2（淡蓝色）、3（紫色）、4（橙色）。

5）文件管理窗口

用于 NC 文件和目录的新建、复制、移动、删除、改名，NC 文件的编辑，TEC 文件的编辑，文件输入/输出，单击文件管理任务键进入本窗口，如图 3-2-8 所示。

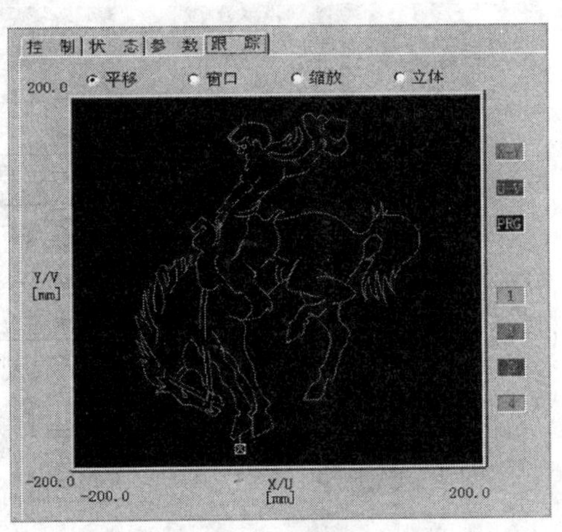

图 3-2-7　跟踪页

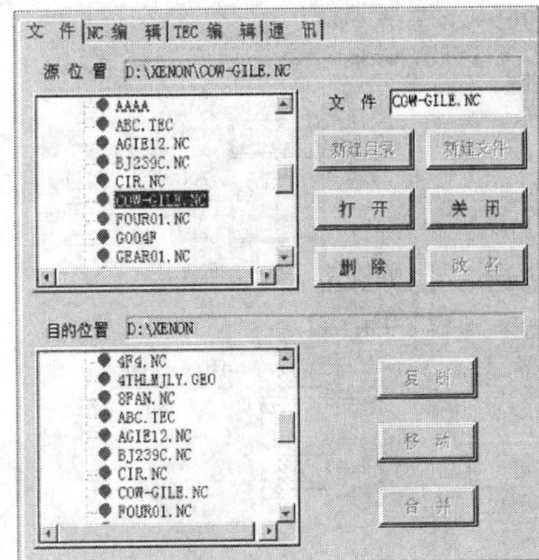

图 3-2-8　文件管理窗口

（1）文件页：可进行创建新文件或新目录、打开或关闭现有的 NC 文件，以及对现有的 NC 文件进行删除、改名、复制、移动存储位置或将两个 NC 文件进行合并的操作，如图 3-2-8 所示。

（2）NC 编辑页：可对 NC 文件进行复制、剪切、粘贴、移动等操作，如图 3-2-9 所示。

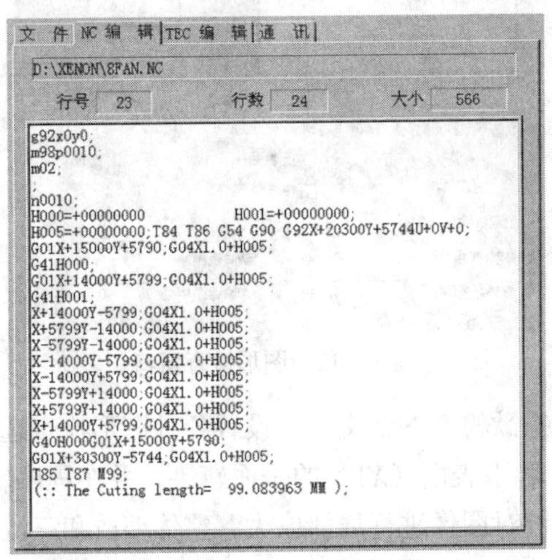

图 3-2-9　文件页

（3）TEC 编辑页：对 TEC 文件编辑工艺参数，可对 WM（工件材料）、WH(工件高度)、WIRT（电极丝类型）、WIRD（电极丝的直径）等相关参数进行编辑，完成后按关闭键关闭文件并存盘。如图 3-2-10 所示。

（4）通信页：在通信协议框中设置串行口通信协议（起始位、数据位、停止位、奇偶效验、波特率）的相关参数，以及输入或输出的 NC 文件名和目的路径，如图 3-2-11 所示。

6）图形检查窗口

实现对所选 NC 文件的图形检查，单击图形检查任务键进入本窗口，如图 3-2-12 所示。

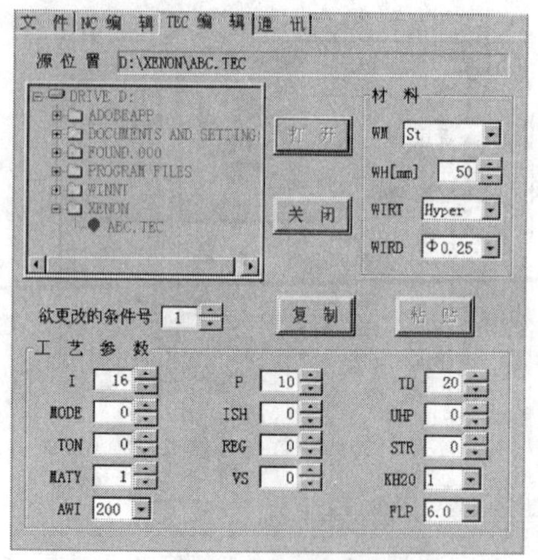

图 3-2-10　TEC 编辑页

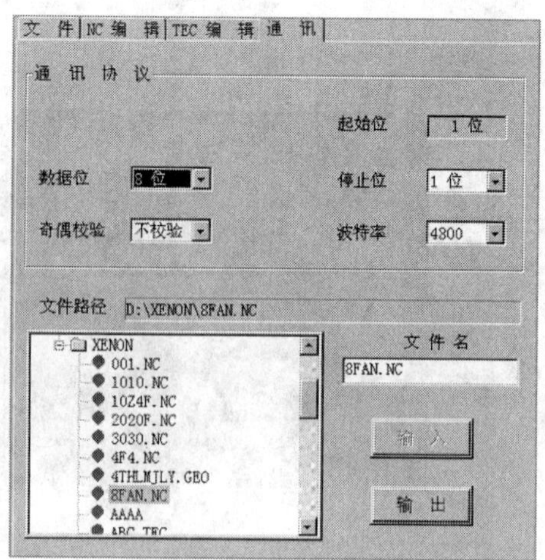

图 3-2-11　通信页

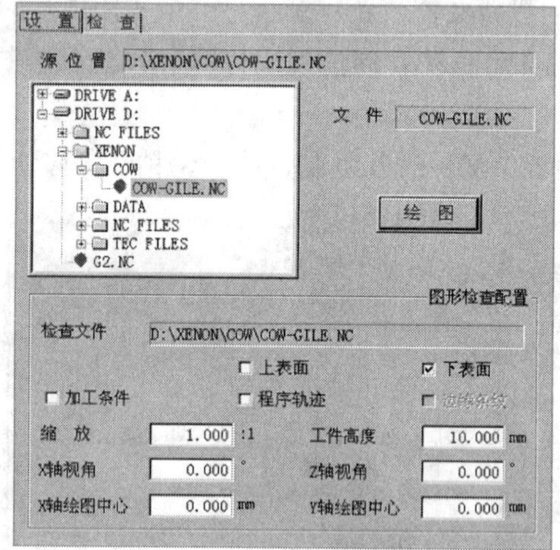

图 3-2-12　图形检查窗口

（1）设置页：用于选择欲检查 NC 文件，设置各种图形检查选项。选定检查的 NC 文件后，可检查上表面（*UV*）和下表面（*XY*）的平面轨迹，并在程序轨迹基础上加上补偿量。

（2）检查页：用鼠标键对图像进行局部放大、整体缩放和三维立体观察的方式，来检查图像设置的 *XY*（绿色）及 *UV*（红色）平面轨迹；检查 PRG（蓝色）编程轨迹和 POS（黄色）定位轨迹的相关信息。

思考与练习题

慢速走丝电火花线切割加工机床的功能有哪些？

任务二　慢速走丝电火花线切割加工加工工艺指标

任务说明

掌握慢速走丝电火花线切割加工指标，熟悉各项工艺指标对慢速走丝电火花线切割加工精度的影响，能熟练运用各项工艺指标控制零件的加工精度。

知识点

- 数控电火花的电柜参数。
- 数控电火花的零件的装夹与找正。

一、任务引入

在加工之前需要根据机床提供的加工参数来选择。只有熟悉机床的主要技术参数，才能加工出好的工件，同时也能够有效的保护机床安全，延长其使用寿命。

二、任务分析

通过熟悉慢速走丝电火花线切割的参数，掌握常用的电加工参数指标，能熟练运用各项工艺指标控制零件的加工精度。

三、相关知识

1. 电柜参数

（1）MODE ：加工模式，0 表示主切；2 表示修切。

（2）I：加工电流，其值的范围为 0～22，加工时该值取决于所选择的工艺和工件厚度。

（3）P：加工功率，其值的范围为 0～34，该参数决定加工电流继而影响切割速度；其值越高加工速度越快，但同时出现断丝和几何误差的可能性越大。

（4）TD：空载脉冲百分率，其值范围为 0～63，该参数值越低切割速度越快，但加工也越不稳定（断丝可能性增加）；在修切中，高 TD 值产生凹面，低 TD 值产生凸面。

（5）VS：恒定速度，其值范围为 0～63，该参数影响加工时间，与 REG8/9 连用。参数 VS 值的变化影响切割面形状，高 VS 值产生凸面，低 VS 值产生凹面。

（6）ISH：短路时 I 的减少量，其值范围为 0～4，改变该参数可防止断丝，仅用于主切。

（7）TON：脉冲宽度，其值范围为 0～15，该参数一旦选定通常不要中途改变，除非特殊情况，如修切中为降低粗糙度而减小该参数值。

（8）UHP：空载电压，其值范围为 0～7，该参数是由工件材料和电极丝决定的，该参数一旦选定通常不要中途改变，除非特殊情况，如为了降低粗糙度。

(9) REG：伺服调节类型，其值范围为 0～23 和 100～123。100～123 是在对应的 0～23 上增加滤波器。

2. 零件的装夹与找正

1）慢走丝线切割的装夹特点

虽然慢走丝线切割的加工作用力小，不像金属切削机床要承受很大的切削力，但因其切割时要冲高压水，所以装夹要稳定牢固。由于要进行高压冲水，因此对切缝周围的材料余量有要求，要有足够的材料余量以便装夹。由于线切割是一种贯通加工方法，工件装夹后被切割区域要悬空于工作台的有效切割区域，因此一般采用悬臂支撑或桥式支撑方式装夹。悬臂支撑或桥式支撑方式装夹的方法如表 3-2-6 所示。

表 3-2-6 常用的装夹方法

序号	图示	说明
1	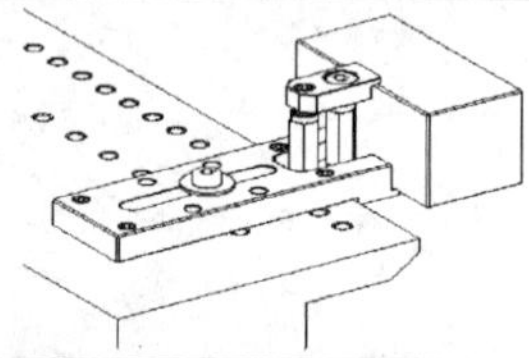	悬臂支撑方式
2	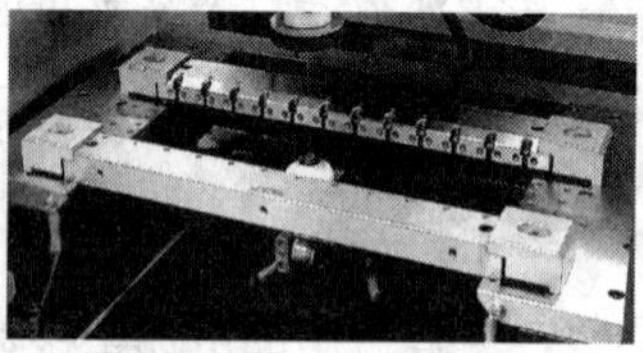	桥式支撑方式

2）工件装夹与找正的一般要求

工件定位面要有良好的精度，一般以磨削加工过的面定位为好，棱边倒钝，孔口倒角。切入点要导电，尤其热处理件切入处要去积盐及氧化皮。热处理件要充分回火去应力，平磨件要充分退磁。工件装夹的位置应利于工件找正，应与机床的行程相适应，夹紧螺钉高度要合适，避免干涉到加工过程。对工件的夹紧力要均匀，不得使工件变形和翘起。批量生产时，最好采用专用夹具，以利提高生产率。加工精度要求较高时，工件装夹后，必须用表找平行、垂直。工件装夹要求如表 3-2-7 所示。

表 3-2-7 工件校正的操作过程

步骤	图示	说明
第一步		将千分表的磁性表座固定在机床主轴侧或床身某一适当位置，保证固定可靠，同时将表架摆放到能方便校正工件的位置

续表

步　骤	图　示	说　明
第二步		使用手控盒移动相应的轴，使千分表的测头与工件的基准面相接触，直到千分表的指针有指示数值为止（一般指示到 30 的位置即可）
第三步		纵向或横向移动机床轴，观察千分表的读数变化，即反映出工件基准面与机床 X、Y 轴的平行度。使用铜棒敲击工件来调整平行度
第四步		工件被调整到正确的位置，满足精度要求为止

3. 切割中的注意事项

1）小余料的处理方法

小余料如果掉入下喷嘴，继续加工可能会损坏喷嘴和导丝嘴，因此切割凹模时小余料在切断前要想法固定，如用吸磁吸住，根据需要适当抬高 Z 轴；或在编程时保留 0.03 mm 不切，S 为丝径加双边的放电间隙，加一个暂停，当实际加工到此处后，移开下臂，在凹模下垫一支撑物，用铜棒小心的敲下脱落件，然后从暂停处继续加工。也可在快切断时，抬高上喷嘴，减少上喷嘴压力，让下喷嘴的高压水把余料冲出，暂停机床检查余料确定冲出。

2）防锈方法

满走丝用的工作液是蒸馏水，因此对切割完成的零件，最好能抹上防锈油加以保护。如果一块毛坯在工作台上装夹时间长，隔天使用时，下班前应用压缩空气吹干工件上的水。切割下来的零件先擦干工件上的水，然后喷上防锈油。如果有喷砂机，可喷砂处理表面。另外，现在还有一种防锈液，添加在水中，可抑制工件的锈蚀。

3）断丝后的处理

断丝后，如果上下喷嘴都贴于工件表面，一般能原地穿上丝，如果不能原地穿上丝，则要把下臂移到空的地方去。加工前为了防止再断，可先把放电参数调小，等放电正常后改回正常参数。

4）防水溅射的方法

慢走丝加工要用高压水，压力会很大，水可能雾化，如果上或下喷嘴不能贴在工件的表面，水溅射很大，这时要注意用塑料布挡水，以防止水溅射到人的身上或电柜上。另外注意当水的流量较大时，要检查水的回流处是否畅通，以防水从下臂处溢出。

5）空运行检查

对于存在与工件和夹具有碰撞可能的零件，加工前从加工起点开始，抬高 Z 轴空走，到存在碰撞可能的地方暂停，落下 Z 轴，看是否干涉，如果下喷嘴存在碰撞可能则估算出工件的极限位置，用手控盒开过去检查。

思考与练习题

1．简述工件装夹和校正的步骤。

2．影响加工精度的因素有哪些？

任务三　慢速走丝电火花线切割加工的操作流程

任务说明

掌握慢速走丝电火花线切割加工的操作流程。

知识点

- 慢速走丝电火花线切割加工前准备。
- 慢速走丝电火花线切割加工步骤。

一、任务引入

慢速走丝电火花线切割加工作为特种加工，其加工流程较其他加工法式必定存在一定的差异，在本任务中介绍数控快速走丝电火花线切割加工的操作流程。

二、任务分析

通过慢速走丝电火花线切割加工的操作流程图，来掌握其各个过程的要点。

三、相关知识

1. 加工前的准备

1）加工前须将粗丝筒就位

加工前须将储丝筒就位，并扣上有机玻璃防护盖，此时已压入安全开关。

2）开机

（1）在加电以前，检查紧急开关是否处在断开状态。

（2）将电柜主开关旋转到 ON 的位置。

（3）按下启动（绿色）开关，电柜开始通电，等几十秒，显示器出现正常画面后，启动结束。

3）检查水箱

进行该项检查时，工作液槽必须是无液状态，在清水箱内介质液必须充满并为溢出状态，污水箱的液面必须在箱口以下 100～200 mm，正常工作时注意水位线保持在规定的位置，适时补水以保证运行正常。

4）回机械原点

若上次掉电记忆失败，开机后必须执行回机床原点的动作，使机床校正一致，建议每次开机后执行回机床原点动作。

5）换丝

根据工艺数据选择丝材料和丝直径。假若丝被穿上时，在丝卷处将丝剪断。用运丝按钮使丝从下导丝嘴出来，沿着下导轮进入废丝筒。从丝卷轴上，松开丝卷套并从丝卷移走丝卷筒。把需要的丝卷筒固定到丝卷轴上，用手拧紧丝卷套。

6）更换上、下导丝嘴

根据所选用丝直径的大小，选择相应的导丝嘴，并确定机床处于手动或断电状态。用工具 A 将导丝嘴座上的尼龙盖帽松开。用工具 B 将导丝嘴座上的金刚石导丝嘴卸开。用工具 C 将预导向器从金刚石导丝嘴上卸下来。组装新的金刚石导丝嘴预导向器，并将其拧紧。将导丝嘴安装在导丝嘴座上，用导丝嘴专用工具将其拧紧。装好喷嘴并装好上下尼龙盖帽。

7）穿丝

穿丝过程如表 3-2-8 所示。

表 3-2-8　穿丝过程表

步　骤	图　示	说　明
1	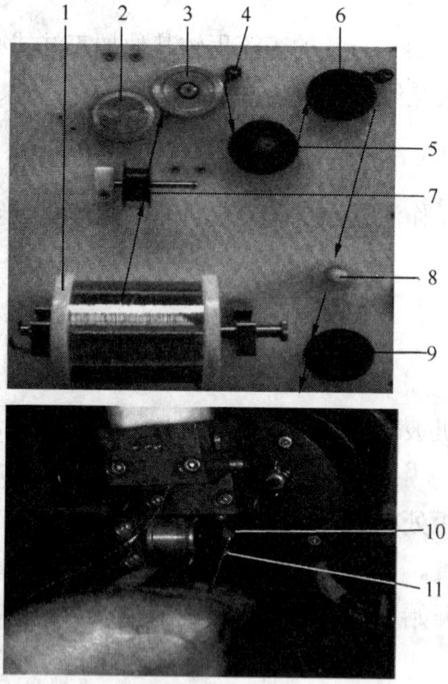	将电极丝从丝卷抽出
2		穿过过渡轮的后半部
3		从压丝轮从下方盘入
4		经过驱动轮的上半圈
5		绕过导轮的下半圈
6		经过锁丝部件左半边，将丝锁住
7		经过导轮的左半边
8		拉开挡水罩的前半部
9		穿入上、下导丝嘴
10		按手控盒上的穿丝钮将丝吸入
11		检查各轮运转是否正常

8）紧固工件

紧固工件的过程如表 3-2-9 所示。

表 3-2-9　紧固工件过程表

步骤	名　称	图　示	说　明
1	检查工件	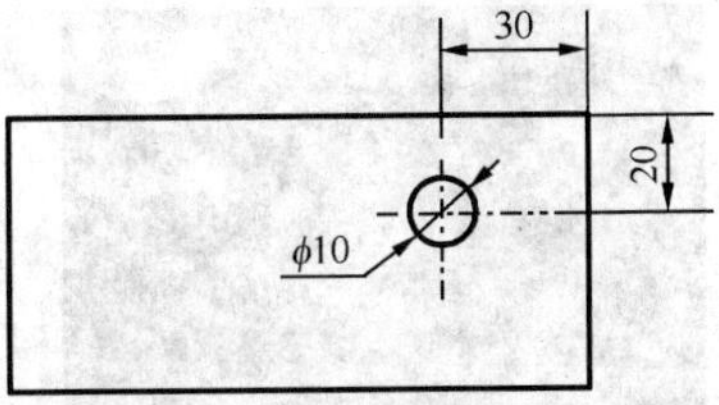 30 20 ϕ10	检查目的是保证所要加工的工件上下表面的平面度和平行度
2	夹紧工件	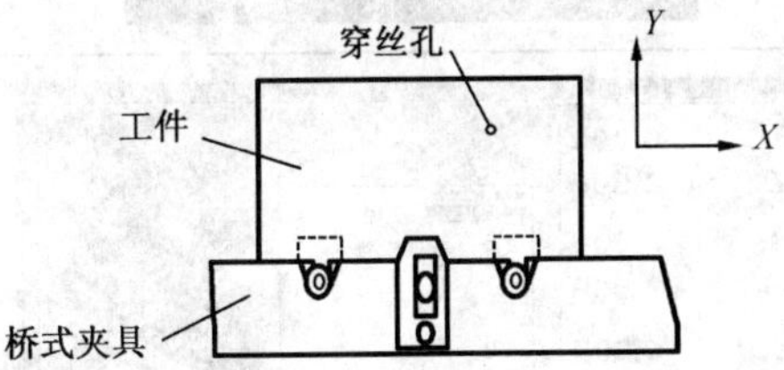 穿丝孔 工件 桥式夹具 Y X	夹紧工件时应保证在加工期间工件、夹具与上下导丝嘴之间不至于发生碰撞
3	找正工件	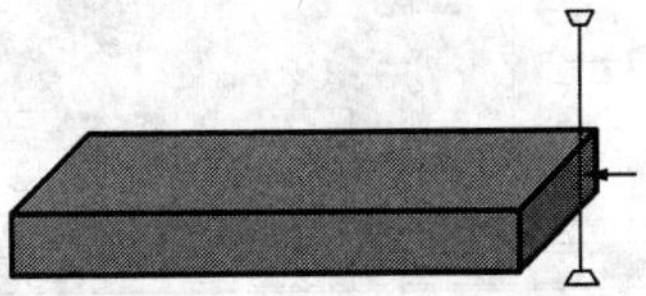	用磁性表检查工件安装在工作台中的位置是否在允许误差范围内
4	Z轴定位至工件高度	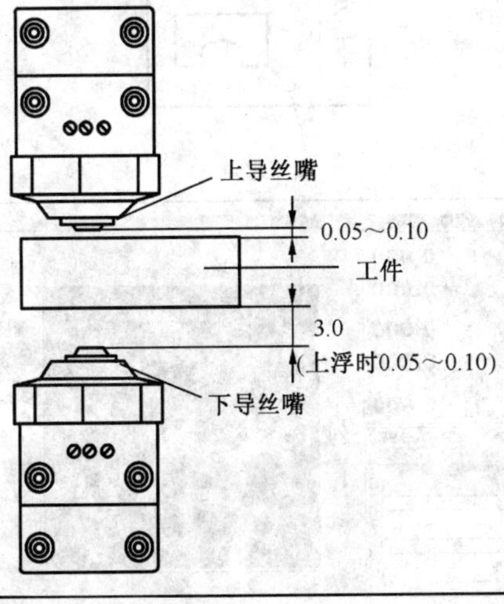 上导丝嘴 0.05～0.10 工件 3.0 (上浮时0.05～0.10) 下导丝嘴	加工前要调整好Z轴的工作高度，注意不要碰撞

9）检查电极线

电源通电时，导丝嘴和从卷丝筒到废丝箱的整个运丝系统中都有高压。为防止损坏电源或加工工具，在加工之前必须做好以下线的连接（若仍未被连接的话）。

2. **加工开始**

加工开始步骤如表 3-2-10 所示。

表 3-2-10　加工开始步骤表

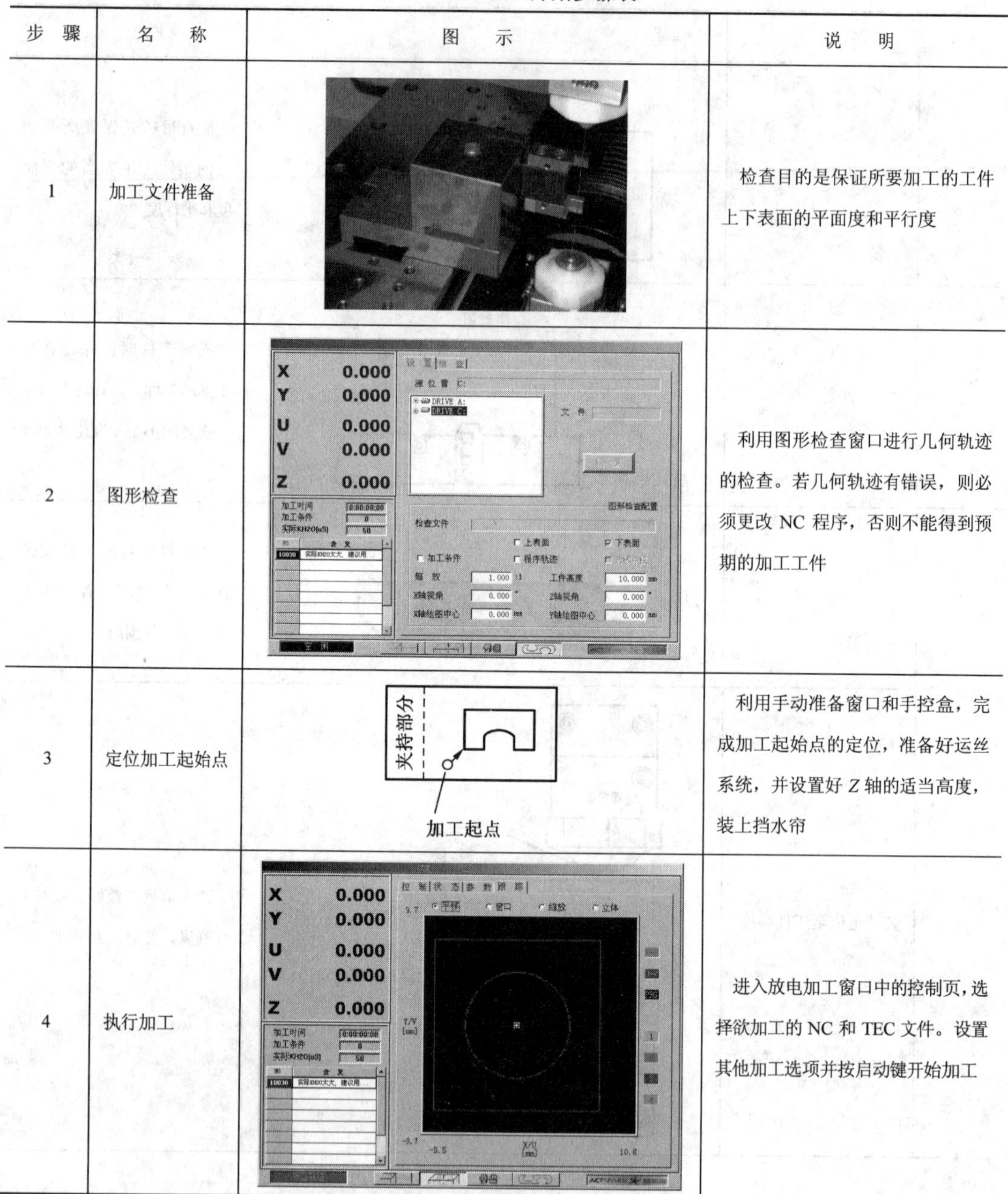

步　骤	名　　称	图　　示	说　　明
1	加工文件准备		检查目的是保证所要加工的工件上下表面的平面度和平行度
2	图形检查		利用图形检查窗口进行几何轨迹的检查。若几何轨迹有错误，则必须更改 NC 程序，否则不能得到预期的加工工件
3	定位加工起始点	夹持部分 加工起点	利用手动准备窗口和手控盒，完成加工起始点的定位，准备好运丝系统，并设置好 Z 轴的适当高度，装上挡水帘
4	执行加工		进入放电加工窗口中的控制页，选择欲加工的 NC 和 TEC 文件。设置其他加工选项并按启动键开始加工

3. 加工过程

1）查看加工状态

可进入放电加工窗口（见图 3-2-13）中的状态页，以查看加工状态。

2）修改加工参数

可进入放电加工窗口中的参数页（见图 3-2-14），以查看或修改加工参数。

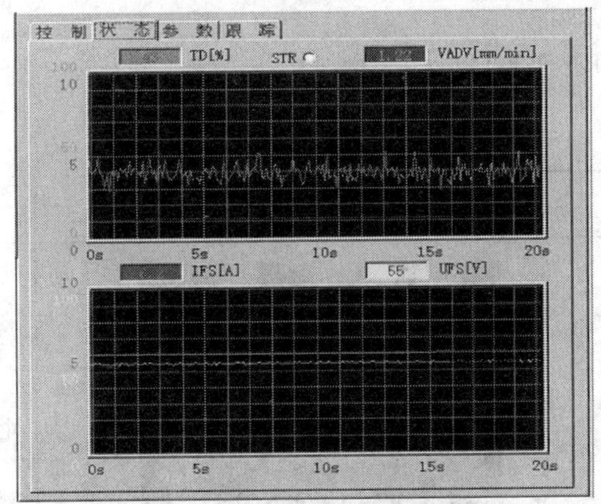

图 3-2-13　状态页

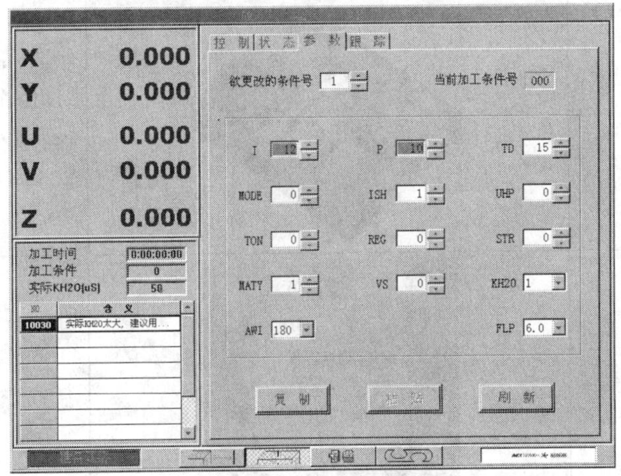

图 3-2-14　参数页

3）查看加工轨迹

可进入放电加工窗口中的跟踪页（见图 3-2-15），以查看实际的加工轨迹。

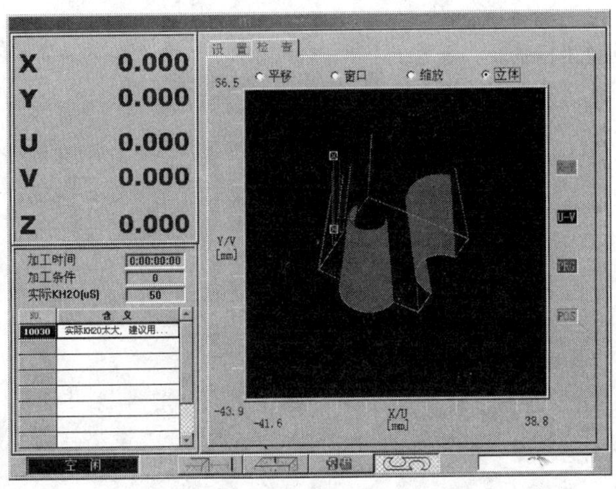

图 3-2-15　跟踪页

4. 加工结束以后

加工结束以后步骤如表 3-2-11 所示。

表 3-2-11　加工结束以后步骤表

步　骤	名　　称	图　　示	说　　明
1	清洗工作区	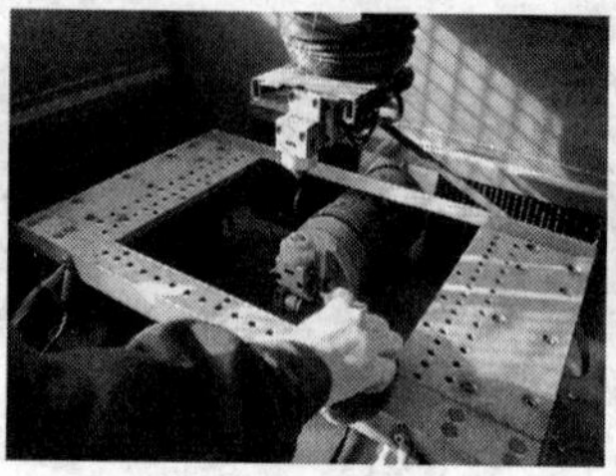	工作液槽不能用洗涤剂，只能用电解质液清洗
2	清洗夹具	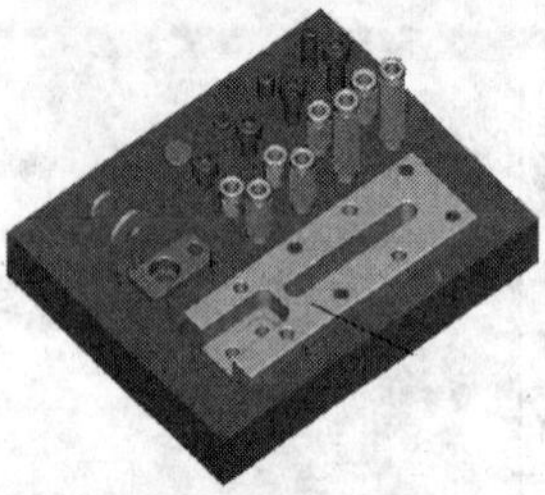	用擦布擦干或压缩空气吹干，用多用途喷雾器喷油防止腐蚀
3	清扫废丝箱		当废丝箱装满 3/4 容积或者要执行一个长的加工任务时，废丝箱必须要倒空。

思考与练习题

何谓绝对坐标系和增量坐标系？

项目三 慢速走丝电火花线切割加工实例

任务一 恒锥度加工实例

任务说明

读懂慢速走丝电火花线切割加工实例的图样，运用慢速走丝电火花线切割加工恒锥度零件。

知识点

- 慢速走丝电火花线切割加工恒锥度零件。
- 切割中的注意事项。

一、任务引入

图 3-3-1 所示为八方零件图，其材料为 45 钢。被电火花加工的表面粗糙度 *Ra* 值为 2 μm，零件其余表面粗糙度均 *Ra* 值为 6.3 μm。

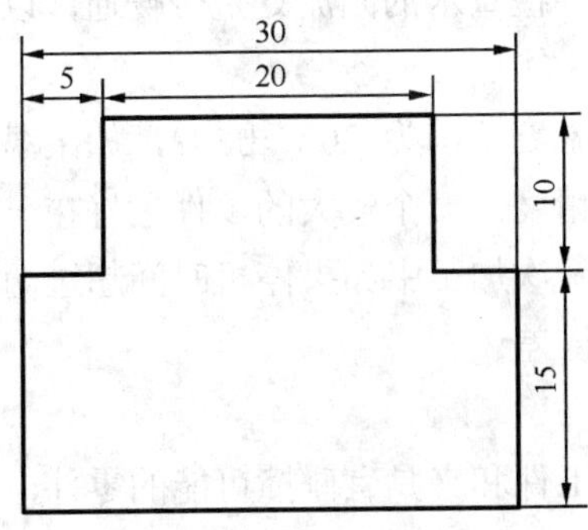

图 3-3-1 单孔零件图

二、任务分析

该零件的尺寸精度和表面粗糙度要求较高，故采用电极伺服平动的加工方式，其方法就是将孔打到深度，电极再按一定的方式平动。

三、相关知识

切割中的注意事项如下：

1. 小余料的处理方法

小余料如果掉入下喷嘴，继续加工可能会损坏喷嘴和导丝嘴，因此切割阴模时小余料在切断前要想法固定,如用磁铁吸住，根据需要适当抬高 Z 轴；或在编程时保留 $S+0.03$ mm 不切，S 为丝径加双边的放电间隙，加一个暂停，当实际加工到此处后，移开下臂，在阴模下垫一支撑物，用铜棒小心的敲下脱落件，然后从暂停处继续加工。也可在快切断时，抬高上喷嘴，减小上喷嘴压力，让下喷嘴的高压水把余料冲出，暂停机床检查余料确定冲出，继续加工。

2. 防锈方法

慢走丝用的工作液是蒸馏水，因此对切割时间长的零件，如果已切割完并裸露在外面的部分，最好能抹上防锈油加以保护。如果一块毛坯在工作台上装夹的时间长，隔天使用时，下班前应用压缩空气吹干工件上的水。切割下来的零件先擦干工件上的水，然后喷上防锈油.如果有喷砂机，可喷砂处理表面，如果没有喷砂机，可用弱酸浸一下，再用清水冲洗后迅速擦干涂油。现在有一种专门的防锈液，添加在水中，可抑制工件的锈蚀。

3. 断丝后的处理

断丝后，如果上下喷嘴都贴于工件表面，一般能原地穿上丝，如果不能原地穿上丝，则要把下臂移到空的地方去，先把丝从切缝中穿过，绕到下喷嘴处，再从下喷嘴处穿过，然后回到暂停点继续。加工前为了防止再断，可先把放电参数调小，等放电正常后改回正常参数。

注意切锥度零件时，穿好丝继续加工前一定要把 Z 轴落回到原来的高度处。

4. 防水溅射的方法

慢走丝加工要用高压水，压力会达十多个大气压，水可能雾化，如果上或下喷嘴不能贴在工件表面时，水溅射的很大，这时要注意用塑料布挡水，以防水溅射在人身上或电柜上。另外注意当水的流量较大时，要检查水的回流处是否畅通，以防水从下臂皮老虎处溢出。

5. 防止温差带来的加工误差

XENON 保证工作精度的温度范围为 20℃±3℃，如果温差较大，一个零件在工作前找正时先冲水一会儿有利于保证精度。一个较大的零件最好在一次开机中完成，如果放了一个晚上，就很难保证加工精度。一次加工中如果停机时间超过两小时，继续加工前也应冲水半小时以上，以减小温差带来的误差。

6. 空运行检查

对于存在可能到限位，与工件和夹具有碰撞可能的零件，加工前从加工起点开始，抬高 Z 轴空走，到存在碰撞可能的地方暂停，落下 Z 轴，看是否干涉，如果下喷嘴存在碰撞可能则估算出工作的极限位置，用手控盒开过去检查。

四、任务实施

切割八方

材料：Cr12，丝：Brass 0.25 mm，工件厚度：30 mm。

1）CAD 绘图（见图 3-3-2）

（1）按【Alt+Tab】组合键进入 TwinCAD。

（2）按照图纸尺寸在 TwinCAD 内进行图形绘制。

（3）图形完成后进行串接，要求图形串接成一条复线。

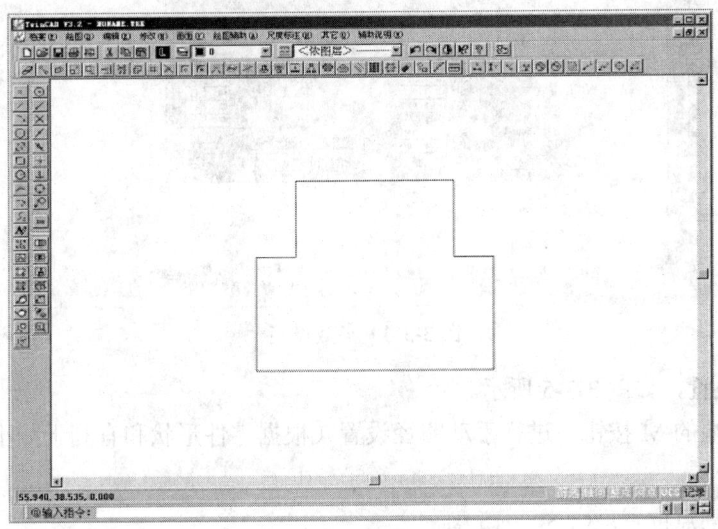

图 3-3-2　CAD 绘图

2）程序转化

（1）单击选 TCAM 按钮或输入 WTVCAM 后按【Enter】键，如图 3-3-3 所示。

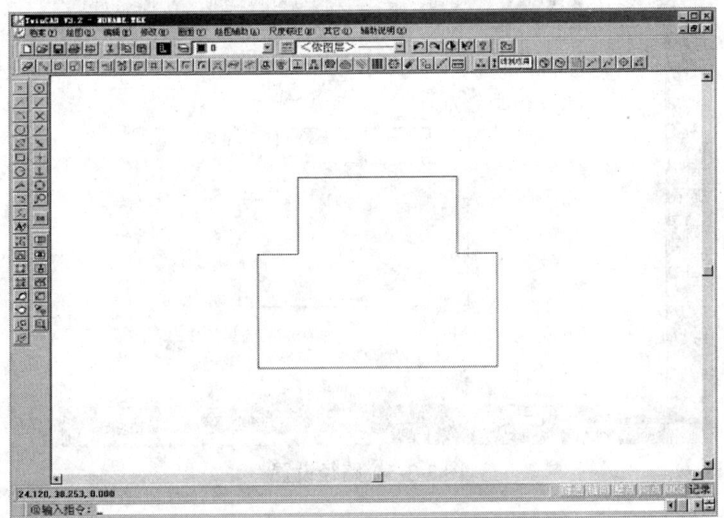

图 3-3-3　程序转化

（2）参数设定。

单击下端的 S 按钮，进入参数设定栏，在此栏内选冲块然后单击“确定”按钮，如图 3-3-4 所示。

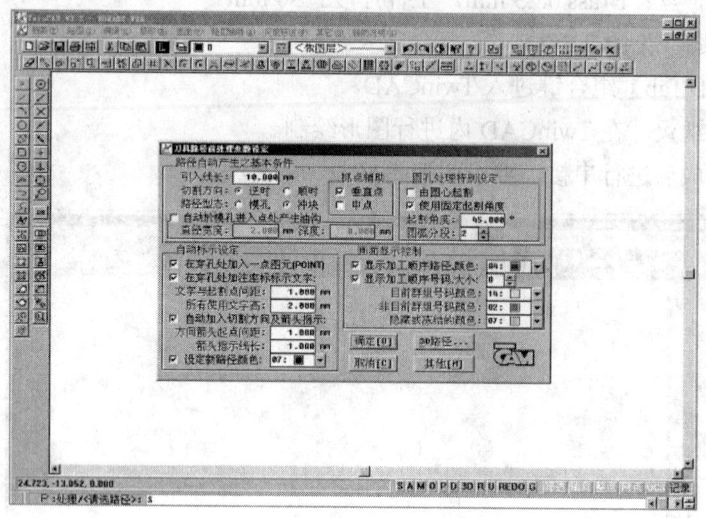

图 3-3-4 参数设定

（3）路径设置，如图 3-3-5 所示。

① 单击下端的 M 按钮，进行手动路径设置（根据零件形状和有利于减小变形的位置确定）

② 输入起割点位置：（1.8，–15）。

③ 输入切入点：单击垂点按钮，并指定切入边。

④ 指定切割方向：逆时针切割。

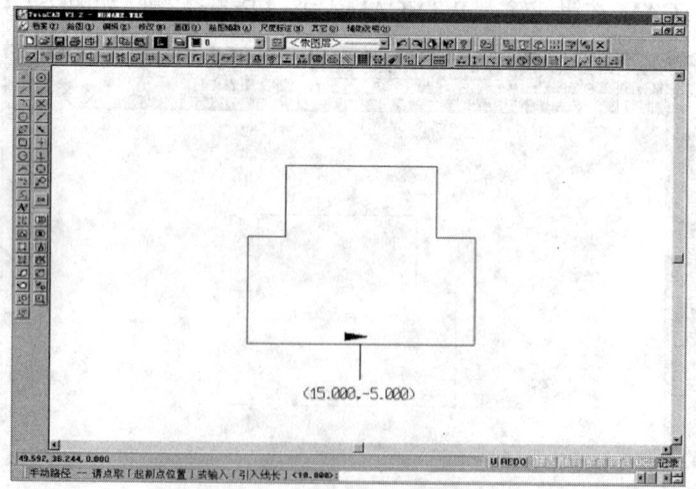

图 3-3-5 路径设置

（4）单击 P 按钮。

（5）后处理控制设定，如图 3-3-6 所示。

单击 S 按钮，出现后处理控制栏，在栏内输入如下值：

① 趋近长度设定：1.0。

② 多次加工修模次数设定：–3（正、反方向切割）。

③ 割线脱离长度设定：1.0。

④ 切断前暂停预留量设置：上限设定值 3.0 下限设定值 3.0 选定后单击“确定”按钮。

⑤ 在以下画面中的“资料表”栏中，输入四次切补偿值。

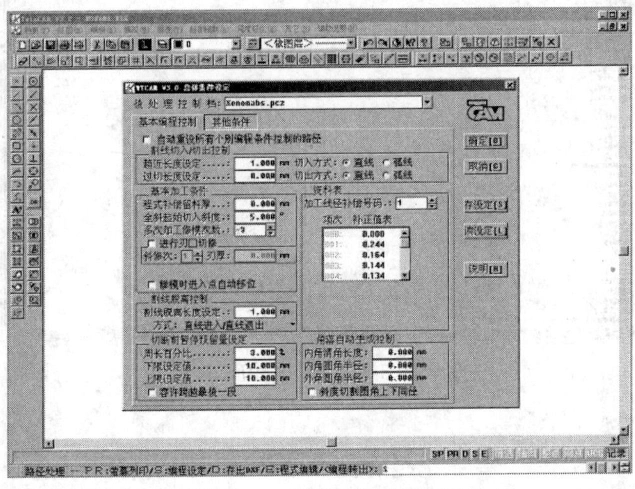

图 3-3-6　后处理控制设定

注意：用户需根据工件材料，工件厚度和丝直径从 CF20《工艺参数手册》中的相应的表中查得四次切割的实际补偿值。上述操作完成后，单击“确定”按钮。

（6）按【Enter】键两次，打开“输入 NC 程式输入档名”窗口，如图 3-3-7 所示。

① 输入文件名：OCTAGON。

② 单击“保存”按钮，并按【Enter】键。

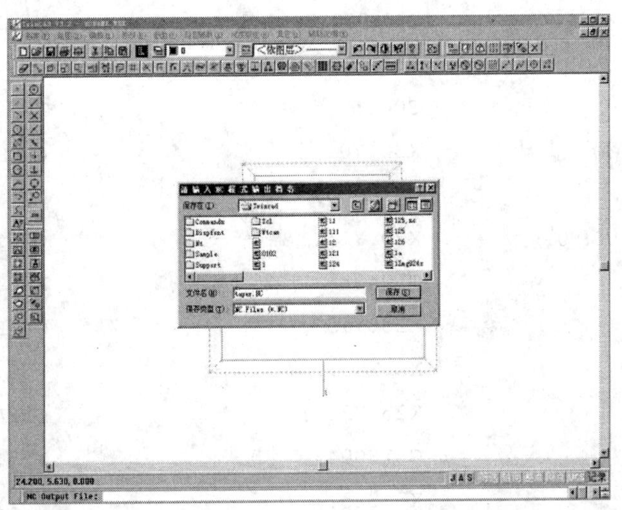

图 3-3-7　“输入 NC 程式输入档名”窗口

（7）单击 P 按钮。

（8）单击 E 按钮进行编辑，确定文件名后选确定钮即显示产生的加工程序，如图 3-3-8 所示。

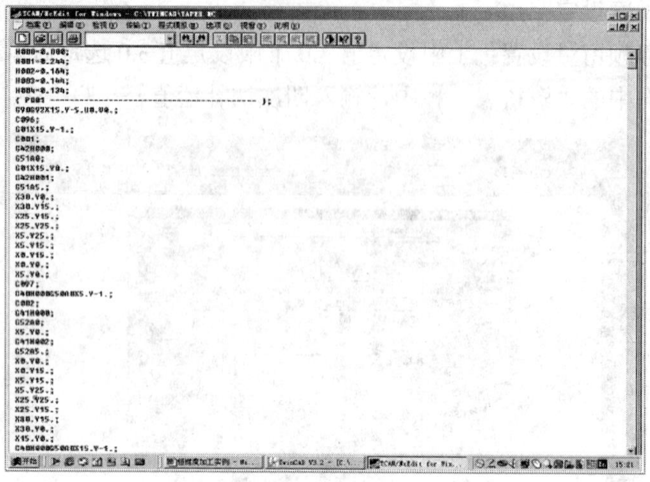

图 3-3-8　程序输出

3）生成程序

```
H000=0.000;
G51A0;
H001=0.244;
X15.Y0.;
H002=0.164;
G42H003;
H003=0.144;
G51A5.;
H004=0.134;
X30.Y0.;
(P001 ------ );
X30.Y15.;
G90G92X15.Y-5.U0.V0.;
X25.Y15.;
C096;
X25.Y25.;
G01X15.Y-1.;
X5.Y25.;
C001;
X5.Y15.;
G42H000;
X0.Y15.;
G51A0;
X0.Y0.;
G01X15.Y0.;
X5.Y0.;
G42H001;
G40H000G50A0X5.Y-1.;
G51A5.;
C004;
X30.Y0.;
G41H000;
X30.Y15.;
G52A0;
X25.Y15.;
X5.Y0.;
X25.Y25.;
G41H004;
X5.Y25.;
G52A5.;
X5.Y15.;
X0.Y0.;
X0.Y15.;
X0.Y15.;
X0.Y0.;
X5.Y15.;
X5.Y0.;
X5.Y25.;
C097;
X25.Y25.;
G40H000G50A0X5.Y-1.;
X25.Y15.;
C002;
X30.Y15.;
G41H000;
X30.Y0.;
G52A0;
X15.Y0.;
X5.Y0.;
M00;
```

```
G41H002;
C004;
G52A5.;
G40H000G50A0X15.Y-1.;
X0.Y0.;
C001;
X0.Y15.;
G41H000;
X5.Y15.;
G52A0;
X5.Y25.;
X15.Y0.;
X25.Y25.;
G41H001;
X25.Y15.;
G52A5.;
X30.Y15.;
X5.Y0.;
X30.Y0.;
G40H000G50A0X5.Y-1.;
X15.Y0.;
C002;
G40H000G50A0X15.Y-1;
G42H000;
C003;
G51A0;
G42H000;
X5.Y0.;
G42H002;
C004;
G51A5.;
G42H000;
X15.Y0.;
G51A0;
G40H000G50A0X15.Y-1.;
X5.Y0.;
C003;
G42H004;
G41H000;
G51A5.;
G52A0;
X15.Y0.;
X15.Y0.;
G40H000G50A0X15.Y-1.;
G41H003;
X15.Y-5.;
G52A5.;
M02;
X5.Y0.;
( Total Length Of
Cutting Path = 115. );
G40H000G50A0X5.Y-1.
```

思考与练习题

切割中有哪些注意事项？

任务二　变锥度加工实例

任务说明

读懂慢速走丝电火花线切割加工实例的图样，运用慢速走丝电火花线切割加工变锥度零件。

知识点

- 变锥度加工。
- 锥度零件的切割方法。

一、任务引入

图 3-3-9 所示为变锥度加工零件图，其材料为 45 钢。该零件的外形尺寸长为 60 mm，宽为 60 mm。材料：Cr12，丝：Brass 0.25 mm，工件厚度：30 mm，锥度：2°，被电火花加工的表面粗糙度 *Ra* 值为 2 μm。零件其余表面粗糙度 *Ra* 值均为 6.3 μm。

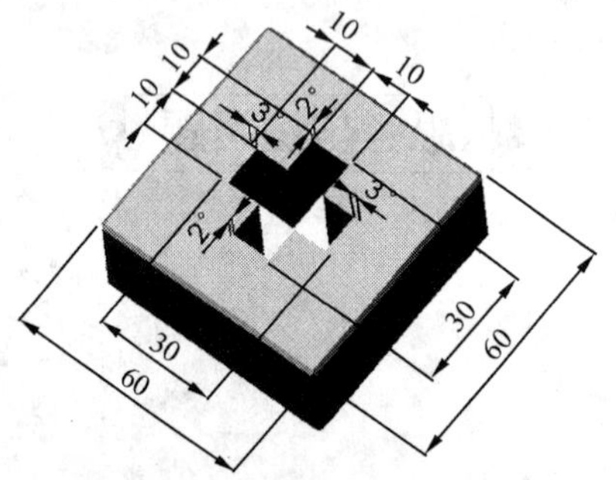

图 3-3-9　变锥度加工零件图

二、任务分析

由图 3-3-8 可知这是变锥度加工。变锥度加工有两种方法：一种是组合电极同时将这几个孔加工成功，这种方法加工效率高，缺点是要做的电极多，且电极组合质量的好坏直接影响加工质量的好坏；另一种方法是用单电极对各孔依次加工，这种方法加工的优点是电极制造简单，缺点是加工时间长，最后一个孔的加工质量较第一个孔差。若加工质量要求较高，可采用两个电极，第一个电极粗加工，第二个电极精加工，可满足加工要求。当然，孔的数量太多，可做三个电极，分为粗加工，半精加工、精加工。也可分为第一个电极加工哪几个孔，第二个电极加工哪几个孔，将变锥度加工变为单孔，或少孔加工。为了提高侧壁的粗糙度，需选择合适的平动方式。根据本例的特点，可选择以下加工方法。

(1) 采用伺服圆形平动。这种加工方法简单，缺点是六角形的角将不是尖角（圆角半径的大小取决于平动半径的大小），对于形状要求不高的零件可采用。

(2) 在程序中设置一个角一个角地去打（规定要打角的角度），这种加工方法效率相对低。

(3) 多电极加工。这种方法需要做多个电极，且每个电极都需要校正（有自动换电极功能的机床不需要校正），较麻烦。优点是各孔的加工质量较高。

本例采用单电极伺服圆形平动加工方法。

三、相关知识

下面介绍锥度零件的切割方法。

1）尺寸平面

带锥度的零件切割时，由于不同高度处截面上的尺寸大小不一样，但总有一个高度截面上的尺寸要符合图纸要求，这就是尺寸平面，也叫程序面，编程时就是以此面上的尺寸为准来绘图。图 3-3-10 所示程序面 H 带锥度的零件切割完后为了能保证编程面尺寸，则要给计算机一个高度参数，即程序面距工件底面的高度，图 3-3-10（a）所示 H 高度。如果 H 为零，则保证的是工件下表面的尺寸，如果 H 等于工件厚度，则保证的是工件上表面的尺寸。此高度如果设置不准确，切出的直口与锥面交接处会出现高低不平的现象，如图 3-3-10（b）所示。

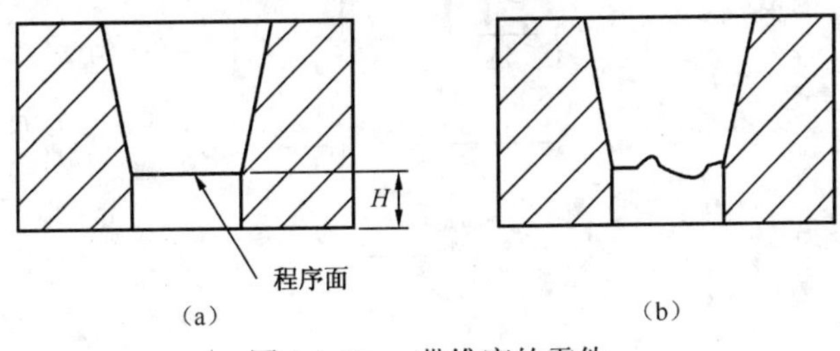

图 3-3-10　带锥度的零件

2）尺寸误差的调整

如果锥度零件切割完后，程序面上的尺寸偏大或偏小，则要人为调整高度参数 H 值。例如图 3-3-11 所示的情况，切一个凸模，锥度上小下大，保证底面的尺寸，实际切割的零件底面尺寸偏大。处理方法如下述：

可把程序面高度设定的低一点，此时计算机认定的高度就降低了，保证的尺寸面就比实际位置低一点，按其上小下大的关系，在零件底面的实际位置形成的尺寸就会小一点。要把程序面的高度设定的低一点，可通过把 h 值减小一点，H 值增大一点的方法实现。具体增大、减少多少按 $\Delta h=\Delta X/\tan A$ 进行计算。其中，ΔX 为直径方向尺寸误差的一半；$\tan A$ 为所切锥度的正切值。

高度参数调整不同的机床方法也不同，有的机床在程序中用高度参数指定，有的机床在特定的屏幕下调整。XENON 是在配置页通过调整上、下导丝嘴距台面的高度参数实现的。

四、任务实施

变锥度加工

材料：Cr12，丝：Brass 0.25 mm，工件厚度：30 mm，锥度：2°。

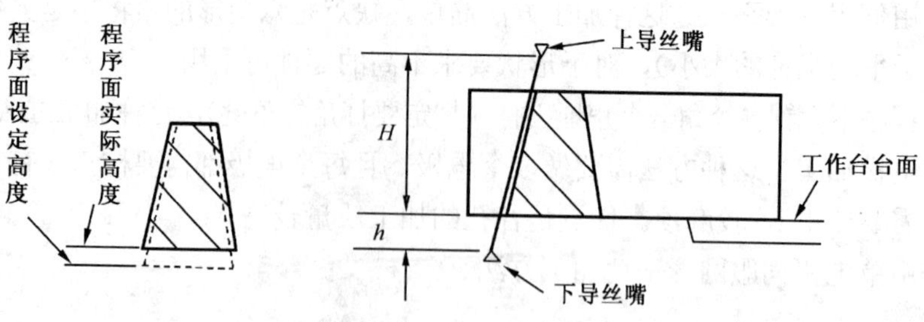

图 3-3-11　尺寸误差调整

1）CAD 绘图（见图 3-3-12）

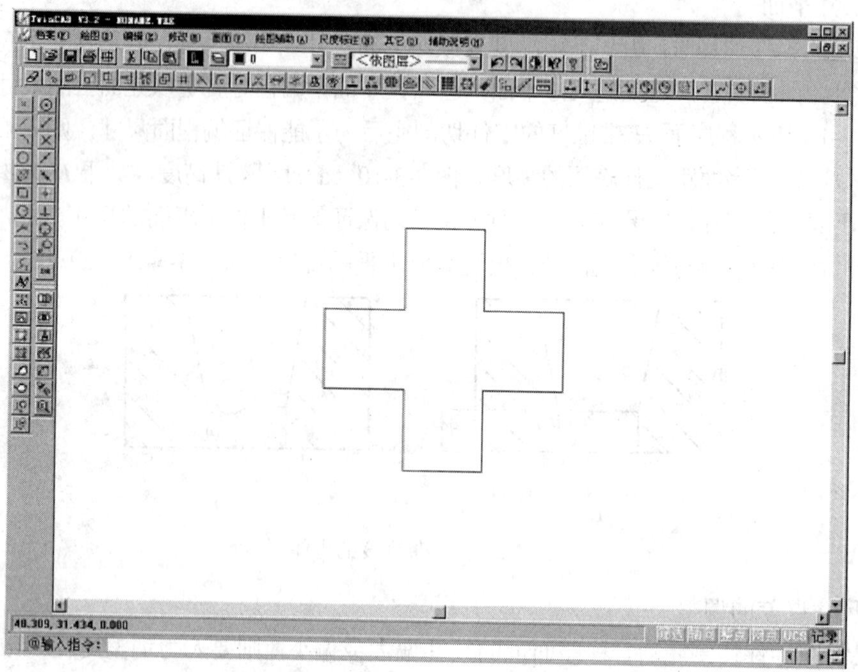

图 3-3-12　CAD 绘图

（1）按【Alt+Tab】组合键进入 TwinCAD。

（2）按照图样尺寸在 TwinCAD 内进行图形绘制。

（3）图形完成后进行串接，要求图形串接成一条复线。

2）程序转化

（1）单击 TCAM 按钮或输入 WTVCAM 后按【Enter】键。

（2）参数设定。单击下端的 S 按钮，进入参数设定栏，在此栏内单击“冲块”然后单击其他按钮，打开一小窗口如图 3-3-14 所示。

斜度指定之角度方向，表示控制。

选择“正值角度表示了开口向上”。单击两次后确定。

（3）路径设置如图 3-3-13～图 3-3-15 所示。

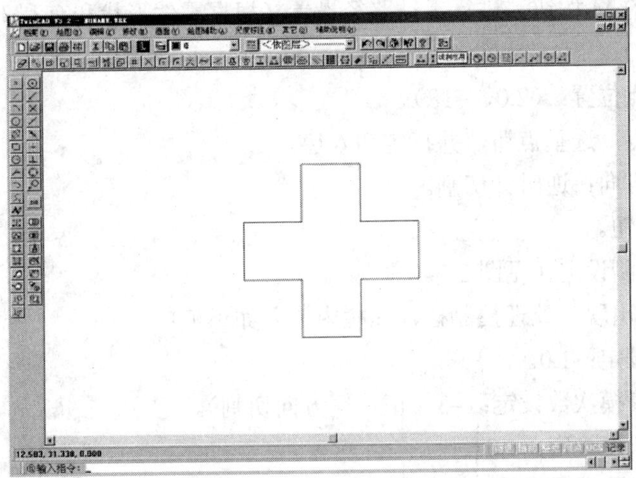

图 3-3-13　程序转化

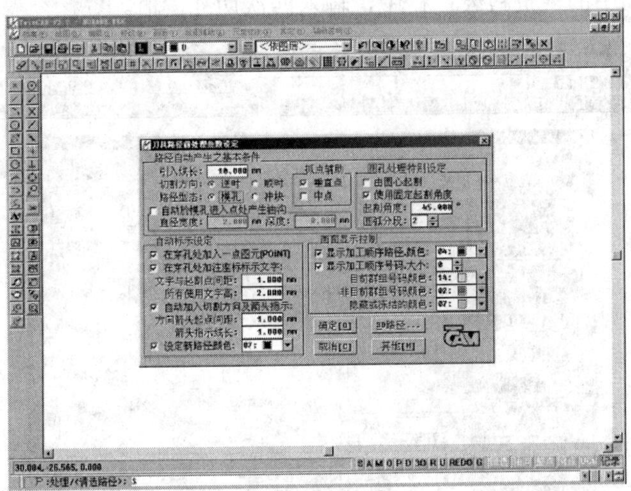

图 3-3-14　参数设定一

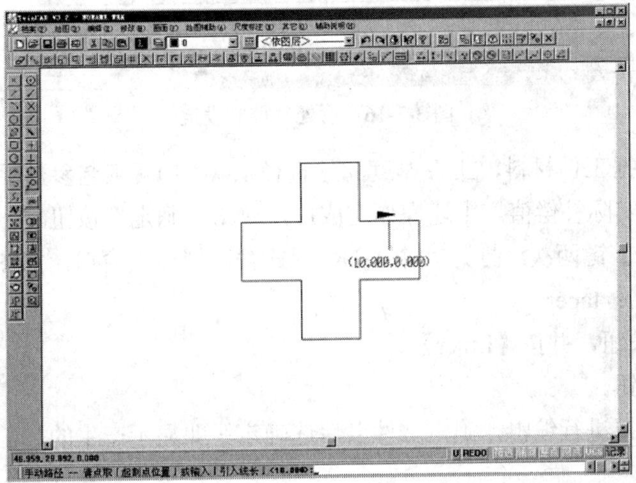

图 3-3-15　参数设定二

① 单击下端的 M 按钮，进行手动路径设置（根据零件形状和有利于减小变形的位置确定）。

② 输入起割点位置：(2.0，–18)。

③ 输入切入点：选垂点钮，并指定切入边。

④ 指定切割方向：逆时针切割。

（4）单击 P 按钮。

（5）后处理控制设定（见图 3-3-16）。

单击 S 按钮，出现后处理控制栏，在栏内输入如下值：

① 趋近长度设定：1.0。

② 多次加工修模次数设定：–3（正、反方向切割）。

③ 割线脱离长度设定：1.0。

④ 切断前暂停预留量设置：上限设定值 3.0 下限设定值 3.0 选定后单击“确定”按钮。

⑤ 在以下画面中的“资料表”栏中，输入四次切补偿值。

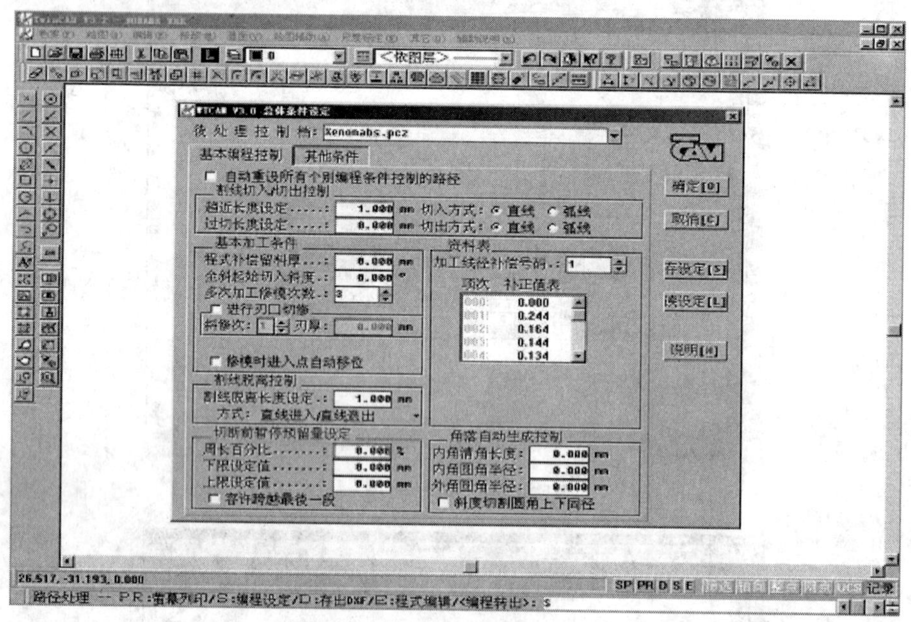

图 3-3-16　后处理控制设定

注：用户需根据工件材料，工件厚度和丝直径从 CF20《工艺参数手册》中的相应的表中查得四次切割的实际补偿值。上述操作完成后，单击“确定”按钮。

（6）按【Enter】键两次，打开“输入 NC 程式输入档名”窗口，如图 3-3-17 所示。

① 输入文件名：taper。

② 单击保存按钮，并按【Enter】键。

（7）单击 P 按钮。

（8）单击 E 按钮进行编辑，确定文件名后选确定钮即显示产生的加工程序，如图 3-3-18 所示。

（9）将程序存入硬盘或软盘。

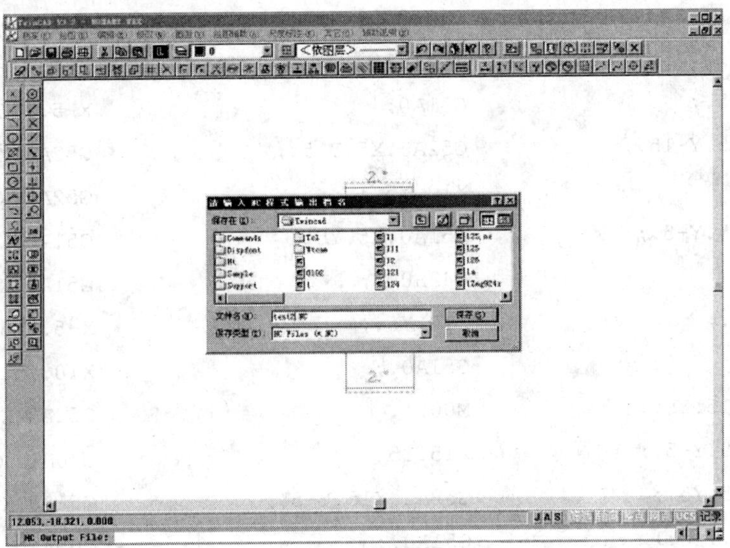

图 3-3-17　“输入 NC 程式输入档名”窗口

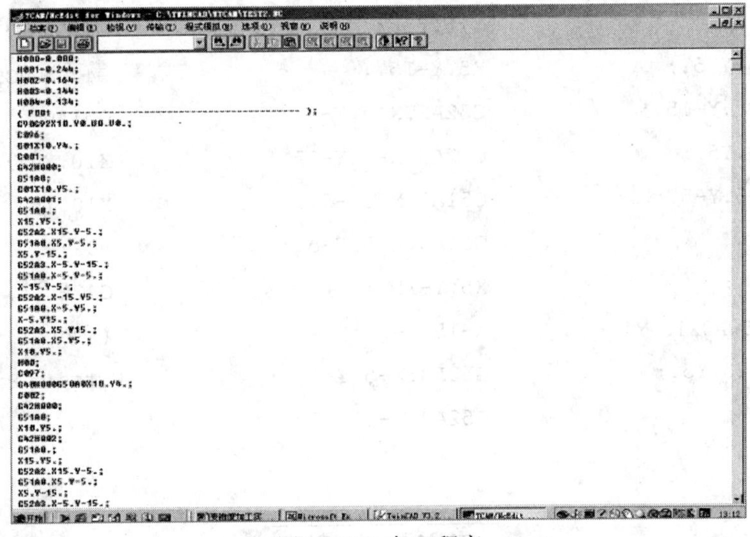

图 3-3-18　加工程序

3）生成程序

```
H000=0.000;
C097;
H001=0.244;
G40H000G50A0X10.Y4.;
H002=0.164;
C002;
H003=0.144;
G42H000;
H004=0.134;
G51A0;
(P001 ------- );
X10.Y5.;
G90G92X10.Y0.U0.V0.;
G42H002;
C096;
G51A0.;
G01X10.Y4.;
X15.Y5.;
C001;
G52A2.X15.Y-5.;
G42H000;
```

```
G51A0.X5.Y-5.;
G51A0;
X5.Y-15.;
G01X10.Y5.;
G52A3.X-5.Y-15.;
G42H001;
G51A0.X-5.Y-5.;
G51A0.;
X-15.Y-5.;
X15.Y5.;
G52A2.X-15.Y5.;
G52A2.X15.Y-5.;
G51A0.X-5.Y5.;
G51A0.X5.Y-5.;
X-5.Y15.;
X5.Y-15.;
G52A3.X5.Y15.;
G52A3.X-5.Y-15.;
G51A0.X5.Y5.;
G51A0.X-5.Y-5.;
X10.Y5.;
X-15.Y-5.;
G40H000G50A0X10.Y4.;
G52A2.X-15.Y5.;
C003;
G51A0.X-5.Y5.;
G42H000;
X-5.Y15.;
G51A0;
G52A3.X5.Y15.;
X10.Y5.;
G51A0.X5.Y5.;
G42H003;
X10.Y5.;
G51A0.;
M00;
X15.Y5.;
G52A2.X15.Y-5.;
G51A0.;
G51A0.X5.Y-5.;
X15.Y5.;
X5.Y-15.;
G52A2.X15.Y-5.;
G52A3.X-5.Y-15.;
G51A0.X5.Y-5.;
G51A0.X-5.Y-5.;
X5.Y-15.;
X-15.Y-5.;
G52A3.X-5.Y-15.;
G52A2.X-15.Y5.;
G51A0.X-5.Y-5.;
G51A0.X-5.Y5.;
X-15.Y-5.;
X-5.Y15.;
G52A2.X-15.Y5.;
G52A3.X5.Y15.;
G51A0.X-5.Y5.;
G51A0.X5.Y5.;
X-5.Y15.;
X10.Y5.;
G52A3.X5.Y15.;
G40H000G50A0X10.Y4.;
G51A0.X5.Y5.;
C004;
X10.Y5.;
G42H000;
G40H000G50A0X10.Y4.;
G51A0;
X10.Y0.;
X10.Y5.;
M02;
G42H004;
( Total Length Of
Cutting Path = 125. );
```

思考与练习题

简述变锥度零件的加工方法。

任务三　上下异形加工实例

任务说明

读懂慢速走丝电火花线切割加工上下异形实例的图样，运用慢速走丝电火花线切割加工上下异形的零件。

知识点

- 运用慢速走丝电火花线切割加工上下异形的零件。
- 影响加工精度的因素。

一、任务引入

图 3-3-19 所示为上下异形零件图，其材料为 Cr12MoV 钢。尺寸如图 3-3-19 所示，被电火花加工的表面粗糙度 *Ra* 值为 1.6 μm，零件上表面的表面粗糙度 *Ra* 值为 0.8 μm，内孔的表面粗糙度 *Ra* 值为 3.2 μm，零件其余表面粗糙度 *Ra* 值均为 6.3 μm。

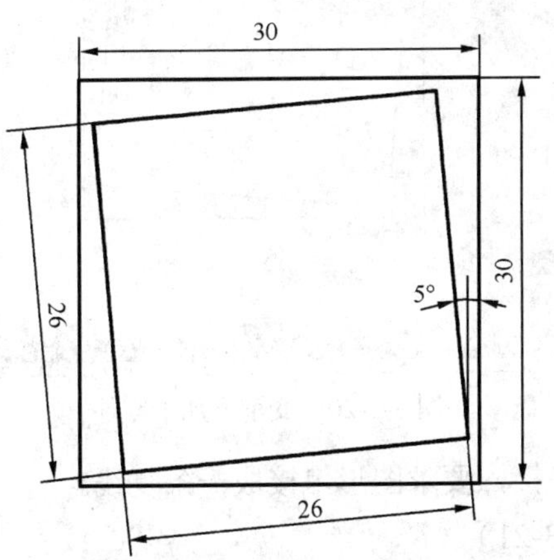

图 3-3-19　上下异形加工实例图

二、任务分析

由图 3-3-19 可知，该钢材有较好的淬透性、热硬性、一定的韧性。零件锥度为 5°、异形段为 26 mm。按照图示先加工不带上下异形孔的直壁孔，然后通过线切割加工上下异型孔。

三、相关知识

下面介绍偏移量调整的相关知识。

零件的放电参数和偏移量是根据参数表确定的，但实际加工时因机床的工作状态、材料、环境等因素的影响，会造成成形尺寸的差异，因此实际加工时为了确保尺寸，最好是先切一个小四方或小圆测量一下尺寸，根据实际尺寸调整偏移量。

如果切的是凸模，尺寸偏大则要调小偏移量；如果切的是凹模，尺寸偏大则要调大偏移量。若加工时修切时最后一次放电状态不稳定，则要调整上次的偏移量以减小最后一次的修切量。

四、任务实施

材料：Cr12，丝：Brass 0.25 mm，工件厚度：30 mm，锥度：2°。

1）CAD 绘图（见图 3-3-20）

（1）按【ALT+Tab】组合键进入 TwinCAD。

（2）按照图样尺寸在 TwinCAD 内进行图形绘制。

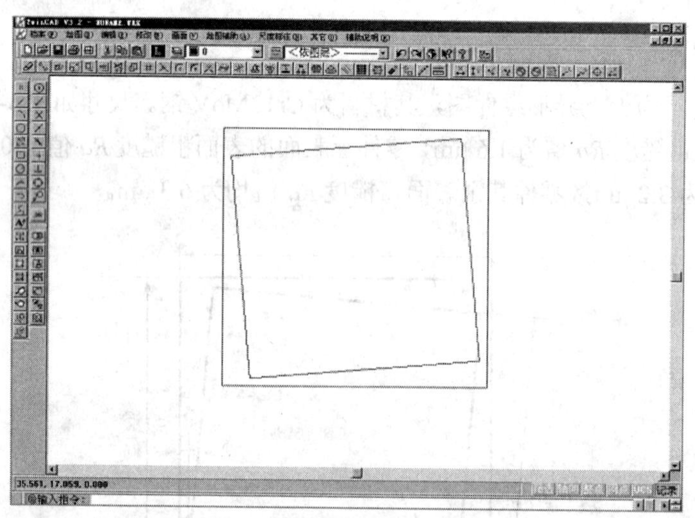

图 3-3-20　变锥度加工零件

（3）图形完成后进行串接，要求图形串接成一条复线。

2）程序转化（见图 3-3-21）

（1）单击 TCAM 按钮或输入 WTVCAM 并按【Enter】键。

（2）参数设定。

单击下端的 S 按钮，进入参数设定栏，在此栏内单击“冲块”按钮后单击其他按钮，打开一小窗口如图 3-3-22 所示。

斜度指定之角度方向表示控制。

选择“正值角度表示了开口向上”。单击两次确定。

（3）路径设置（见图 3-3-23）。

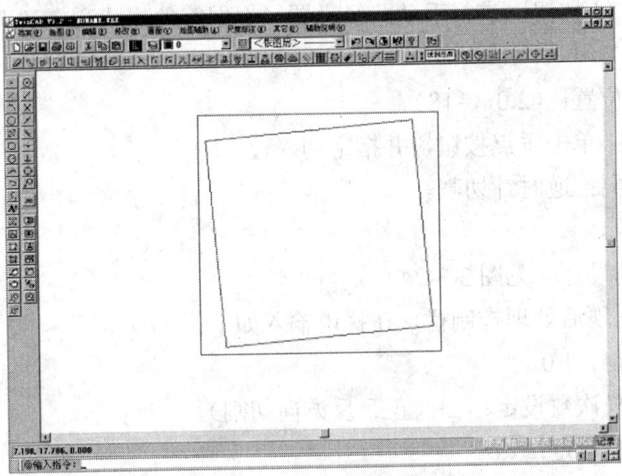

图 3-3-21　变锥度加工零件

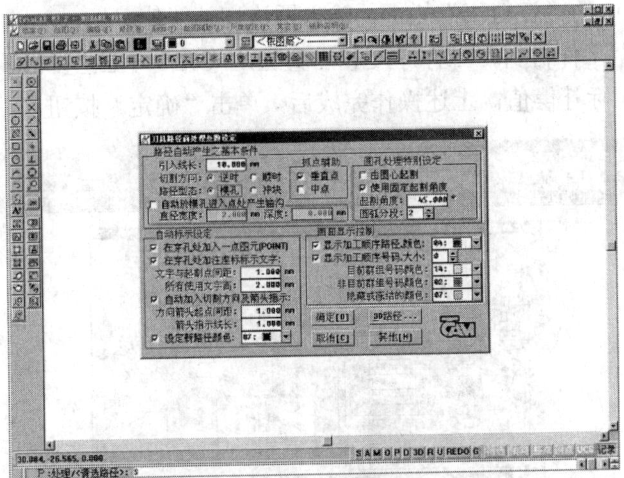

图 3-3-22　参数设定

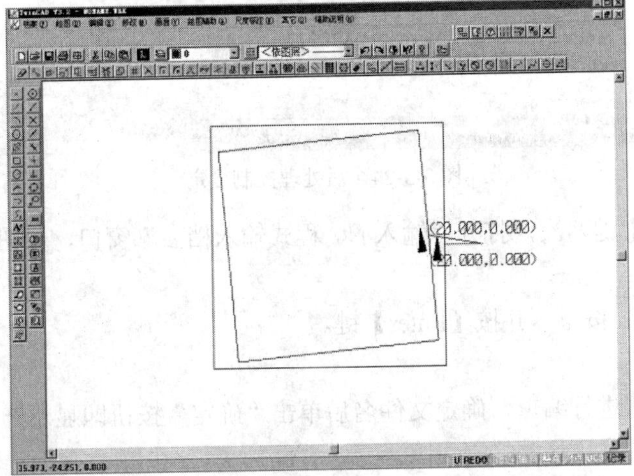

图 3-3-23　路径设置

① 单击下端的 M 按钮，进行手动路径设置（根据零件形状和有利于减小变形的位置确定）。

② 输入起割点位置：(2.0，–18)。

③ 输入切入点：单击垂点按钮，并指定切入边。

④ 指定切割方向：逆时针切割。

（4）单击 P 按钮。

（5）后处理控制设定（见图 3-3-24）。

单击 S 按钮，出现后处理控制栏，在栏内输入如下值：

① 趋近长度设定：1.0。

② 多次加工修模次数设定：–3（正、反方向切割）。

③ 割线脱离长度设定：1.0。

④ 切断前暂停预留量设置：上限设定值 3.0 下限设定值 3.0 选定后单击“确定”按钮。

⑤ 在以下画面中的“资料表”栏中，输入四次切补偿值。

注：用户需根据工件材料，工件厚度和丝直径从 CF20《工艺参数手册》中的相应的表中查得四次切割的实际补偿值。上述操作完成后，单击“确定”按钮。

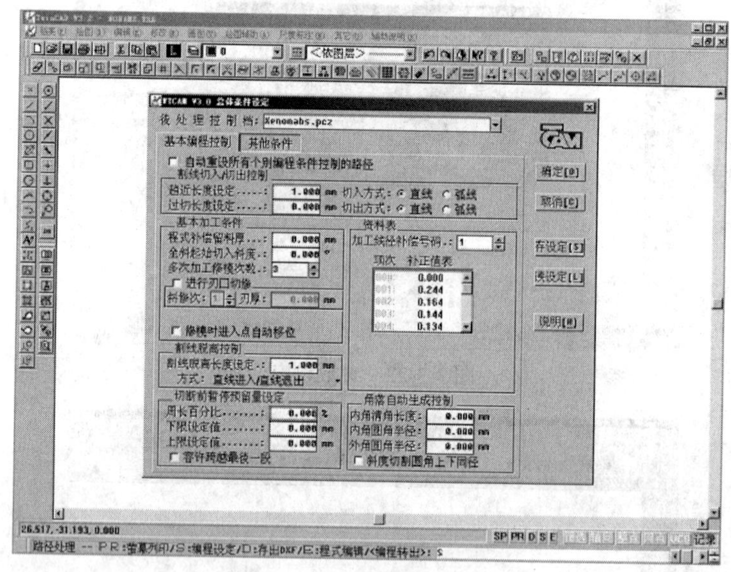

图 3-3-24　后处理控制设定

（6）按【Enter】键两次，打开“输入 NC 程式输入档名”窗口，如图 3-3-25 所示。

① 输入文件名：taper。

② 单击“保存”按钮，并按【Enter】键。

（7）单击 P 按钮。

（8）单击 E 按钮进行编辑，确定文件名后单击“确定”按钮即显示产生的加工程序，如图 3-3-26 所示。

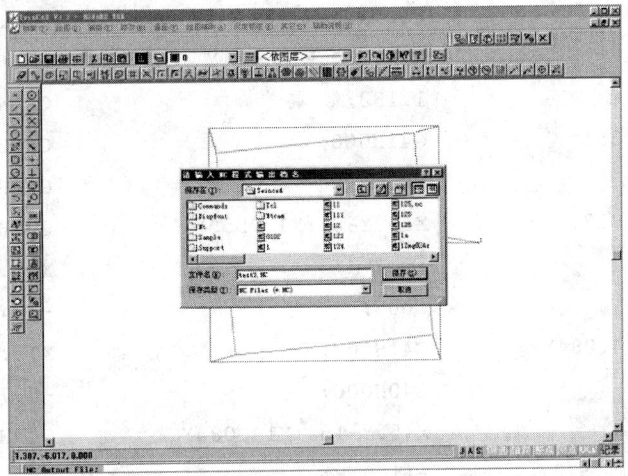

图 3-3-25　“输入 NC 程式输入档名”窗口

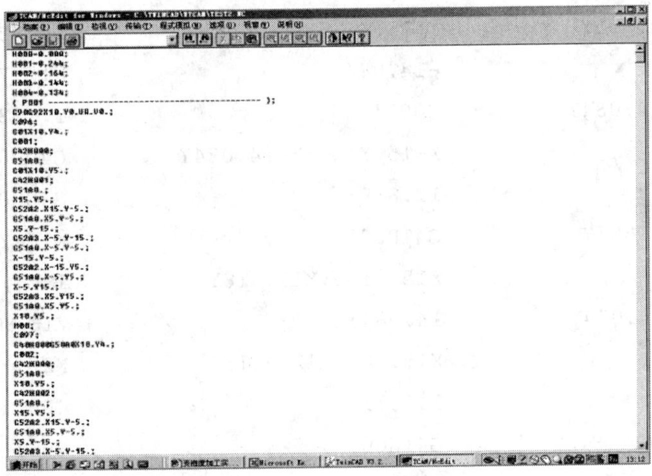

图 3-3-26　生成程序

（9）将程序存入硬盘或软盘。

3）生成程序

```
H000=0.000;
X15.Y0.:X12.951Y1.133;
H001=0.244;
G40H000;
H002=0.164;
X16.Y0.:X13.947Y1.22;
H003=0.144;
C003;
H004=0.134;
G42H000;
(P001 ---- );
X15.Y0.:X12.951Y1.133;
G90G92X20.Y0.U0.V0.;
G42H003;
C096;
X15.Y15.:X11.818Y
14.084;
G01X16.Y0.;
X-15.Y15.:X-14.084Y
11.818;
G61;
X-15.Y-15.:X-11.818Y
-14.084;
C001;
X15.Y-15.:X14.084Y
-11.818;
G42H000;
X15.Y-8.:X13.555Y
-5.774;
X15.Y0.:G01X12.951Y
```

```
1.133;
G40H000;
G42H001;
X16.Y-8.:X14.551Y
-5.687;
X15.Y15.:X11.818Y
14.084;
C004;
X-15.Y15.:X-14.084Y
11.818;
G41H000;
X-15.Y-15.:X-11.818Y
-14.084;
X15.Y-8.:X13.555Y
-5.774;
X15.Y-15.:X14.084Y
-11.818;
G41H004;
X15.Y-8.:X13.555Y
-5.774;
X15.Y-15.:X14.084Y
-11.818;
C097;
X-15.Y-15.:X-11.818Y
-14.084;
G40H000;
X-15.Y15.:X-14.084Y
11.818;
X16.Y-8.:X14.551Y
-5.687;
X15.Y15.:X11.818Y
14.084;
C002;
X15.Y0.:X12.951Y
1.133;
G41H000;
M00;
X15.Y-8.:X13.555Y
-5.774;
C004;
G41H002;
G40H000;
X15.Y-15.:X14.084Y
-11.818;
X16.Y0.:X13.947Y1.22;
X-15.Y-15.:X-11.818Y
-14.084;
C001;
X-15.Y15.:X-14.084Y
11.818;
G41H000;
X15.Y15.:X11.818Y
14.084;
X15.Y0.:X12.951Y
1.133;
G41H001;
X15.Y-8.:X13.555Y
-5.774;
X15.Y-8.:X13.555Y
-5.774;
G40H000;
G40H000;
X16.Y-8.:X14.551Y
-5.687;
X16.Y-8.:X14.551Y
-5.687;
C004;
C002;
G42H000;
G42H000;
X15.Y-8.:X13.555Y
-5.774;
X15.Y-8.:X13.555Y
-5.774;
G42H004;
G42H002;
X15.Y0.:X12.951Y
1.133;
X15.Y0.:X12.951Y
1.133;
G40H000;
G40H000;
X16.Y0.:X13.947Y
1.22;
X16.Y0.:X13.947Y1.22;
X20.Y0.:X20.Y0.;
C003;
G60;
G41H000;
M02;
X15.Y0.:X12.951Y
1.133;
( Total Length Of
Cutting Path = 125. );
G41H003;
```

思考与练习题

1. 简述上下异型零件的加工方法。
2. 影响慢速走丝加工精度的因素有哪些？

任务四　齿轮加工实例

任务说明

读懂慢速走丝电火花线切割加工齿轮实例的图样，运用慢速走丝电火花线切割加工齿轮零件。

知识点

- 运用慢速走丝电火花线切割进行齿轮加工。
- 高低压冲水的应用。

一、任务引入

图 3-3-27 所示为齿轮零件图，材料为 Cr12MoV 钢。齿轮型态为外齿轮，节圆直径 96 mm，全齿轮齿数 48，模数 2，压力角 20°，齿面分段系数 2。

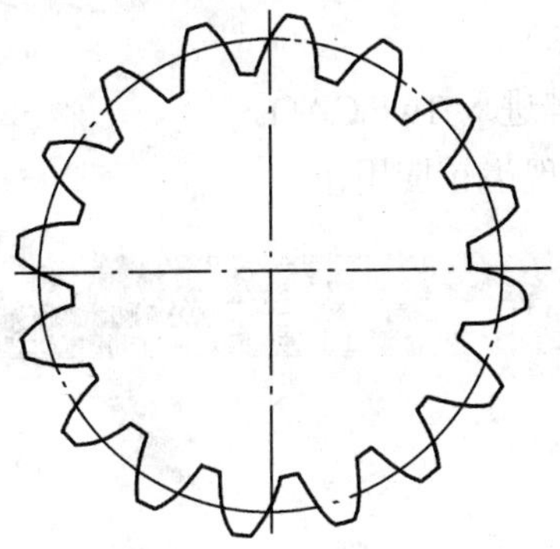

图 3-3-27　齿轮零件图

二、任务分析

XE 系统自带齿轮加工的参数，根据加工提示设置好参数对齿轮进行加工。

三、相关知识

下面介绍慢走丝电火花线切割中高低压冲水的应用。

慢走丝切割对冲水条件要求很高，不像快走丝机只要有工作液流在工件的切割部位就能满足要求，而要用高压水把切缝内的废屑冲掉，保证切缝干净，否则加工效率会降低很多，如果放电参数调节不好还会很容易断丝。

慢走丝一般要进行多次切割，就冲水条件而言，由于第一次切割要去掉绝大部分的材料，所以第一次切割要用较强的放电参数，因此对第一次的冲水要求压力要高，第二次以后为修切，材料去除量很小，所以不用高压水，用低压水就能满足要求。

为了保证第一次切割时高压水能有效的冲入切缝，则上下喷嘴要贴于工件表面，而且喷嘴周围要有材料，当喷嘴沿着工件的边缘切割时，由于水未封住，大量的水会沿边缘泄漏，此时即使水的压力很大，高压水也不能用效的冲入切缝。所以慢走丝沿边缘切割或引入切割或喷嘴不能贴于工件表面的这些情况下，均应降低放电参数以防断丝。有效冲水时喷嘴距工件表面的距离应控制在 0.1 mm 左右。

鉴于慢走丝切割对高压冲水有很高的要求，因此切割前的坯料要尽量做成有利于冲水要求的形状。例如坯料做成板料，多个零件排料在一个板料上有利于相互借用余料装夹；不论凸凹模尽量从小的穿丝孔开始切割；切割前先加工一下，留 1～2 mm 的余量再让慢走丝切割，这样的话很难让高压水有效地冲入切缝，如果要以留量的方式来切割，则留量要尽量小，切割时要让丝能露在外面切割。

对于加工表面不平的零件，如圆柱状的表面，台阶状的表面，则要降低放电参数中的能量，一般为电流 I 和功率 P，降低幅值以不易断丝为准。另外如果喷嘴是贴在工件表面上切割的，但路径上存在孔之类的型腔造成断续切割和边缘切割，当切割到此处时也要适当降低 I 和 P 以防断丝。

四、任务实施

材料：Cr12，丝：Brass 0.25 mm，工件厚度：50 mm。

1）CAD 绘图（见图 3-3-28）

（1）按【ALT+Tab】组合键进入 TwinCAD。

（2）单击 TCAM 按钮，出现齿轮应用钮。

图 3-3-28　CAD 绘图

（3）单击“齿轮应用”按钮，即打开齿轮参数设定窗口（见图 3-3-29）。

在此窗口设置如下参数：

齿轮型态：外齿轮。

节圆直径：96。

全齿轮齿数：48。

模数：2。

压力角：20°。

齿面分段系数：2。

完成上述设定，单击“确定”按钮。

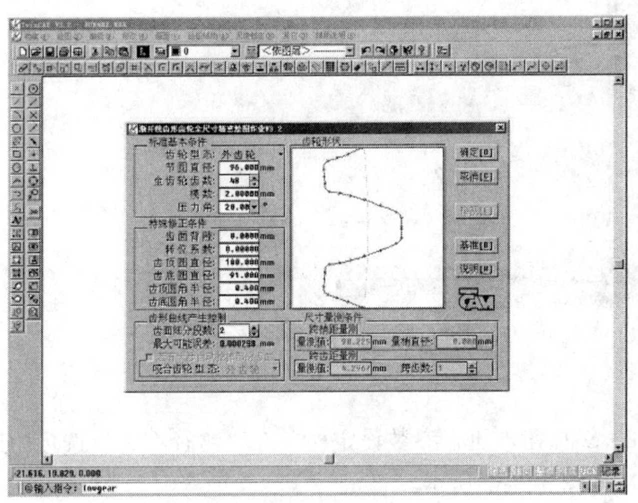

图 3-3-29　选择齿轮参数

（4）屏幕下方出现提示如下：

请指定齿轮的中心位置：（0，0）。（输入齿轮中心坐标），按【Enter】键输入齿轮起始角度：默认值为 0，按【Enter】键。输入所需齿数：默认值为 48（设置齿数），按【Enter】键。显示出设定的齿轮图形如图 3-3-30 所示。

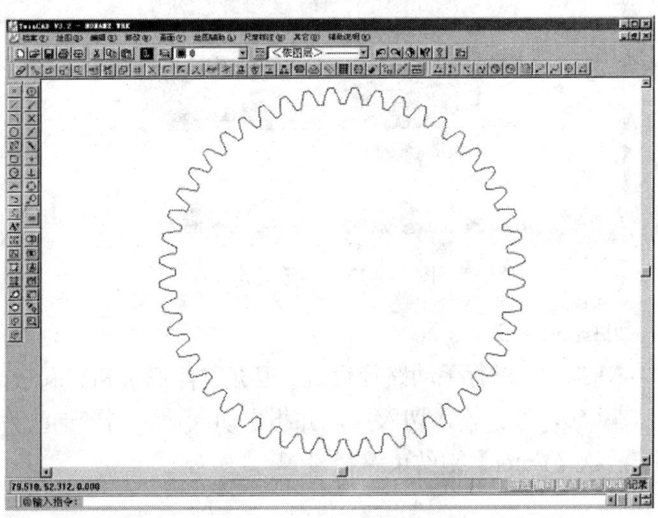

图 3-3-30　齿轮图形

2）程序转化

（1）单击 TCAM 按钮或输入 WTVCAM 后按【Enter】键，如图 3-3-31 所示。

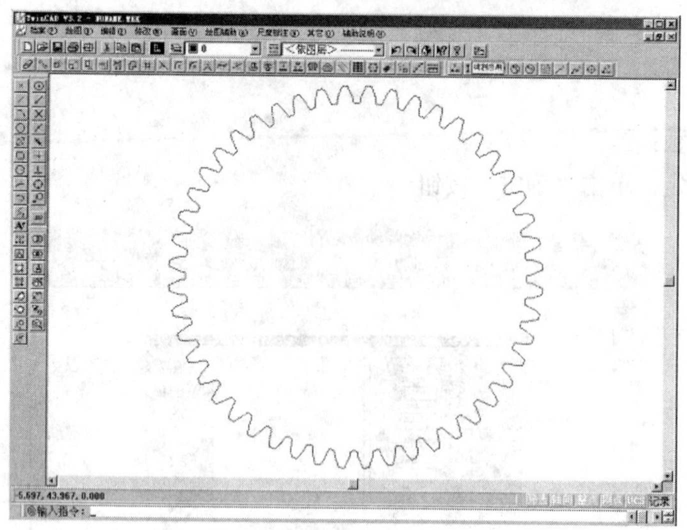

图 3-3-31　程序转化

（2）参数设定。

单击屏幕下方的 S 按钮，进入参数设定栏。在“路径型态”选项中选择“冲块”，然后单击“确定”按钮，如图 3-3-32 所示。

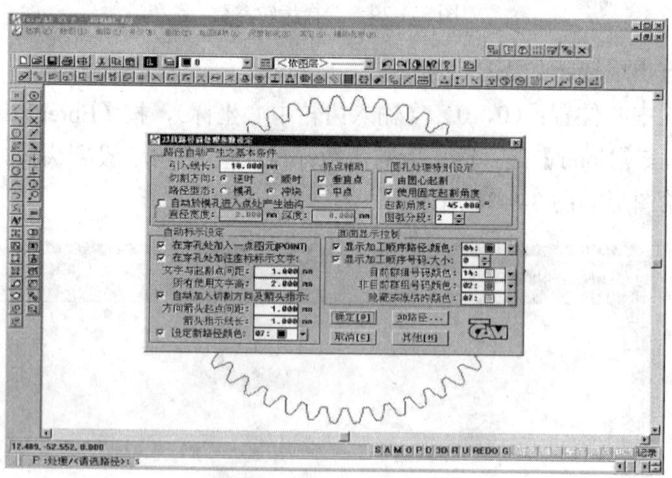

图 3-3-32　参数设定

（3）路径设置（见图 3-3-33）。

单击屏幕下方的 M 按钮，进行手动路径设置（根据零件形状和有利于减少变形的位置确定），输入起割点位置（60，0）。输入切入点，并指定切入边。指示切割方向：顺时针切割。上述操作完成后，按两次【Enter】键结束路径设置。

（4）单击 P 按钮。

（5）后处理控制设定（见图 3-3-34）。

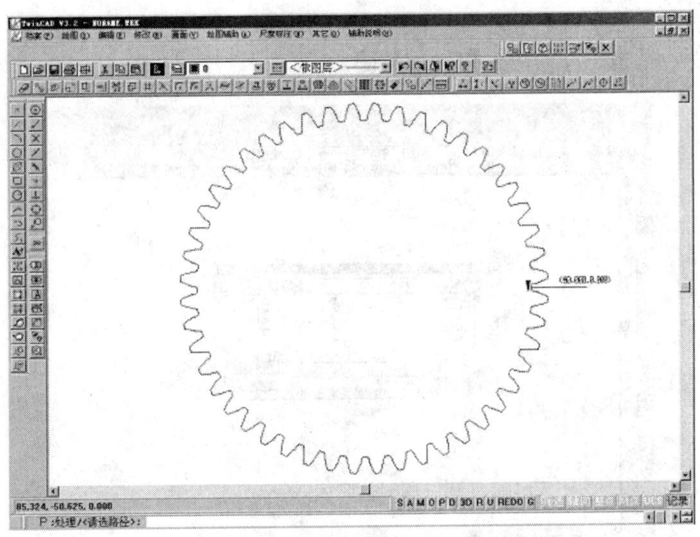

图 3-3-33　路径设置

单击 S 按钮，出现后处理控制栏，在栏内输入如下值：

① 趋近长度设定：1.0。

② 多次加工修模次数设定：–3（正、反方向切割）。

③ 割线脱离长度设定：1.0。

④ 切断前暂停预留量设置：上限设定值 50，下限设定值 50 选定后单击“确定”按钮。

⑤ 在以下画面中的“资料表”栏中，输入四次切补偿值。

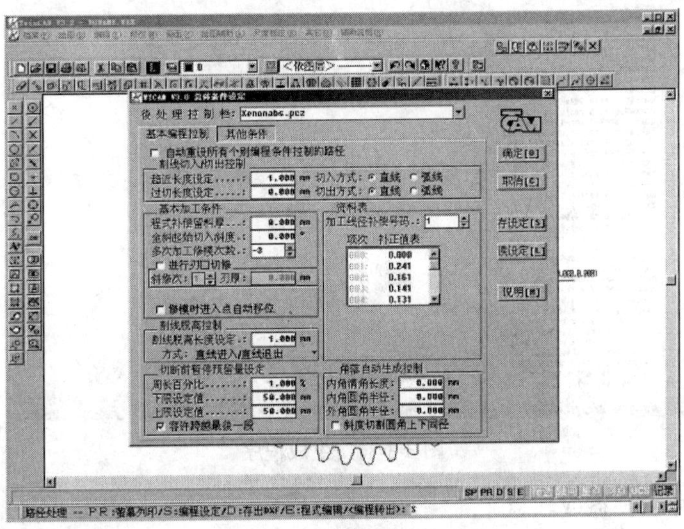

图 3-3-34　后处理控制设定

注：用户需根据工件材料，工件厚度和丝直径从 CF20《工艺参数手册》中的相应的表中查得四次切割的实际补偿值。上述操作完成后，单击“确定”按钮。

（6）按【Enter】键两次，打开“请输入 NC 程式输出档名”窗口，如图 3-3-35 所示。

① 输入文件名：test。

② 单击“保存”按钮，并按【Enter】键。

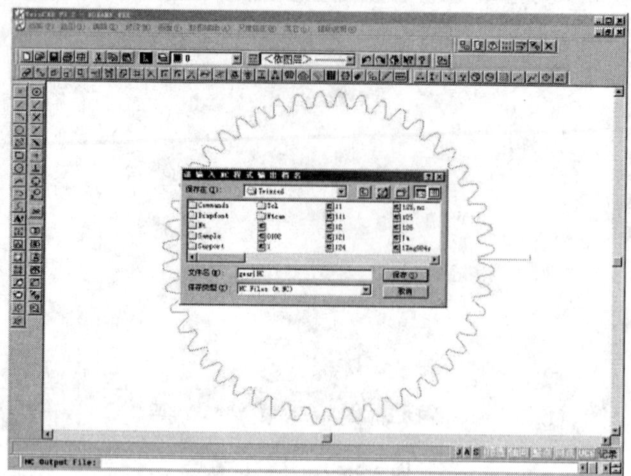

图 3-3-35 “请输入 NC 程式输出档名”窗口

（7）单击 P 按钮。

（8）单击 E 按钮进行编辑，确定文件名后单击“确定”按钮即显示产生的加工程序，如图 3-3-36 所示。

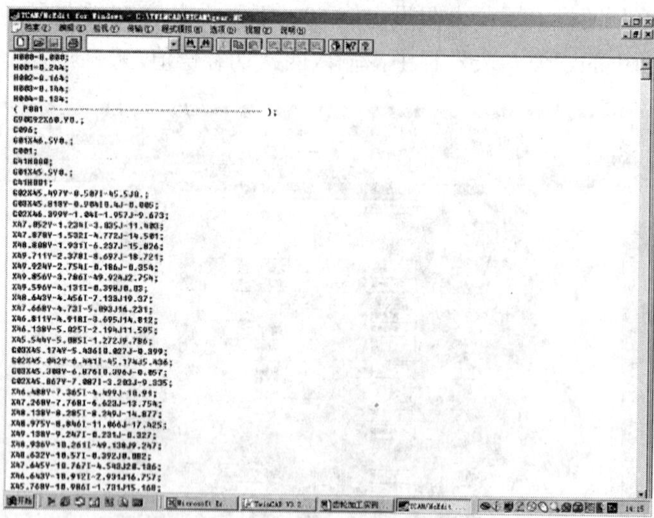

图 3-3-36 生成程序

（9）将程序存入硬盘或软盘。

思考与练习题

1．高低压冲水的应用在什么场合，如何运用？

2．慢速走丝电火花线切割如何加工齿轮？

第四部分　电火花穿孔加工

项目一　电火花小孔机加工的原理及保养

任务一　电火花小孔机加工原理

任务说明

掌握电火花穿孔加工的原理，熟悉电火花加工机床的特点及基本组成部分的功用。

知识点

- 电火花穿孔加工产生的背景。
- 电火花穿孔加工的原理。
- 电火花小孔机的组成部分。

一、任务引入

在前面章节里我们学习使用了数控线切割机床，线切割机床在加工型腔时，必须在加工前先加工好穿丝孔。当加工的型腔较小的时候，尤其是型腔最大尺寸小于 3 mm 时，在实际加工时就很难用钻削方式加工。我们这时可以选择用电火花小孔机加工。在这一任务中我们将首先熟悉电火花穿孔加工的原理及小孔机的结构等。

二、任务分析

虽然电火花穿孔加工机床各式各样，但其加工原理及机床基本组成部分都是一样的。因此我们只需要掌握其一种类型，以便能在实践操作中举一反三。

三、相关知识

随着电子工业的飞速发展，以及模具行业对小孔加工的日益增多，不仅要求能加工小孔，还要求加工的小孔精度高、速度快、控制性能好，因此传统的手动小孔机已不能适应现代加工工艺的需要，全功能数控告诉电火花小孔机应运而生，这种小孔机从加工性能，加工精度、操作方便性等方面，都是手动加工机床无法比拟的，它将代替手动小孔机，成为模具行业必需的一种加工设备。

小孔机又称电火花穿孔机，如图 4-1-1 所示，属于电火花加工机床的一种。在机械制造业中，内表面的加工与外表面的加工是比较困难的，尤其是微孔、孔系、深孔小孔的加工，以及在超硬材料上的孔加工，一直是加工工艺上难以解决的问题。因为使用普通的金属切削加工是难以完成这样的加工的。

根据电火花加工的特点，在加工的过程中没有宏观作用力的产生，电极不受其刚性限制等特点，利用电火花进行微孔、孔系、深小孔的加工，以及在超硬材料上的孔加工，是首选的加工手段。

图 4-1-1　电火花小孔机

1. 火花穿孔加工的原理

电火花穿孔加工是遵循电火花成形加工的原理进行的。由于小孔、深孔的加工工艺深度主要表现在加工过程中电蚀物排除困难，为了解决这一困难，电火花穿孔加工必须采用特殊的工艺手段。

（1）为了解决电蚀物排除问题，必须加强工作液的循环，使用中控管状电极，通入高压高速流动的工作液。

（2）电极在加工过程中做匀速旋转，电极端面损耗均匀，以消除电火花加工时电极震颤带来的影响。

（3）电极在伺服系统的作用下，以高于成形加工技术的速度，进行轴向进给运动。由于高压高速工作液能迅速将电蚀物排出加工区域，从而为加大电火花加工的蚀除速度创造了有利条件。因此电火花穿孔加工的速度大大高于电火花成形加工，一般情况下蚀除的速度为

20～60mm/min，比机械钻孔加工要快许多。该方法特别适合于直径在 0.3～3 mm 的小孔加工，而且其深径比可达 300∶1。

2. 孔机的结构及其工作原理

1）小孔机的结构

小孔机主要由主轴、旋转头、坐标工作台、机床电控系统和高压工作液循环等系统组成。如图 4-1-2 所示。

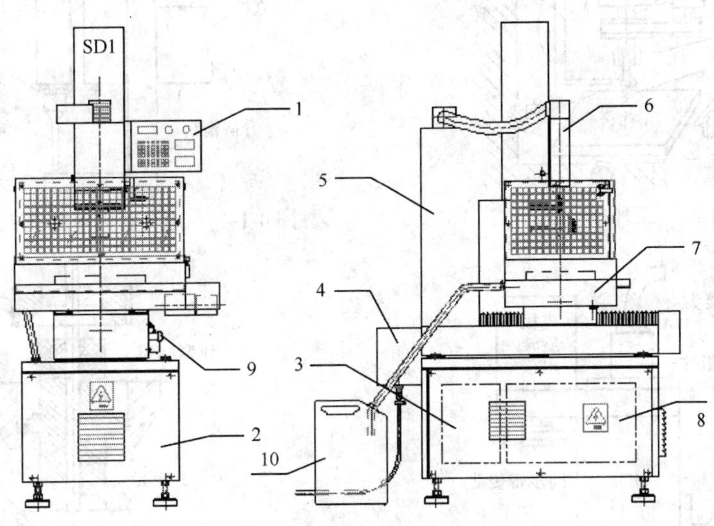

图 4-1-2　小孔机的基本机构

1—操作箱；2—底座部；3—高压泵；4—水箱；5—立柱部；

6—旋转轴；7—工作台部；8—电器系统；9—急停开关；10—废水桶

2）小孔机的工作原理

小孔机是利用连续移动的细金属（称为电极丝）做电极，对工件进行脉冲火花放电蚀除金属、切割成形。与电火花线切割机床、成形机不同的是，它的电脉冲电极是空心铜棒。介质从铜棒孔穿过与工件发生放电，腐蚀金属达到穿孔的目的，用于加工超硬钢材、硬质合金、铜、铝及任何可导电性物质的细孔，如图 4-1-3 所示。

3. 小孔机各部分的作用

1）主轴

主轴部分主要有升降滑台、主轴、密封系统和导向系统等组成，如图 4-1-4 所示。升降滑台装在主轴前方的导轨上，在升降滑台电动机的驱动下完成主轴的升降运动，当达到工作位置后，停机锁定。

管状电极在加工过程中是旋转的，其旋转原理如图 4-1-5 所示，它主要是通过旋转电动机带动其同步带传动机构来实现其旋转运动的。

电极在主轴上的安装如图 4-1-6 所示。安装时，一次将所需的电极、夹头、密封圈等组件组合好，放入主轴端部内孔，旋转压紧螺母即可。然后接通高压工作液，检验密封组件的密封效果。

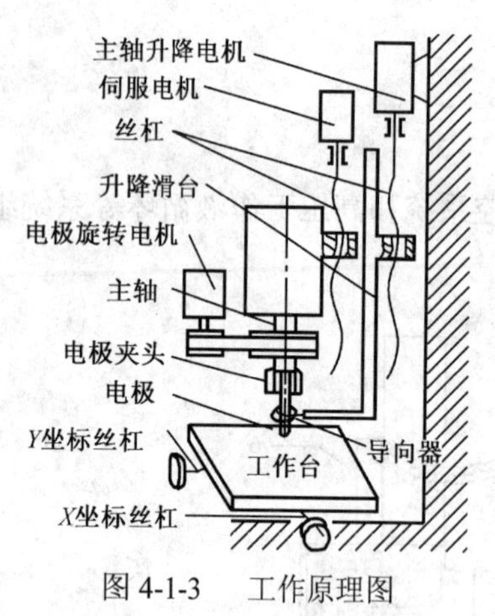

图 4-1-3　工作原理图

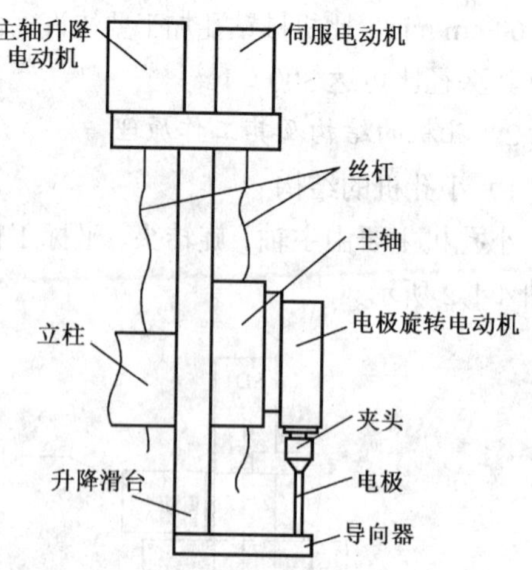

图 4-1-4　电火花高速穿孔机床主轴

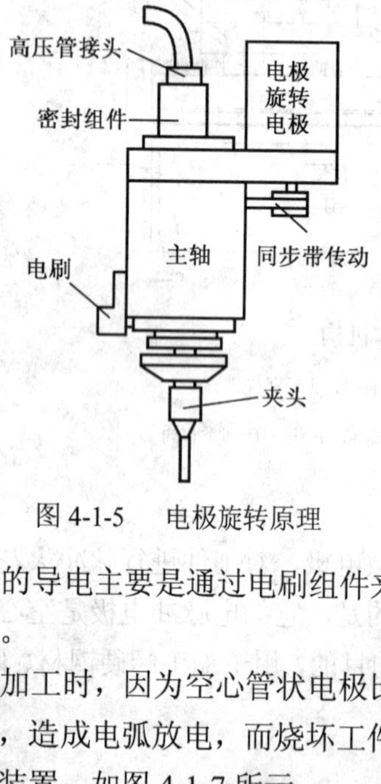

高压管接头
密封组件
电极
旋转
电极
主轴
同步带传动
电刷
夹头

图 4-1-5　电极旋转原理

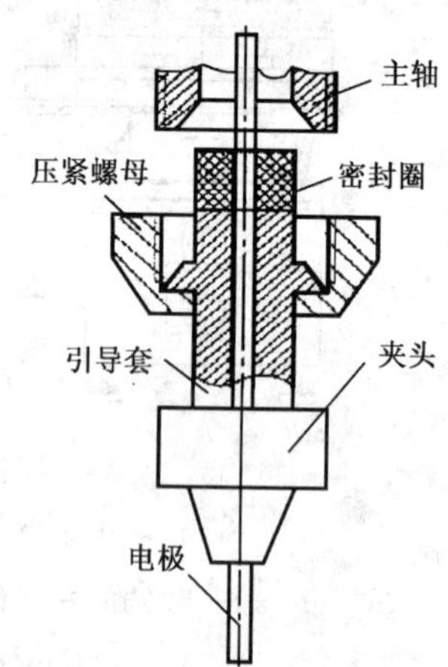

图 4-1-6　电极的安装

电极的导电主要是通过电刷组件来实现的，在安装时，应调整好电刷组件，保证加工时连续顺利。

穿孔加工时，因为空心管状电极比较细小，刚性很差，有可能在旋转进给过程中与工件电极相碰，造成电弧放电，而烧坏工件和电极，为了避免产生这种现象，必须为其制造一个进给导向装置，如图 4-1-7 所示。

2）高压作业的进给系统

该系统有工作液槽、过滤器、液压泵、压力控制阀以及循环管路系统组成。主要作用是将高压、高速的工作液通过管状电极送入深孔和小孔加工区域，强化电蚀物的排除，以保证加工精度和穿孔加工的顺利进行。

3）主轴伺服系统

在进行穿孔加工时，工件材料在加工区域不断地被蚀除，造成电极与工件之间的间隙增大，使放电加工无以为继。主轴进给伺服系统的主要作用就是在伺服电机的作用下，根据加工的时间速度，适时控制主轴带动电极向下做进给运动，保证断面放电间隙恒定，是加工过程连续稳定，如图 4-1-8 所示。

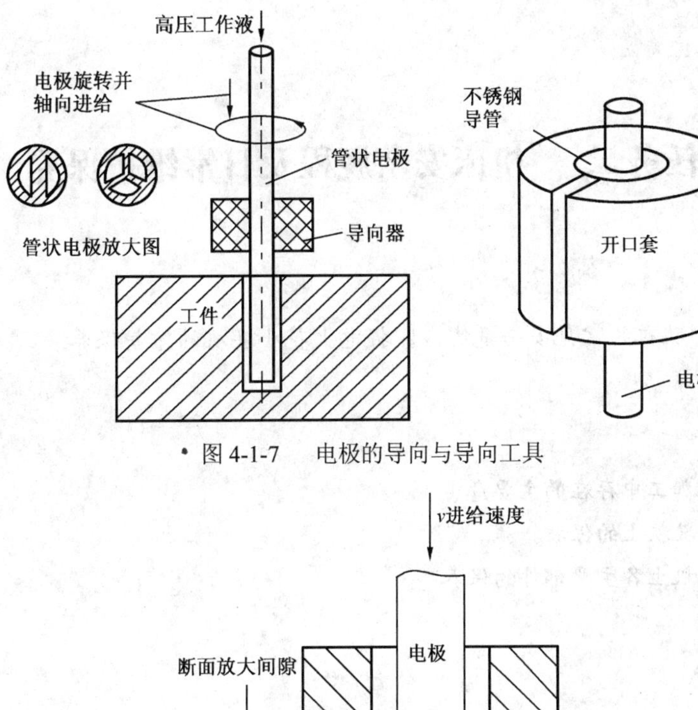

图 4-1-7　电极的导向与导向工具

图 4-1-8　端面放电间隙控制图

在选配不锈钢套管时，必须主要与电极的配合间隙，要做到不松不紧，使电极在进给时无卡阻现象，如果间隙太大，就起不到导向的作用了。

4）工作台

与电火花成形加工机床一样，通过控制 X、Y 两个方向的坐标值，准确地实现工件的找正。

思考与练习题

1．火花穿孔加工的特点是什么？

2．火花小孔机的主要构成有哪些？

3．火花小孔机上的主轴伺服系统的作用是什么？

任务二　机床安全规程及日常维护保养

任务说明

掌握电火花小孔机的常见安全危害，掌握电火花小孔机的维护保养。

知识点

- 电火花穿孔加工中存在的主要危害。
- 电火花穿小孔机上的保护措施。
- 电火花小孔机上各主要部件的保养。

一、任务引入

电火花小孔机作为特种加工解决了很多难以加工的困难，但其在加工过程中也难免会存在一些安全隐患。我们需要及时排除这些危害，同时也应懂得对机床的维护保养。只有这样才能保护操作者的人身安全，延长机床的使用寿命，提高产品的质量。

二、任务分析

根据电火花小孔机机床加工的特色，总结各种常见危害及各种保护措施。进一步得出电火花小孔机加工中的日常维护与保养要点。

三、相关知识

1. 电火花小孔机的安全规则

1）危害

最主要的危害如下：

（1）高电压的危害：有可能对机床操作者，助手及参观者造成电击。

（2）放电加工过程所产生废物危害：有可能污染土壤及地下水。

（3）产生电磁干扰：有可能对供电网和无线电产生干扰。

上述危险可以通过在机床设计中所采取的安全防护措施而大大降低。但并没有全部消除，操作者本身可以在很大程度上发挥影响。

2）保护措施

（1）开门断电保护装置。加工时所有安全防护盖、板、防护罩必须安装就位，如图 4-1-9 所示。与防护罩连锁的安全保护开关在拆下防护罩时会起到中止加工的保护作用。但当人工干预将开关的推杆拉出来时，如图 4-1-10 所示，机床仍可进行放电加工。人工干预将开关推拉杆拉出时，严禁进行放电加工。此时专业人员（包括经过培训的用户专业维修人员）可对机床进行维修调试。

图 4-1-9　开关被压下状态

图 4-1-10　提起开关

（2）温度保护装置。当电器箱温度超过 60℃时，该装置切断加工电源。

（3）液面控制装置当水箱内水位下降至设定水位时，该装置切断加工电源。

（4）废物处理电加工过程中所产生的废物在任何情况下都不能随便排入下水道、扔入垃圾池或其他场所。

（5）电磁防护。电火花小孔机的电磁保护应该按照相关国标规定来实施。如 SD1 型电火花穿孔机系统为（GB 4824）《工业、科学和医疗（ISM）射频设备电磁骚扰特性的测量方法和限值》所规定的 2 组 A 类设备，即属于非家用和不直接连接到住宅低压供电网络的所有设施中使用的工、科、医设备。机床的电磁骚扰限值满足 2 组 A 类设备的限值要求。

电加工系统会对电视和收音机造成干扰，但是仅在特殊区域才需要对其屏蔽。

采取下列措施可以防止工作区域及电网中伴随生成的辐射。

① 安装位置必须尽可能远离产生干扰的发射器和接收器。

② 在可能的情况下，机床应不放置在靠近街道和居民区的一边。

③ 最好安装在基座上，而不安装在地面上。

④ 最好将机床安装在混凝土建筑中，而不安装在木建筑中。

2. 日常维护

1）过滤网的检查

每天开机前应检查水箱内的过滤网是否堵塞、破损。如有堵塞应及时清理，如有破损应更换。因为过滤网的堵塞会造成高压泵供水不足而损坏。而过滤网的破损会使杂物进入高压泵，同样会造成高压泵的损坏。

2）润滑

图 4-1-11 所示为工作台左右两侧，图 4-1-12 所示为辅助轴等润滑点每天应加注 40 号机油润滑 1 次。

3）机床清洁

（1）经常保持机床清洁，每日工作完成后，应将夹头、导套、小垫、密封套、螺母及红宝石导向器拆下，擦洗干净后放入附件盒内。

（2）水箱内要绝对保持清洁，不得有杂物、颗粒物落入其中。以免损坏高压泵。

（3）机床外表油漆面不能用汽油、煤油等有机溶剂擦拭，只能用中性清洁剂或水擦拭。

（4）要保持空气过滤器的清洁，每周月清扫一次，确保空气畅通（见图 4-1-13）。

图 4-1-11 工作台两侧润滑点

图 4-1-12 辅助轴润滑点

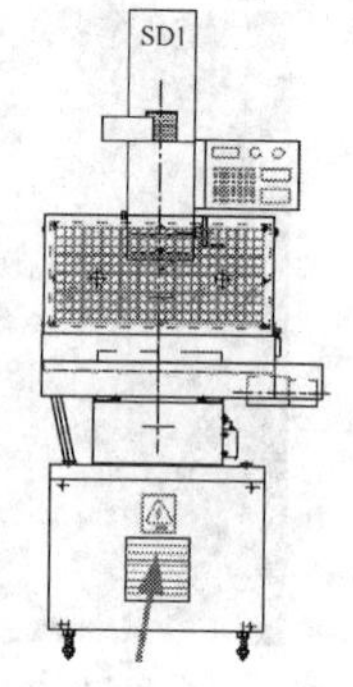

图 4-1-13 机床清洁

3. 定期维护

机床的润滑如表 4-1-1 所示。

表 4-1-1 机床润滑明细表

序号	润滑部位	润滑剂品牌号	润滑方式	润滑周期	更换周期
1	工作台横向纵向丝杠	锂皂基 2 号润滑脂	油枪注入	每半年一次	大修
2	Z 轴丝杠和导轨	锂皂基 2 号润滑脂	油枪注入	每半年一次	大修
3	高压泵内	32 号机油	注入	随时补充	

每半年需对机床进行一次检查，具体内容如下：

（1）拆下 Y 轴防护罩、皮老虎检查导轨面是否有划伤，润滑油路是否通畅，回油槽是否通畅，如图 4-1-14 所示。

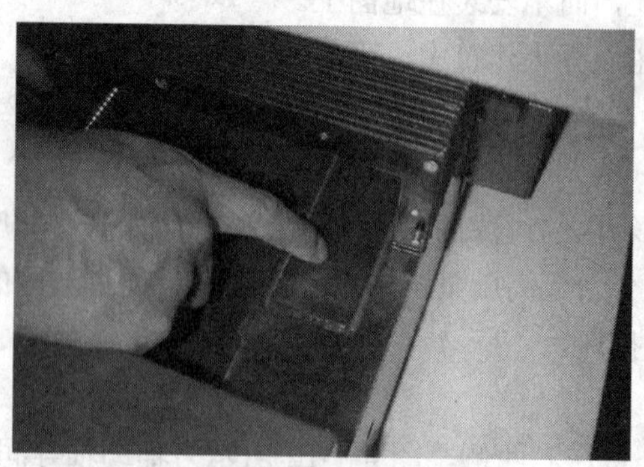
图 4-1-14 导轨面检查

（2）拆下 R 轴护罩，检查主轴上端是否漏水（如有漏水请更换密封圈），如图 4-1-15 所示。

（3）拆下 Z 轴护罩检查 Z 轴及辅助轴导轨工作情况是否正常，如图 4-1-16 所示。

（4）拆下后护罩检查高压泵运转是否良好，各接头是否有渗水漏水，皮带是否破损，如图 4-1-17 所示。

图 4-1-15　*R* 轴检查位置

图 4-1-16　*Z* 轴检查位置

4. 高压泵的调整、维护及保养

高压泵压力的调整应根据工艺参数表中所要求的压力调整，但最高压力不大 9.5 MPa，如图 4-1-18 所示。高压泵属于本机关键部件，应时刻注意高压泵的工作状况，当发现高压泵有异常现象时，应立即停机检查。先观察泵体内润滑油是否在油窗位置上，泵体上是否有漏油，漏水现象，压力是否稳定。

图 4-1-17　高压泵

图 4-1-18　高压泵调整位置

5. 易损件的更换

旋转轴上部进水处的密封圈，旋转轴夹头处的密封套均属于易损件，当易损件处现损坏时，会出现漏水现象，此时应立即更换。

思考与练习题

1. 电加工小孔机加工过程中产生的主要危害哪些？
2. 小孔机上的主要保护措施有哪些？
3. 小孔机机床清洁方式有哪些？
4. 小孔机高压泵如何调整？

项目二 加工实例

任务一 单点加工

任务说明

掌握SD型小孔机各功能，掌握利用SD型小孔机进行单点加工操作。

知识点

- SD型小孔机各系统功能。
- 利用SD型小孔机进行单点加工的操作要领。

一、任务引入

用ϕ1.0 mm的铜电极管加工40 mm厚钢件。

二、任务分析

查《工艺参数表》知，加工钢件需用黄铜管，因此应选用ϕ1.0 mm黄铜管，根据所需的电极的直径和工件材料，选择加工条件号，这里选择P06参数：脉宽ON=79，间隙OFF=19管数IP=04，伺服SV=30，电容C=1。

三、相关知识

1. SD型小孔机功能

1）系统功能

SD小孔机的X、Y轴用作数控定位，Z轴伺服加工。X、Y、Z轴的最小脉冲为1 μm。X、Y、Z轴的最大输入值为±999.999 mm。

用VFD显示器高清晰度地显示X、Y、Z轴坐标，机床状态，加工参数，用户程序。具体显示功能如下：

（1）绝对工作坐标系。

（2）单点加工。

（3）多点自动加工。

（4）查看机床坐标。

（5）查看机床状态。

（6）查看或修改加工参数。

（7）设定当前坐标。

（8）执行 F00～F99 特别功能，如自动找边、找中心、半程移动等。

（9）可选“高，中，低，单步”四挡速度移动工作台。

（10）显示自动切换。

2）操作界面

图 4-2-1 所示为 SD 型小孔机面板，其具体功用如下：

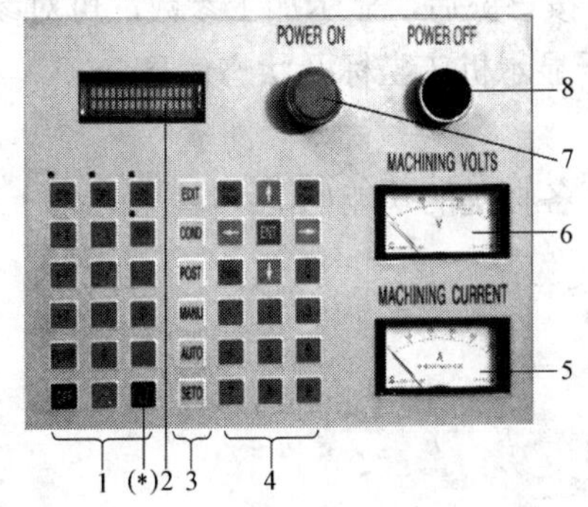

图 4-2-1　SD 型小孔机系统界面

1—操作键区；2—VFD 显示区；3—主菜单；4—编辑键区；

5—电流表；6—电压表；7—电源开；8—电源关

（1）操作键区如下：

SP0：高速移动及其指示灯，在手动方式下按该键时，高速移动被选择，指示灯亮。

SP1：中速移动及其指示灯，在手动方式下按该键时，中速移动被选择，指示灯亮。

SP2：低速移动及其指示灯，在手动方式下按该键时，低速移动被选择，指示灯亮。

SP3：单步移动及其指示灯，在手动方式下按该键时，单速移动被选择，指示灯亮。

+X：*X* 轴正向移动，在手动方式下按该键时，*X* 轴以选定的速度正向移动，松开按键，运动停止。

–X：*X* 轴负向移动，手动方式下按该键时，*X* 轴以选定的速度负向移动，松开按键，运动停止。

+Y：*Y* 轴正向移动，手动方式下按该键时，*Y* 轴以选定的速度正向移动，松开按键，运动停止。

–Y：*Y* 轴负向移动，手动方式下按该键时，*Y* 轴以选定的速度负向移动，松开按键，运动停止。

+Z：*Z* 轴正向移动，在手动方式下按该键时，*X* 轴以选定的速度正向移动，松开按键，运动停止。

–Z：*Z* 轴负向移动，手动方式下按该键时，*Y* 轴以选定的速度负向移动，松开按键，运动停止。

ST：忽略接触感知，当电极管与工件接触后，坐标轴将无法移动，此时按该键，可暂时取消接触感知，按下轴移动键，坐标轴可移动，松开轴移动键，接触感知又自动生效。

RUMP：高压泵开关，手动方式下，高压泵启动，再按一下高压泵停止。

R：R 轴开关：当按该键时，R 轴旋转，再按一下 R 轴停止。

OFF：程序停止：按该键时，程序停止执行且 Z 轴回退至当前孔的加工起始点，如在回退过程中再次按 OFF 键，则轴移动会立刻停止。

(*): 穿透键，当火花从工件底部穿出时，按此键有助于快速穿透。

（2）VFD 显示区。显示 XYZ 轴坐标，机床状态，加工参数，用户程序。

（3）主菜单。主菜单各按键的功能如下：

EDIT：编程窗口，该按该键后，进入编辑屏，可以输入新程序，也可修改原程序。

COND：加工参数窗口，按该键后，显示加工参数，可对参数进行修改。

MANU：手动窗口，用于显示机床坐标及状态信息。

SET0：设定坐标参考点。

（4）编辑键区。编辑键区各按键的功能如下：

Prev Page：向前翻一屏。

Next Page：向后翻一屏。

↑：光标上移一行。

↓：光标下移一行。

→：光标右移一行。

←：光标左移一行。

ENT：功能键。

SAVE：功能键。

0～9：数字键。

（5）电流表。显示加工电流。

（6）电压表。指示加工间隙电压。

（7）电源开。按该按钮机床通电。

（8）电源关。按该按钮机床断电。

2. 开机

（1）开机前应将所有的防护罩安装到位。接通外网电源后，图 4-2-2 所示为将机床左侧的急停开关 1 按钮旋转一下（红色蘑菇头），使其处于弹起状态。再置电源总开关 2（床身右侧）于“ON（I）”位置，给机床通电。图 4-2-3 所示为系统开关面板。

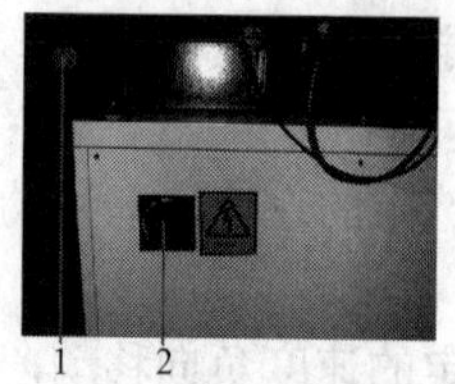

图 4-2-2 电源总开关

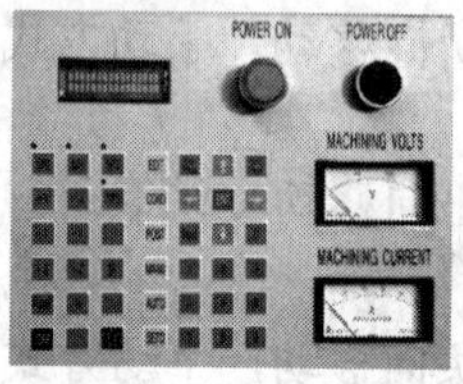

图 4-2-3 系统开关

（2）如图 4-2-3 所示，按下面板上绿色启动按钮（POWER ON），该按钮中的指示灯亮，表明机床正处于工作中，显示屏显示如下：

W	e	l	c	o	m		t	o		u	s	e		S	D
P	l	e	a	s	e		w	a	i	t					

此时，主控制系统正与前台操作系统通信联络，通信成功后，显示如下：

C	o	m	m		s	u	c	c	e	s	s	!	
V	e	r	s	i	o	n			0	3	-	0	4

其中 03 表示主控制系统软件版本号；04 表示前台操作系统软件版本号。

数秒后，系统进入 MANU 状态，显示如下：

M	A	N	U				X	+	0	0	0	.	0	0	0
P	A	G	E	1			Y	-	0	0	0	.	0	0	0

PAGE1 表示屏幕号码，后面的“X+000.000、Y+000.000”表示当前坐标。

3. 关机

在任何时候，按下面板上 POWER OFF 按钮，指示灯灭，显示器灭，机床停止工作。在紧急情况下，按下红色蘑菇头按钮总开关断开，切断机床电源，机床停止工作。

四、任务实施

按任务分析，该加工条件的电极消耗约为 122%，因此 Z 轴必须向下加工 40 mm×(1+1.22) = 88.8 mm 才能穿通，因《工艺参数表》中给定的参数仅供参考，可能因实际的加工状态不同而与参数表的参数给定值差异，为保证能全部管通，加工深度再加 10 mm。因此，Z 轴向加工深度为 88.8 mm+10 mm=98.8 mm，取整为 99 mm。加工过程如下：

（1）将工件装卡在夹具上，工件距工作台面至少 10 mm，以便电极管能从工件底部穿出。

（2）确认电极线连接在夹具或工件上。

（3）按 C4.1.2 电极管的装夹方法装好 ϕ1.0 mm 的电极管。

（4）装卡电极管时，小心不要将电极管弄弯。弯的电极管将不能加工。

（5）按【PUMP】键，高压泵工作（如果水位太低，或防护罩未装，高压泵不会工作）。电极管中将会有高压水流出。如果无水流出，检查高压泵工作否，如果高压泵在工作，则电极管不通，更换电极管。

（6）在任意窗口，用【X+】、【X–】、【Y+】、【Y–】键移动工件到要穿孔的位置。

（7）用【Z–】、【Z+】键移动 Z 轴，使电极管接近工件上表面，快要接触时，按【SP2】键选择“低速”再移动 Z 轴，使电极管与工件接触短路。当接触后，Z 轴会自动停止。

（8）按【SET0】键，窗口如下：

S	E	T	0				X	+	0	0	0	.	0	0	0
P	A	G	E	1			X	+	0	0	0	.	0	0	0

（9）按【NET】键，电极管与工件接触点被设为 X 轴零点。

（10）再按【NEXT PAGE】键转到第二屏。

S	E	T	0				Y	+	0	0	0	.	0	0	0
P	A	G	E	2			Y	+	0	0	0	.	0	0	0

（11）按【ENT】键，电极管与工件接触点被设为 Y 轴零点。

（12）再按【NEXT PAGE】键转到第三屏。

S	E	T	0				Z	+	0	0	0	.	0	0	0
P	A	G	E	3			Z	+	0	0	0	.	0	0	0

（13）按【ENT】键，电极管与工件接触点被设为 Z 轴零点。

（14）按【ST】键后再按【Z+】键移动 Z 轴，使电极管与工件脱离接触，此例让电极管距工件 2 mm。

M	A	N	U				Z	+	0	0	2	.	0	0	0
P	A	G	E	2			S	T	U			.			

（15）按【EDIT】键，窗口如下：

E	D	I	T				X	+	0	0	0	.	0	0	0
N	0	0	1				Y	-	0	0	0	.	0	0	0

（16）按【NEXT PAGE】键，窗口如下：

E	D	I	T				Z		0	0	0	.	0	0	0
N	0	0	1				P	0	0						

（17）用箭头键将光标移动 Z 后，按【←】键，输入负号。

（18）依次输入 099.000。

E	D	I	T				Z	-	0	0	0	.	0	0	0
N	0	0	1				P	0	0						

（19）光标下移到 P 行，输入 06。

E	D	I	T				Z	-	0	9	9	.	0	0	0
N	0	0	1				P	0	6						

（20）按【SAVE】键结束编程。

E	D	I	T				Z	-	0	9	9	.	0	0	0
N	0	0	1				P	0	6				E	N	D

（21）按【AUTO】键，窗口自动转到MANU窗口的第二屏。

M	A	N	U			☺	Z	+	0	0	2	.	0	0	0
P	A	G	E	2			S	T	U			.			

（22）高压水自动打开，旋转轴自动旋转，*Z* 轴开始用 P06 参数向负向加工直到–099.000 mm。*Z* 轴坐标开始向–099.000 变化。在第1行第6列将出现“☺”符号，表面正处于自动加工中。

（23）在加工过程中，如果想更改加工参数，按【COND】键，转COND窗口如下：

P			O	N		O	F		I	P		S	V		C
0	6		7	9		1	9		0	4		3	0		1

如想将IP改为05，将光标移动到IP下，输入05

P			O	N		O	F		I	P		S	V		C
0	6		7	9		1	9		0	4		3	0		1

按【SAVE】键后，该修改生效。

（24）按【MANU】键，转到MANU窗口第二屏，显示目前 *Z* 轴位置。

M	A	N	U			☺	Z	-	0	6	5	.	0	0	0
P	A	G	E	2			S	T	U			.			

（25）当火花从工件底部穿出，标明孔已打通，高压水从底部流出。电极管不易从底部穿出，此时按一下“穿透”键，系统将用专门的参数来加工，以助于快速穿透。再按一次该键，回复原来的加工参数。

（26）加工到–099.000 时或按 OFF 键后，系统停止加工，*Z* 轴自动回到加工起始点。高压水停止，旋转轴停止。在第1行第6列的“☺”符号消失，表明自动加工结束。

思考与练习题

1. 电加工小孔机加工过程中 *Z* 轴加工深度如何选取？
2. SD型小孔机上的显示功能有哪些？

任务二　定位移动加工

任务说明

掌握电火花小孔机机工中的各种装夹，系统中的手动界面，编辑界面的使用，掌握定位移动加工操作要领。

知识点

- 电火花小孔加工的工件装夹。
- 电火花小孔加工的电极管的装夹。
- SD 型小孔机系统中的手动界面，编辑界面。
- 定位移动加工操作要领。

一、任务引入

按图 4-2-4 完成从 A 点到 B 点定位移动加工。

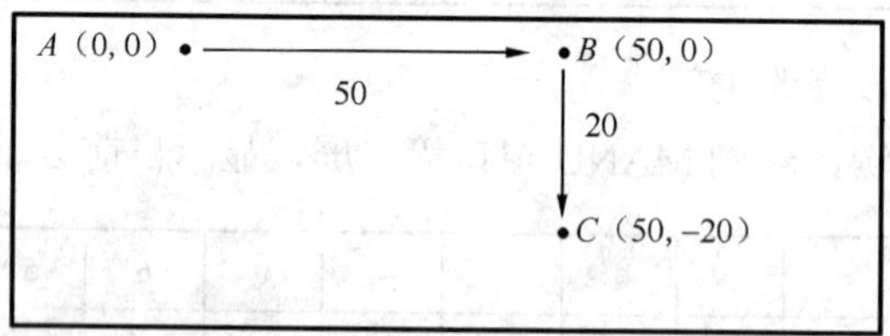

图 4-2-4　定位移动加工

二、任务分析

此任务中关键点是在编辑界面下设置好移动点的坐标。

三、相关知识

1. 装夹

1）工件的装夹

可用专用的夹具或自备夹具将工件与工作台固定连接，并将电极与工件接通。

2）电极管的装夹

（1）当您确定要加工的孔径后，请先选好与要加工孔径相同直径的电极管、导套、夹头及宝石导向器。

（2）按电极安装图 4-2-5 所示，将导套、小垫、密封套及夹头穿在电极上，并装入旋转轴的孔内，用钩形扳手上紧螺母。

（3）将宝石导向器装入附助轴上的支架上，手动附助轴将电极穿入宝石导向器中。

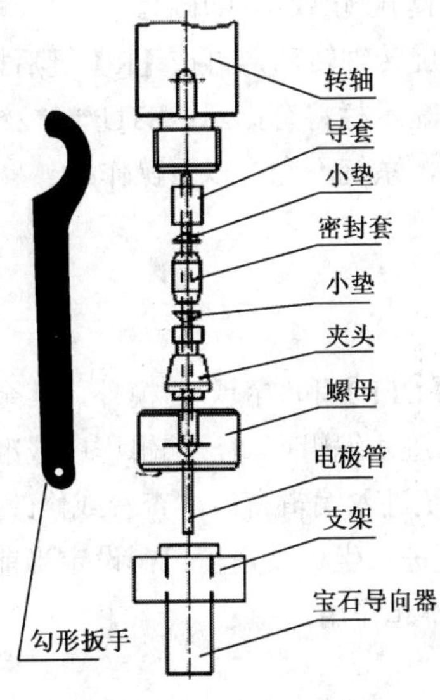

图 4-2-5　电极安装图

（4）小垫、密封套按表 4-2-1 选取。

表 4-2-1

序　号	类　别	小　垫	密 封 套
1	丝径≤ ϕ1.0	ϕ1.1	ϕ1.0
2	ϕ1.0<丝径≤ ϕ2.0	ϕ2.1	ϕ2.0
3	ϕ2.0<丝径≤ ϕ3.0	ϕ3.1	ϕ3.0

2. SD 小孔机的手动窗口描述

（1）在 MANU 的任一屏中，均可移动 *XYZ* 轴（正在自动执行程序时除外），并即时显示坐标。当在第一屏时，按【Z+】或【Z–】,【Y+】或【Y–】键移动 *X* 或 *Y* 轴时，系统自动回到第一屏显示 *X* 或 *Y* 轴坐标。

（2）按【SP0】键，其指示灯亮，此后手动移动 *X*、*Y*、*Z* 轴的速度为高速。

（3）按【SP1】键，其指示灯亮，此后手动移动 *X*、*Y*、*Z* 轴的速度为中速。

（4）按【SP2】键，其指示灯亮，此后手动移动 *X*、*Y*、*Z* 轴的速度为低速。

（5）按【SP3】键，其指示灯亮，此后手动移动 *X*、*Y*、*Z* 轴的速度为单步。

（6）同时只能有一个轴移动，当在移动中或刚要移动时，如果电极与工件接触，则该轴立即停止或不能移动，并伴随一声“Bi、Bi”响。在 MANU 第二屏的状态显示栏将有提示：STU8*****。

（7）如果要在电极与工件接触的情况下，移动 *XYZ* 轴，先按【ST】键，然后松开，此时系统进入忽略接触感知状态，再按要移动的键轴，该轴可以移动。一旦松开该键，或按【ST】键后，按非轴移动键，系统恢复到接触感知保护状态。

（8）按【PUMP】键后松开，高压泵开，再按【PUMP】键后松开，高压泵关。但是，当水箱水位太低时，高压泵会自动停止或不能开启。

（9）按【R】键后松开，*R* 旋转轴转动，再按【R】键后松开，*R* 旋转轴关。当 *R* 旋转轴开时，在 MAUN 第二屏的状态显示栏将有提示：STU****2*。

（10）正在自动执行程序时，系统不允许以下操作：

① 不允许手动移动工作台

② 不允许停高压泵

③ 不允许关停 R 旋转轴

因此，此时，操作键区除【OFF】和“穿越”建模外，其余键不起作用。

（11）按【EDIT】键，系统进入编辑窗口，编辑程序或准备加工。

（12）按【COND】键，系统进入编辑窗口，查看或修改加工参数。

（13）按【SET0】键，系统进入坐标设定窗口，设定当前坐标为 0 或任意值。正当自动执行程序时，按【STE0】键，不起作用。

3. 编辑窗口（EDIT）

在其他窗口下，按【EDIT】键，系统进入编辑窗口，显示如下：

E	D	I	T				X	+	0	0	0	.	0	0	0
N	0	0	1				Y	-	0	0	0	.	0	0	0

（1）如果此时正在自动执行程序，则显示正在执行的点的顺序号和坐标。否则显示顺序号为 001 即第一点的坐标。每个点的坐标内容为用户曾经编辑过的内容，否则默认坐标值为 0。用户编辑的程序将存在内部 RAM 中。

（2）光标可用上下左右箭头键移动，在光标处输入数值键，可改变光标所在处的内容，输入完成后，光标自动右移一位。

（3）将光标移动到坐标符号位置处，每按一次左箭头键可交替改变“+”“-”符号。

（4）系统只将 *X* 和 *Y* 轴编程为移动。不能放电加工。

（5）每坐标点由两屏组成，按【Next Page】键，显示该点下一屏的内容。

E	D	I	T				Z	-	0	0	0	.	0	0	0
N	0	0	1				P	0	0						

（6）系统默认将 *Z* 方向编程为放电加工，若想将该点的 *Z* 方向编辑为移动，按【POST】键，将在 *Z* 字符前出现 M，再按【POST】键，M 消失。当 *Z* 轴被编辑为放电加工状态时，还要在 P 后输入加工条件号。

E	D	I	T			M	Z	-	0	0	0	.	0	0	0
N	0	0	1			P	0	0							

（7）按【Next Page】和【Prev Page】键可前后翻页。按【EDIT】键，回到 N001 点。

（8）编程结束后，按【SAVE】键结束编程，将在屏幕上出现 END 结束标识，此时不能用【Next Page】键向后翻页，再按【SAVE】键，取消 END 标识，可继续向后翻页。

E	D	I	T			Z	-	0	0	0	.	0	0	0
N	0	1	1			P	0	0	E	N	D			

（9）先按【ENT】键，松开后再按【PREV】键，可在目前点之前插入一点，插入点的坐标默认与当前点相同。先按【ENT】键，松开后再按【NEXT】键，可将目前点的内容复制到下一点中。先按【ENT】键，松开后再按【SAVE】键，删除目前点。插入，复制和删除都是以点为单位。

（10）用户如果想删除自己的程序，或显示内容有乱码，可先按【ENT】键，再按【0】键，屏幕显示如下：

C	l	e	a	r		U	s	e	r		P	r	o	G	m
	Y	=	<	1	>			N	=	<	2	>			

按 1 键，删除程序；按 2 键，取消操作。

（11）按【AUTO】键，程序从当前屏幕指示的程序点开始执行，到 END 标识结束。此时，在第一行第六列将出现“☺”符号，当显示的点号正在执行时，第二行第六列将出现“_”符号。程序结束时，符号消失。

四、任务实施

设定 A 点为 0 点开始编程加工，具体步骤如下：

（1）移动电极管到 A 点。

（2）按【SET0】键，进入 SET0 窗口。

S	E	T	0				X	+	0	0	0	.	0	0	0
P	A	G	E	1			X	+	0	0	0	.	0	0	0

（3）按【ENT】键，将 A 点设为 X 轴零点。

（4）按【NEXT PAGE】键进入 SET0 的第 2 屏。

S	E	T	0				Y	+	0	0	0	.	0	0	0
P	A	G	E	2			Y	+	0	0	0	.	0	0	0

（5）按【ENT】键，将 A 点设为 Y 轴零点。

（6）按【NEXT PAGE】键进入 SET0 的第 3 屏。

S	E	T	0				Z	+	0	0	0	.	0	0	0
P	A	G	E	3			Z	+	0	0	0	.	0	0	0

（7）按【ENT】键，将 *A* 点的 *Z* 坐标设为 *Z* 轴零点。

（8）按【EDIT】键，进入 EDIT 窗口。

E	D	I	T				X	+	0	0	0	.	0	0	0
N	0	0	1				Y	-	0	0	0	.	0	0	0

（9）输入 X+050.000，Y–020.000。

E	D	I	T				X	+	0	5	0	.	0	0	0
N	0	0	1				Y	-	0	2	0	.	0	0	0

（10）按【NEXT PAGE】键。

E	D	I	T				X	+	0	5	0	.	0	0	0
N	0	0	1				P	0	0						

（11）*Z* 轴不移动，输入 Z+000.000，因为不加工，所以参数 P 无关。

（12）按【SAVE】键结束编程。

E	D	I	T				Z	-	0	0	0	.	0	0	0
N	0	0	1				P	0	0				E	N	D

（13）按 EDIT 键或按 PREV PAGE 键，回到 EDIT 第一页窗口。

E	D	I	T				X	+	0	5	0	.	0	0	0
N	0	0	1				Y	-	0	2	0	.	0	0	0

（14）按 AUTO 键，窗口自动转到 MANE 窗口的第一屏。

M	A	N	U		☺		X	+	0	0	0	.	0	0	0
P	A	G	E	1			Y	+	0	0	0	.	0	0	0

在第 1 行第 6 列将出现“☺”符号，标明正处于自动运行中。X 运行到+50.000 后，再运行 Y。

（15）Y 运行到–020.000 后，因 Z 编程为 O，所以不移动。程序结束。在第 1 行第 6 列的“☺”消失。

M	A	N	U			X	+	0	5	0	.	0	0	0
P	A	G	E	1		Y	+	0	2	0	.	0	0	0

（16）完成 *A* 点到 *B* 点的定位。

思考与练习题

1．简述小孔机中的电极管的装夹步骤。

2．在小孔机界面中出现的“☺”符号代表什么含义。

3．简述“Z+000.000”和“MZ+000.000”的区别？

任务三　多孔自动加工

任务说明

掌握SD型电火花小孔机中的特别功能，掌握多孔自动加工的操作要领。

知识点

- 常用SD型电火花小孔机的特别功能说明。
- SD型电火花小孔机的特别功能使用。
- 多孔自动加工的操作要领。

一、任务引入

选择40 mm的不锈钢（1Cr18Ni9Ti）材料及直径为ϕ1.0 mm黄铜电极管按图4-2-6所示从*A*点、*B*点、*C*点、*D*点顺序加工。编程结束开始加工前，使用特殊功能F30将*S*点设为接触感知参考点。

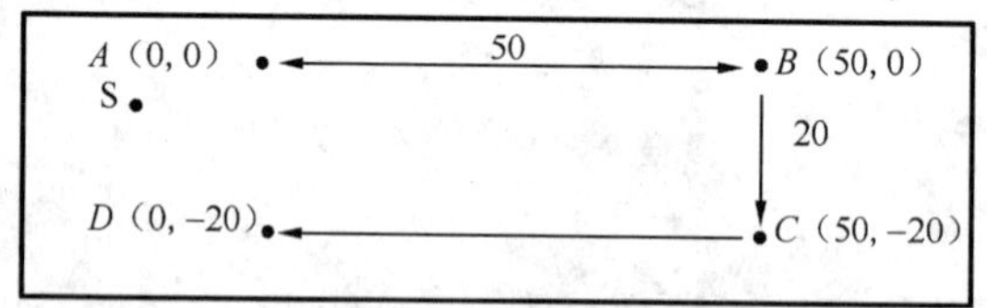

图4-2-6　多孔加工图

二、任务分析

此任务加工过程中注意：

（1）在多孔加工时，电极损耗补偿会使*Z*轴压到*Z*轴极限开关，此时可按【OFF】键，使“☺”符号消失后，再手动*Z*轴升至最高点，换电极后，记住当前点坐标，进入EDIT，按【NEXT PAGE】键，直到当前点坐标后，再按【AUTO】键，继续其余孔的加工。

（2）换电极后，当前孔位没有加工完毕，机床会继续把当前孔加工完成，此时回退可能不能退出孔外，按【OFF】键停止程序执行，手动移出当前孔再进入EDIT，按【NEXT PAGE】键到下一点，再按【AUTO】键，继续其余孔的加工。

三、相关知识

SD型小孔机中的特别功能F00～F99分别代表一个固定的子程序，完成一个规定的任务。电极找边示意图如图4-2-7所示。

1. 常用特别功能 F00～F99 的功能

F10：–X 方向找边，电极沿 X 负向接触工件，最后停在接触点。

F11：+X 方向找边，电极沿 X 正向接触工件，最后停在接触点。

F12：–Y 方向找边，电极沿 Y 负向接触工件，最后停在接触点。

F13：+Y 方向找边，电极沿 Y 正向接触工件，最后停在接触点。

F14：–Z 方向找边，电极沿 Z 负向接触工件，最后停在接触点。

F15：+Z 方向找边，电极沿 Z 正向接触工件，最后停在接触点。

F16：X 方向半程移动，X 轴移动到当前坐标值的一半。如当前 X 坐标为 107.5，执行该功能后 X 轴移动到 53.75 处。

F17：Y 方向半程移动，Y 轴移动到当前坐标值的一半。

F18：找孔中心，电极管沿 X 轴和 Y 轴方向接触工件，最后停在孔的中心位置（见图 4-2-8）

F20：X 轴回到所设定的零点。

F21：Y 轴回到所设定的零点。

F22：Z 轴回到所设定的零点。

F23：X，Y 轴分别回到所设定的零点。

F30：执行 F30 后，XY 轴的当前点即被定义成接触感知参考点，且 Z 轴值为输入损耗补偿值。

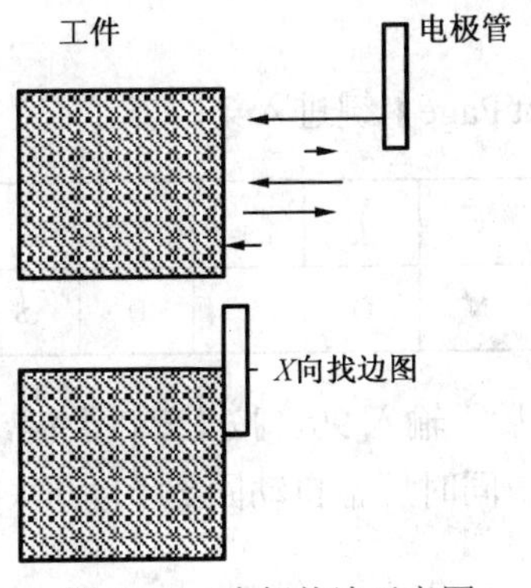

图 4-2-7　电极找边示意图

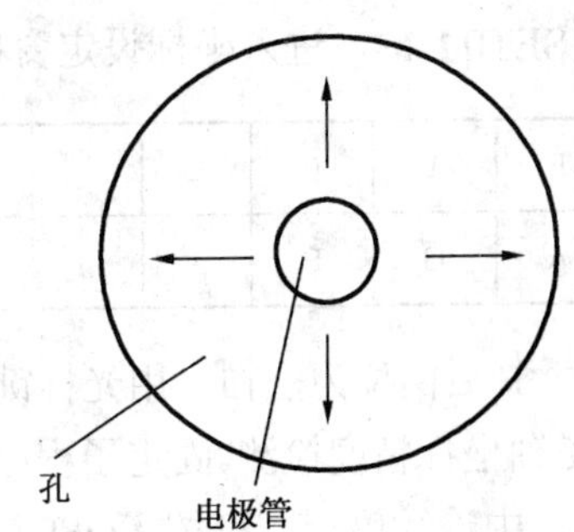

图 4-2-8　电极找正示意图

如图 4-2-9 所示，当坐标处于 M 点时，执行 F30 后则 M 点被设为接触感知参考点，且 Z 轴当前值作为损耗补偿值。当执行 A 点加工→B 点加工→C 点加工→D 点加工这样的程序时，执行顺序是这样的：首先移动到 A 点，在开始 A 点加工前回到 M 点，在 M 点感知后抬起 2 mm，Z 轴清零，再移动到 A 点并加工到指定的尺寸，然后 Z 轴升起并移动到 B 点；在 B 点加工前回到接触感知参考点 M 点再感知，感知后抬起 2 mm 移动到 B 点开始加工；如此反复直到程序结束。

加工路径如图 4-2-10 所示，图中用 ϕ 1.0 电极管加工 10 mm 厚的工件（steel）参数为 P06。

（1）移动 X、Y 轴到 A 点，Z 轴感知，使工件与电极管接触。

（2）按【SETO】键，设置 X、Y、Z 轴零点。

（3）按【EDIT】键，编辑程序。

N001 X、Y 设为零，Z 查参数表输入–20 P06。

N002 X 输入 10，Y 输入 0，Z 输入–20 P06。

N003 X 输入 10，Y 输入–5，Z 输入–20 P06。

按【SAVE】键，编辑结束。

(4) 移动 X、Y 轴到工件上任意一点按【SETO PAGE3】键，输入 Z 值为 8 mm，按【SETO PAGE4】键，输入 30。按【ENTER】键启动 F30 功能。

(5) 回到 EDIT 页从 N001 开始加工。F31: 取消 F30 功能，即取消接触感知参考点。

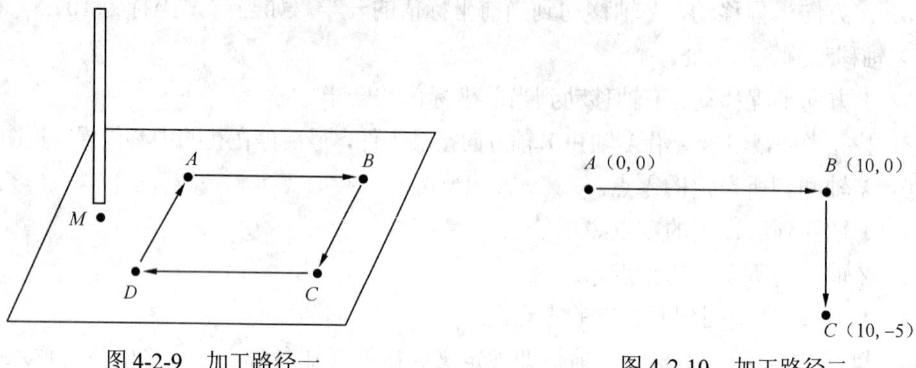

图 4-2-9 加工路径一

图 4-2-10 加工路径二

2. 特别功能 F00～F99 的使用

以执行 F90（X 轴坐标精度检测）为例。

按【SET0】键，进入坐标设定窗口，连续按【Next Page】键进入第四屏。

S	E	T	0			S	p	e	c	i	a	l		F
P	A	G	E	4		F			N	O	T	U	S	E

此时，F 后两位为空白。用光标键将光标移动到 F 后，输入 90。按【ENT】键，机床开始运行“X 轴坐标精度检测”固定子程序，直到程序结束。同时屏幕自动回到手动屏（MANU）的相应页。中途欲停止，可按【OFF】键。

四、任务实施

根据工件材料、加工孔深度 h、电极管材料及尺寸，查阅附录《工艺参数表》得到电极损耗百分率 δ=70%～72%，将加工孔深度 h 和电极损耗百分率 δ 相乘，得出电极损耗 $w = h\delta$=（28～28.8）mm。$w + h$=（68～68.8）mm，因《工艺参数表》仅供参考，可留出余量 2～5 mm，此处可将 Z 轴加工深度最终确定为 70 mm。设 A 点为零点，具体加工步骤如下：

(1) 移动电极管到 A 点。

(2) 按【SET0】键，进入 SETO 窗口。

S	E	T	0				X	+	0	0	0	.	0	0	0
P	A	G	E	1			Y	+	0	0	0	.	0	0	0

（3）按【ENT】键，将 *A* 点设为 *X* 轴零点。

（4）按【NEXT PAGE】键进入 SET0 的第 2 屏。

S	E	T	0				Y	+	0	0	0	.	0	0	0
P	A	G	E	2			Y	+	0	0	0	.	0	0	0

（5）按 ENT 键，将 *A* 点的 *Y* 坐标设为 *Y* 轴零点。

（6）按 EDIT 键，进入 EDIT 窗口。

E	D	I	T				X	+	0	0	0	.	0	0	0
N	0	0	1				Y	–	0	0	0	.	0	0	0

（7）输入 *A* 点坐标 X+000.000，Y+000.000。

E	D	I	T				X	+	0	0	0	.	0	0	0
N	0	0	1				Y	–	0	0	0	.	0	0	0

（8）按【NEXT PAGE】键。

E	D	I	T				Z	+	0	0	0	.	0	0	0
N	0	0	1				P	0	0						

（9）输入 *A* 点加工深度 Z–070.000，参数 P22。

E	D	I	T				Z	–	0	7	0	.	0	0	0
N	0	0	1				P	2	2						

（10）此时如果 END 出现在屏幕上，可按【SAVE】键使其消失。按【NEXT PAGE】键，编辑 *B* 点。

E	D	I	T				X	+	0	0	0	.	0	0	0
N	0	0	2				Y	–	0	0	0	.	0	0	0

（11）输入 *B* 点坐标 X+050.000，Y+000.000。

E	D	I	T				X	+	0	5	0	.	0	0	0
N	0	0	2				Y	–	0	0	0	.	0	0	0

（12）按【NEXT PAGE】键。

E	D	I	T				Z	+	0	0	0	.	0	0	0
N	0	0	2				P	0	0						

（13）输入 *B* 点加工深度 Z–070.000，参数 P22。

E	D	I	T				Z	–	0	7	0	.	0	0	0
N	0	0	2				P	2	2						

（14）按【NEXT PAGE】键，编辑 *C* 点。

E	D	I	T				X	+	0	0	0	.	0	0	0
N	0	0	3				Y	-	0	0	0	.	0	0	0

（15）输入 *C* 点坐标 X+050.000，Y–020.000。

E	D	I	T				X	+	0	5	0	.	0	0	0
N	0	0	3				Y	–	0	2	0	.	0	0	0

（16）按【NEXT PAGE】键。

E	D	I	T				Z	+	0	0	0	.	0	0	0
N	0	0	3				P	0	0						

（17）输入 *C* 点加工深度 Z–070.000，参数 P22。

E	D	I	T				Z	–	0	7	0	.	0	0	0
N	0	0	3				P	2	2						

（18）按【NEXT PAGE】键，编辑 *D* 点。

E	D	I	T				X	+	0	0	0	.	0	0	0
N	0	0	4				Y	-	0	0	0	.	0	0	0

（19）输入 *D* 点坐标 X+000.000，Y–020.000。

E	D	I	T				X	+	0	0	0	.	0	0	0
N	0	0	4				Y	–	0	2	0	.	0	0	0

（20）按【NEXT PAGE】键。

E	D	I	T				Z	+	0	0	0	.	0	0	0
N	0	0	4				P	0	0						

（21）输入 *D* 点加工深度 Z–070.000，参数 P22。

E	D	I	T				Z	–	0	7	0	.	0	0	0
N	0	0	4				P	2	2						

（22）按【SAVE】键结束编程：

E	D	I	T				Z	–	0	7	0	.	0	0	0
N	0	0	4				P	2	2	E	N	D			

（23）将电极管移到 *A*、*B*、*C*、*D* 之外的感知点 *S*，按【SET0】键，连续按两次【NEXT PAGE】键进入 SET0 的第 3 屏。

S	E	T	0				Z	+	0	0	0	.	0	0	0
P	A	G	E	3			Z	+	0	0	0	.	0	0	0

（24）根据上述计算，电极损耗 $w = h\delta$=28～28.8 mm。为保证电极管在加工到指定深度后能完全退出工件，并且又不退出导向器，电极损耗补偿值 *c* 应留出余量 3～8 mm，此处可将电极损耗补偿值设为 *c* =25 mm。因此，输入 Z+025.000。

S	E	T	0				Z	+	0	0	0	.	0	0	0
P	A	G	E	3			Z	+	0	2	5	.	0	0	0

（25）按【ENT】键，确定电极损耗补偿值。

S	E	T	0	Z	+	0	2	5	.	0	0	0	
P	A	G	E	3	Z	+	0	2	5	.	0	0	0

（26）按【NEXT PAGE】键。

S	E	T	0	S	p	e	c	i	a	l	F
P	A	G	E	4	F	N	O	T	U	S	E

（27）按【F】键后输入 30。

S	E	T	0	S	p	e	c	i	a	l	F		
P	A	G	E	4	F	3	0	N	O	T	U	S	E

（28）按【ENT】键，将当前点 S 设为接触感知参考点。

（29）按【MANU】键，将 Z 轴抬起 1～2 mm，以免因为电极接触工件而不能开始加工。按【EDIT】键，回到【EDIT】第 1 屏。

E	D	I	T	X	+	0	0	0	.	0	0	0
N	0	0	1	Y	–	0	0	0	.	0	0	0

（30）按【AUTO】键，窗口自动转到 MANU 窗口的第 2 屏。

M	A	N	U	.	Z	+	0	0	2	.	0	0	0
P	A	G	E	2	S	T	U	.					

高压水自动打开，悬转轴自动旋转，Z 轴开始用 P22 数向负向加工直到–070.000 mm。Z 轴坐标开始向–070.000 变化。在第 1 行第 6 列将出现“.”符号，表明正处于自动加工中。

（31）加工到–070.000 后，A 点加工结束，Z 轴自动回到比加工起始点低 c 的位置（其中 c 为电极损耗补偿值）。

（32）机床自动按先 X 轴、后 Y 轴的顺序移到 B 点。加工 B 点前电极管首先回到接触感知参考点 S，感知定零后再自动移到 B 点，并自动开始加工 B 点。如此顺序，直到 D 点加工结束。加工结束后在第一行第六列的“.”符号消失，表明自动加工结束。

思考与练习题

1．简述在多孔自动加工中的主要注意事项。

2．电极损耗应如何计算？

第五部分　电切削工技能鉴定

国家职业资格等级分为初级（五级）、中级（四级）、高级（三级）、技师（二级）、高级技师（一级）共五个等级。

1. 国家职业资格五级

初级技能：能够运用基本技能独立完成本职业的常规工作。

2. 国家职业资格四级

中级技能：能够熟练运用基本技能独立完成本职业的常规工作；并在特定情况下，能够运用专门技能完成较为复杂的工作；能够与他人进行合作。

3. 国家职业资格三级

高级技能：能够熟练运用基本技能和专门技能完成较为复杂的工作；包括完成部分非常规性工作；能够独立处理工作中出现的问题；能指导他人进行工作或协助培训一般操作人员。

4. 国家职业资格二级（技师）

能够熟练运用基本技能和专门技能完成较为复杂的、非常规性的工作；掌握本职业的关键操作技能技术；能够独立处理和解决技术或工艺问题；在操作技能技术方面有创新；能组织指导他人进行工作；能培训一般操作人员；具有一定的管理能力。

5. 国家职业资格一级（高级技师）

能够熟练运用基本技能和特殊技能在本职业的各个领域完成复杂的、非常规性的工作；熟练掌握本职业的关键操作技能技术；能够独立处理和解决高难度的技术或工艺问题；在技术攻关、工艺革新和技术改革方面有创新；能组织开展技术改造、技术革新和进行专业技术培训；具有管理能力。

依据国家职业标准《电切削工》的要求，对电切削工综合素质的考核。考核主要包含两个方面的内容：一是基本要求；二是工作要求。基本要求就是对电切削工职业道德、机械识图、机械测量与公差配合、常用金属材料及热处理、计算机应用、冷加工、电加工原理及工艺、工量具使用、电工基础知识、安全生产、环境保护及质量管理等方面知识的掌握程度进行考核。工作要求就是读图与识读工艺、设备维护与保养、工件装夹、零件加工与检测等方面对操作者的操作技能进行考核。

电切割工的工作考核考生可自由选择线切割加工或者电脉冲加工。工作考核内容主要分操作者的核心技能和辅助技能两个模块。从程序编制、机床调整、加工质量评估、设备维护与保养、工作液配制等五个子模块对电切削工所必须掌握的工作内容进行考核。考核读图与识读工艺、编制程序、设备维护与保养、调整机床、装夹工件、加工工件、检测工件、误差分析等八个方面的工作内容的操作熟练程度，评判是否达到相应等级的职业资格水平。

项目一 电切削工中级技能鉴定

任务一 电切削工中级技能鉴定应会（线切割）模拟试题

××省职业技能鉴定

电切削工（线切割）中级操作技能考核准备通知单(考场)

一、设备材料准备

序　号	设备材料名称	规　格	数　量	备　注
1	板料	80×80×10	1	45 钢
2	线切割机床		1	
3	夹具	线切割专用夹具	1	
4	划线平台	400×500	1	
5	台钻	Z4012	1	
6	钻夹头	台钻专用	1	
7	钻夹头钥匙	台钻专用	1	
8	切削液	线切割专用	若干	
9	手摇柄	线切割专用	1	
10	紧丝轮	线切割专用	1	
11	铁钩	线切割专用	1	
12	活络扳手		若干	
13	钼丝	ϕ0.18，ϕ0.20	若干	
14	其他	线切割机床辅具	若干	

二、零件图

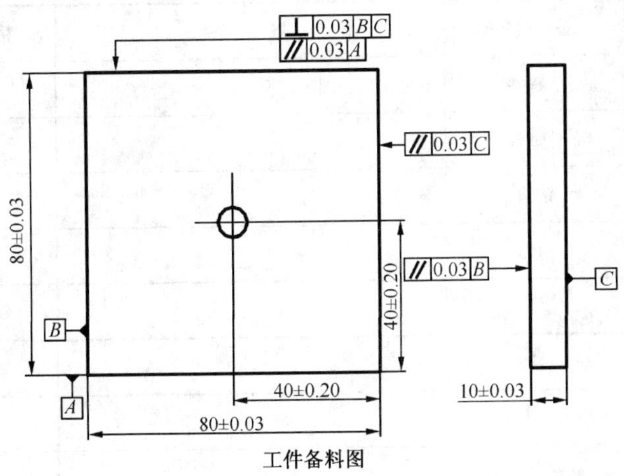

工件备料图

××省职业技能鉴定

电切削工（线切割）中级操作技能考核准备通知单(考生)

类别	序号	设备材料名称	规格	精度	数量
量具	1	外径千分尺	0～25，25～50，50～75	0.01	各1
	2	游标卡尺	0～150	0.02	1
	3	钢直尺	0～150		1
	4	高度划线尺	0～300	0.02	1
	5	万能角度尺	0°～320°	2′	1
	6	刀口角尺	63×100	0级	1
	7	刀口直尺	125	0级	1
	8	塞　尺	0.02～1		1
	9	半径规	*R*1～*R*6.5，*R*7～*R*14.5，*R*15～*R*25		各1
	10	V形铁	90°		1
	11	钟形百分表	0～10	0.01	1
	12	杠杆百分表	0～0.8	0.01	1

续表

类　别	序　号	设备材料名称	规　格	精　度	数　量
刃具	1	平板锉	6寸中齿、细齿		若干
	2	什锦锉			若干
	3	钻头	$\phi3$，$\phi6$		若干
	4	剪刀			1
其他工具	1	手锤			1
	2	样冲			1
	3	磁力表座			1
	4	悬臂式夹具			1
	5	划针			1
	6	靠铁			1
	7	蓝油			若干
	8	毛刷	2″		1
	9	活络扳手	12寸		1
	10	一字螺丝刀			若干
	11	十字螺丝刀			若干
	12	万用表			1
	13	棉丝			若干
	14	标准圆棒	$\phi6$，$\phi8$，$\phi10$		
编写工艺工具	1	铅笔		自定	自备
	2	钢笔		自定	自备
	3	橡皮		自定	自备
	4	绘图工具		1套	自备
	5	计算器		1	自备

××省职业技能鉴定

电切削工（线切割）中级操作技能考核试卷

考件编号:______ **姓名:**__________ **准考证号:**__________________ **单位:** _______

试题

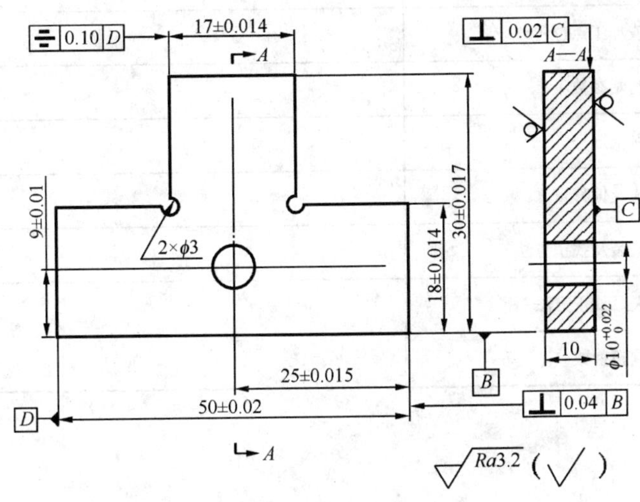

技术要求： 1．各加工棱边不能倒角。

2．未注公差采用IT8。

3．各加工表面一次切割成形，不能修整。

本题分值： 100分

考核时间： 130 min

考核形式：操作

具体考核要求：独立完成

××省职业技能鉴定

电切削工（线切割）中级 操作技能考核工艺表

考件编号：＿＿＿＿＿＿姓名：＿＿＿＿＿＿准考证号：＿＿＿＿＿＿单位：＿＿＿＿＿＿

电 切 削 工 艺 表

序　号	项　目	内　容	备　注
1	起割点或加工点位置		
2	电切削初始参数		
3	电极材料及规格		
4	偏移方式及偏移量		
5	电极丝安装及找正方法		
6	工件装夹、找正方法		
7	电切削调整参数		

××省职业技能鉴定

电切削工（线切割）中级操作技能考核评分记录汇总表

考件编号：＿＿＿＿＿＿姓名：＿＿＿＿＿＿准考证号：＿＿＿＿＿＿单位：＿＿＿＿＿＿

（若有评分原则和说明，请在总成绩表前注明）

总 成 绩 表

项　目	序　号	技术要求	配　分	评分标准	检测记录	得　分
加工质量评估(80)	1	50±0.02	4	超差全扣		
	2	30±0.017	3	超差全扣		
	3	17±0.014	3	超差全扣		
	4	18±0.014	3×2	超差全扣		
	5	垂直度≤0.04	8	超差全扣		

续表

项　目	序　号	技术要求	配　分	评分标准	检测记录	得　分
加工质量评估(80)	6	25±0.10	4	超差全扣		
	7	$\phi 8_{0}^{+0.022}$	4	超差全扣		
	8	9±0.01	4	超差全扣		
	9	*Ra*3.2	2×11	超差全扣		
	10	对称度≤0.10	6	超差全扣		
	11	与 *A* 面的垂直度≤0.02	2×8	超差全扣		
	12	工件缺陷	倒扣分	酌情扣分，重大缺陷加工质量评估项目全扣		
程序编制(10)	13	加工点设置符合工艺要求	3	不合理全扣		
	14	电切削参数选择符合工艺要求	2	不合理全扣		
	15	电极材料规格选择正确	2	不合理全扣		
	16	工件装夹找正符合工艺要求	3	不合理每处扣1～3分		
机床调整辅助技能(10)	17	电极丝安装及找正符合规范	3	不符要求每次扣1分		
	18	工件装夹、找正操作熟练	3	不规范每次扣1分		
	19	机床清理、复位及保养	4	不符要求全扣		
文明生产	20	人身、机床、刀具安全	倒扣分	每次倒扣5，重大事故记总分零分		

评分人：　　　　　　　　　　　　　　　核分人：　　　　　年　　月　　日

任务二　电切削工中级技能鉴定应会（电脉冲）模拟试题

××省职业技能鉴定

电切削工（电火花）中级操作技能考核准备通知单(考场)

一、设备材料准备

序　号	设备材料名称	规　　格	数　量	备　注
1	钢板	50×40×30	1	
2	电火花机床		1	带平动功能
3	方形电极	10×10×50 20×20×50	各 2	长度可加长
4	圆周电极	ϕ10、ϕ20	各 2	长度 50 mm 以上
5	夹具	电火花专用夹具	1	
6	划线平台	400×500	1	
7	钻夹头	台钻专用	若干	带直柄
8	钻夹头钥匙	台钻专用	若干	
9	切削液	电火花专用	若干	
10	活络扳手	通用	若干	
11	其他	电火花机床辅具	若干	

二、场地准备

1．场地清洁。
2．拉警戒线。
3．机床标号。
4．抽签号码。
5．饮用水。

其他准备要求：电工、机修工应急保障。

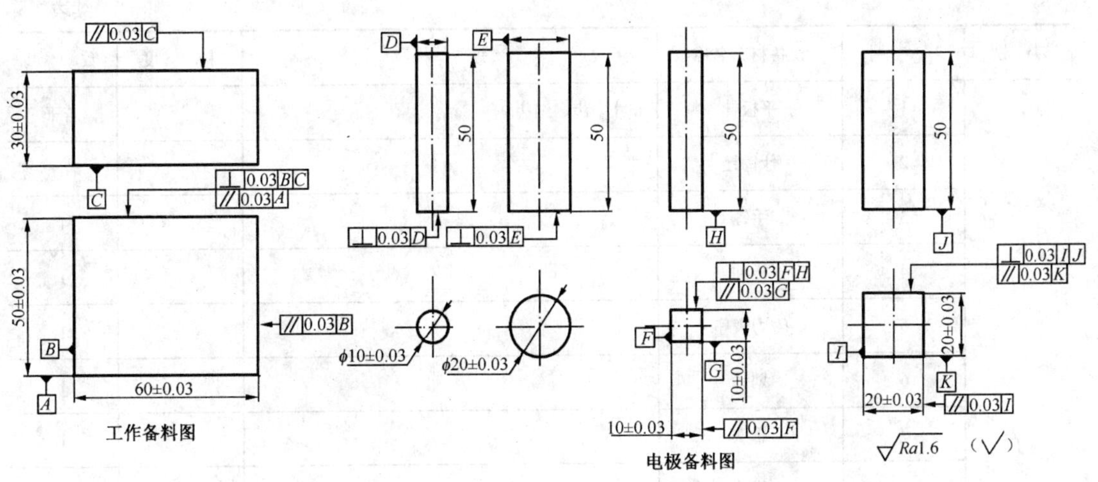

工作备料图　　电极备料图

××省职业技能鉴定

电切削工（电火花）中级操作技能考核准备通知单(考生)

类别	序号	设备材料名称	规格	精度	数量
量具	1	内径千分尺	0～25，25～50，50～75	0.01	各1
	2	游标卡尺	0～150	0.02	1
	3	钢直尺	0～150		1
	4	高度划线尺	0～300	0.02	1
	5	万能角度尺	0°～320°	2′	1
	6	刀口角尺	63×100	0级	1
	7	刀口直尺	125	0级	1
	8	半径规	R1～R6.5，R7～R14.5		各1
	9	圆弧量规（凹凸）	R10		1
	10	V形铁	90°		1
	11	钟形百分表	0～10	0.01	1
	12	杠杆百分表	0～0.8	0.01	1

续表

类别	序号	设备材料名称	规格	精度	数量
工具	1	平板锉	6寸中齿、细齿		若干
	2	什锦锉			若干
	3	手锤			1
	4	样冲			1
	5	磁力表座			1
	6	划针			1
	7	靠铁			1
	8	蓝油			若干
	9	毛刷	2″		1
	10	活络扳手	12寸		1
	11	一字螺丝刀			若干
	12	十字螺丝刀			若干
	13	万用表			1
	14	棉丝			若干
编写工艺工具	1	铅笔		自定	自备
	2	钢笔		自定	自备
	3	橡皮		自定	自备
	4	绘图工具		1套	自备
	5	计算器		1	自备

××省职业技能鉴定

电切削工（电火花）中级操作技能考核试卷

考件编号:______**姓名:**________**准考证号:**____________**单位:** ________

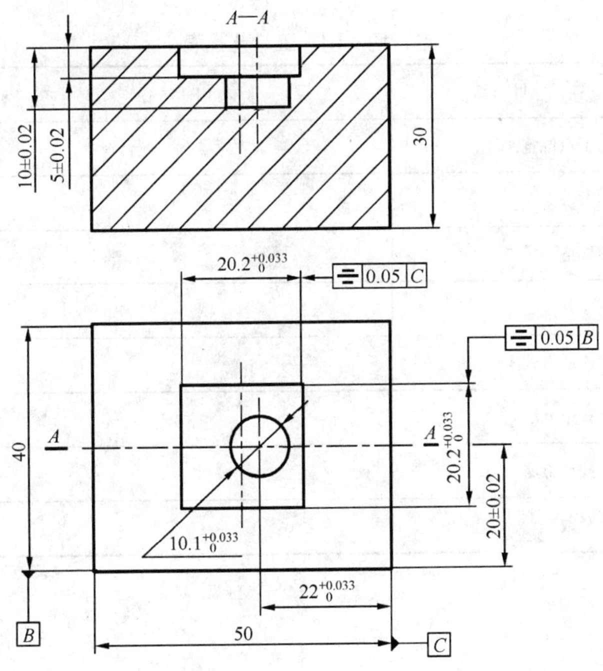

技术要求： 1．各加工棱边不能倒角。

2．未注公差采用 IT8。

本题分值： 100 分

考核时间： 130 min

考核形式：操作

具体考核要求：独立完成

××省职业技能鉴定

电切削工（电火花）中级操作技能考核工艺表

考件编号：__________姓名：_________准考证号：____________单位：__________

电 切 削 工 艺 表

序　号	项　目	内　容	备　注
1	起割点或加工点位置		
2	电切削初始参数		
3	电极材料及规格		
4	偏移方式及偏移量		
5	工件装夹方法或方式		
6	电极安装及找正方法		
7	工件装夹、找正方法		
8	电切削调整参数		

××省职业技能鉴定

电切削工（电火花）中级操作技能考核评分记录汇总表

考件编号：__________姓名：__________准考证号：___________单位：__________

（若有评分原则和说明，请在总成绩表前注明）

总　成　绩　表

项　目	序　号	技术要求	配　分	评分标准	检测记录	得　分
程序编制(10)	1	加工点设置符合工艺要求	3	不合理全扣		
	2	电切削参数选择符合工艺要求	2	不合理全扣		

续表

项　目	序　号	技术要求	配　分	评分标准	检测记录	得　分
机床调整辅助技能(10)	3	电极材料规格选择正确	2	不合理全扣		
	4	工件装夹找正符合工艺要求	3	不合理每处扣 1～3 分		
	5	电极安装及找正符合规范	3	不符要求每次扣 1 分		
	6	工件装夹、找正操作熟练	3	不规范每次扣 1 分		
	7	机床清理、复位及保养	4	不符要求全扣		
加工质量评估(80)	8	$20.2^{+0.033}_{0}$	8×2	超差全扣		
	9	5±0.01	7	超差全扣		
	10	$22^{+0.033}_{0}$	8	超差全扣		
	11	20.2±0.02	8	超差全扣		
	12	10.2±0.02	8	超差全扣		
	13	⌯ 0.05 C	6	超差全扣		
	14	⌯ 0.05 B	6	超差全扣		
	15	*Ra*2.5	3×7	超差全扣		
	16	工件缺陷	倒扣分	酌情扣分，严重缺陷加工质量评估项目不得分		
文明生产	17	人身、机床、刀具安全	倒扣分	每次倒扣 5，重大事故记总分零分		

评分人：　　　　　　　　　　　　　　　　核分人：　　　　年　　月　　日

任务三　电切削工中级技能鉴定应知模拟试题

××省职业技能鉴定

电切削工中级应知试卷

注　意　事　项

1. 考试时间 100 min。
2. 请首先按要求在试卷的标封处填写您的姓名、准考证号和所在单位的名称。
3. 请仔细阅读各种题目的回答要求，在规定的位置填写您的答案。
4. 不要在试卷上乱写乱画，不要在标封区填写无关的内容。

	一	二	三	四	五	总　分
得　分						

得　分	
评分人	

一、单项选择题（第 1～60 题。请选择一个正确答案，将答题卡中相应的字母涂黑。每题 1 分，共 60 分）

1. 职业道德主要通过调节（　　）的关系，增强企业的凝聚力。
   A. 职工家庭间　　B. 领导与市场
   C. 职工与企业　　D. 企业与市场
2. 属于爱岗敬业的基本要求是（　　）。
   A. 树立生活理想　　B. 强化职业道德
   C. 提高职工待遇　　D. 抓住择业机遇
3. 不属于安全生产五项基本原则的是（　　）。
   A. 管生产必须管安全的原则　　B. 安全第一，预防为主的原则
   C. 专管群治全员管理的原则　　D. 安全问题协调后执行的原则
4. 下列关于功率的计算公式中正确的是（　　）。
   A. $P=U/I$　　B. $P=UI$　　C. $P=F/V$　　D. $P=IR$

5. （ ）是公称尺寸。

A. 测量获得的尺寸　　B. 图样上给定的尺寸

C. 公差内的尺寸　　D. 上下极限偏差内的尺寸

6. 下列可以检测圆度误差的工具有（ ）。

A. 水平仪　　B. 千分尺　　C. 深度尺　　D. 刀口角尺

7. 垂直度公差属于（ ）。

A. 形状公差　　B. 定向公差　　C. 定位公差　　D. 跳动公差

8. B 表示（ ）的代号。

A. 三角形螺纹　　B. 梯形螺纹　　C. 矩形螺纹　　D. 锯齿形螺纹

9. 以下属于化学热处理的是（ ）。

A. 激光加热淬火　B. 火焰加热淬火　C. 碳氮共渗　　D 回火

10. 为了工作方便，减小累积误差，选用量块时应尽可能采用（ ）的块。

A. 多　　B. 少　　C. 不一定　　D. 没有限制

11. 下列划线作用不正确的是（ ）。

A. 可以减少加工余量　　B. 可以找正位置

C. 避免加工后造成的损失　　D. 能补救误差不大的毛坯

12. 标注角度尺寸时，尺寸数字一律水平写，尺寸界线沿径向引出，（ ）画成圆弧，圆心是角度的顶点。

A. 尺寸界线　　B. 尺寸线　　C. 尺寸线及其终端　　D. 尺寸数字

13. 电加工时，两电极间电压一般为（ ）。

A. 10～30 V　　B. 100～500 V　　C. 60～300 V　　D. 0～240 V

14. 关于极性效应，下面（ ）说法是不正确的。

A. 相同材料的两电极被蚀除量是一样的

B. 电火花通常采用正极性加工

C. 有正极性和负极性加工两种

D. 快走丝线切割采用负极性加工

15. 对脉冲宽度叙述正确的一项是（ ）。

A. 在特定的工艺条件下，脉宽增加，切割速度提高，表面粗糙度增大

B. 通常情况下，脉宽的取值不一定要考虑工艺指标及工件的性质．厚度

C. 一般设置脉冲放电时间，最大取值范围是 50 μs

D. 中、粗加工，工件材质切割性能差，脉宽取值一般为偏小

16. 实现自动编程的步骤不包括（ ）。

A. 工艺分析　　B. 对零件进行几何造型

C. 打印　　D. 数控程序制作

17. 对坐标系的确定原则述说正确的有（ ）。

A. 工件相对刀具运动的原则

B. 为了确定机床上的成行运动和辅助运动，必须先确定机床上的运动方向和运动距离

C．标准的坐标是采用左手直角笛卡尔坐标系

D．按实际需要确定

18．下列关于数控机床 *A*、*B* 轴方向确定的说法正确的是（　　）。

A．*A*、*B* 和 *C* 相应地表示其轴线平行于 *X*、*Y* 和 *Z* 坐标的旋转运动

B．*A*、*B* 和 *C* 的正方向，相应地表示在 *X*、*Y* 和 *Z* 坐标正方向上按照左旋螺纹前进的方向

C．*A*、*B* 和 *C* 的正方向，相应地表示在 *X*、*Y* 和 *Z* 坐标负方向上按照右旋螺纹前进的方向

D．以上说法都正确

19．逆时针圆弧插补指令 正确的是（　　）。

A．G04　B．G01　C．G90　D．G03

20．XOY 平面选择正确的是（　　）。

A．G17　B．G18　C．G19　D．以上都不是

21．用 0.18 mm 的钼丝加工 20 mm×20 mm 的四方零件，假设钼丝单边放电间隙为 0.01 mm。编程时补偿间隙值取（　　）。

A．0.1 mm　B．0.09 mm　C．0.11 mm　D．0.19 mm

22．关闭运丝机构的指令是（　　）。

A．T84　B．T85　C．T86　D．T87

23．表示主轴停止的指令是（　　）。

A．M00　B．M01　C．M03　D．M05

24．下列 3B 指令格式正确的是（　　）。

A．BXBYBZGZ　B．BXBYBJGZ　C．BXBYBZBJ　D．BJBXBYGZ

25．不会影响电火花加工工艺留量的因素是（　　）。

A．单边放电间隙　B．安全间隙　C．加工时间　D．电加工规准

26．状态栏不能用来提示操作者进行了以下（　　）项操作。

A．绘图时间　B．比例系数　C．光标位置　D．公英制切换

27．下列文件格式中，（　　）是线切割编程系统中可以兼容的 。

A．.igs　B．.doc　C．.txt　D．.dxf

28．保证工件在夹具中有一个确定的位置，称之为工件的（　　）。

A．定位　B．夹紧　C．紧固　D．连接

29．采用压板压紧工件时，其夹紧点必须（　　）加工部位。

A．远离　B．靠近　C．大于　D．等于

30．夹紧力方向应该有助于（　　）稳定。

A．夹紧　B．装夹　C．定位　D．装卸

31．（　　）的工件不可采用精密虎钳来装夹。

A．装夹余量小　B．精度要求高　C．多次装夹形状复杂　D．大于 100 mm

32．坐标工作台的运动分别由（　　）步进电动机控制。

A．一个　　B．两个　　C．三个　　D．四个

33．主机控制盒不可以用来控制机床（）的动作？（　　）。

A．电源开　　B．电流大小选择　C．冷却液开　　D．冷却液关

34．造成运丝电动机不运转，与（　　）有关。

A．机床电器板故障　　B．配重块

C．上下导轮　　D．断丝、无丝

35．下列哪些操作不会影响到工件的精度误差（　　）。

A．加工过程中切削液不能一直畅通　　B．照明灯未打开

C．钼丝过紧　　D．钼丝过松

36．下列哪种材料可以作为电极材料（　　）。

A．铜　　B．碳　　C．木　　D．塑料

37．下列关于电规准的选择不正确的有（　　）。

A．粗规准一般选择较大的峰值电流，较长的脉冲宽度

B．精规准多采用小的峰值电流及窄的脉冲宽度（2～6 μs）

C．精规准多采用大的峰值电流及窄的脉冲宽度

D．中规准采用的脉冲宽度为6～20 μs

38．在线切割加工中，当穿丝孔靠近装夹位置时，开始切割时电极丝的走向应（　　）。

A．沿靠近夹具的方向进行加工　　B．沿与夹具平行的方向进行加工

C．无特殊要求　　D．沿离开夹具的方向进行加工

39．工件加工深度很浅时，排屑容易，只需要（　　）。

A．上冲油　　B．不用冲油　　C．下抽油　　D．以上三项均不正确

40．下述电加工操作中属于废旧钼丝正确处理的方法为（　　）。

A．重新再利用　　B．和环保部门联系

C．随意排放　　D．可以直接扔掉

得　分	
评分人	

二、判断题（第61～80题。将答题卡中相应的字母涂黑，正确的涂“A”，错误的填“B”。每题1分，共20分）

41．职业道德有助于增强企业凝聚力，但无助于促进企业技术进步。（　　）

42．不燃气体不适合于扑救密闭的房间内的火灾。（　　）

43. 实训时，衣着要符合要求、要穿绝缘的工作鞋，女生要戴安全帽，长辫要盘起。（　　）

44．功率的计算公式可以用速度乘以物体的受力。（　　）

45．允许最大尺寸变化的界限值称为极限尺寸。（　　）

46．图样上直线相对于理想直线的变动称为直线度的公差。（　　）

47．用刀口角尺可以测量出平面度的大小。 （ ）

48．常用的尺寸标注符号有直径ϕ、厚度t、球直径$S\phi$、均布 EQS 等。 （ ）

49．带传动的传动比就是主动轮转速n_1与从动轮转速n_2之比，通常用i_{12}表示。（ ）

50．广泛应用于紧固连接的螺纹是矩形螺纹。 （ ）

51．金属弹性变形后其组织和性能不发生变化。 （ ）

52．在量具的综合使用中，正弦规配合量块可测量精密零件的角度。 （ ）

53．游标尺的测量方法，用游标卡尺测量工件时，先将游标卡尺的一个量爪与工件上的被测表面接触，然后用右手大拇指推动另一个量爪向前移动至与工件另一被测表面完全接触，即可进行读数。 （ ）

54．锉削一般是在錾削、锯削之后对工件进行的精度较高的加工，其精度最高可达 0.02 mm，表面粗糙度 Ra 值可达 0.8 mm。 （ ）

55．放电加工只要选取择粗、精两条加工条件即可。 （ ）

56．目前加工电压有两种选择，高压选择和低压选择。 （ ）

57．辅助装置也是数控机床的组成部分之一对 （ ）

58．在没有回转刀具的机床上，Y轴垂直于主要切削方向。 （ ）

59．在镗削加工中，镗出工件的方向是 Z 的正方向。 （ ）

60．G28、G03 指令都能使机床坐标轴准确到位，因此它们都是插补指令。 （ ）

61．指令“G90 G01 X0 Y0”与指令“G91 G01 X0 Y0”意义相同。 （ ）

62．G42 为刀具右补偿指令。 （ ）

63．T84 为启动运丝机构指令。 （ ）

64．G 代码可以分为模态 G 代码和非模态 G 代码。 （ ）

65．在电火花线切割加工过程中，可以不使用工作液。 （ ）

66．在文件存盘的过程中，如果所使用的文件名是机器中正在使用的，则系统会提示“是否覆盖”的对话框。 （ ）

67．自动编程时，起割点的设点，可以放置在任意位置，通过输入 X、Y 坐标的方式确定。 （ ）

68．采用布置恰当的 6 个支撑点来消除工件 6 个自由度的方法，称为六点定位。（ ）

69．采用设计基准作为定位基准，其定位基准可以被定为工序基准。 （ ）

70．工件的实际定位点数，如不能满足加工要求，少于应有的定位点数，称为欠定位。 （ ）

71．工件直接装夹在台面上或桥式夹具的一个刃口上，称为板式装夹。 （ ）

72．理论上电火花加工机床就是指电火花线切割机。 （ ）

73．桥式支撑方式适用于装夹各类工件，特别是方形工件，装夹后稳定。 （ ）

74．电极长度应在满足装夹和加工需要的条件下尽量加长，以提高电极刚度和加工过程稳定性。 （ ）

75．电极的装夹大多采用通用夹具直接将电极装在机床主轴下端。 （ ）

76．中规准一般选择较大的峰值电流，较长的脉冲宽度。 （ ）

77. 脉冲电流峰值愈小，散失的热量也愈多，从而减少电蚀量。 （ ）
78. 线切割机床导电块上不应有蚀除物堆积，否则会造成接触不良，在丝与导电块间产生放电，特别在加工铝及铜等金属时要格外小心，既影响加工效果，又减低丝和导电块的使用寿命。 （ ）
79. 电切削加工只能用于简单零件的加工。 （ ）
80. 线切割加工时，放电间隙是指放电时电极丝与工件间的距离。 （ ）

得 分	
评分人	

三、多项选择题（第81～100题。请选择正确的答案，并将答题卡中相应的字母涂黑。每题1分，共20分。）

81. 轴的基本尺寸为ϕ30，最大极限尺寸为29.991 mm，尺寸公差为0.025 mm，求其最小极限尺寸、上偏极限差和下极限偏差，下列正确的说法为（ ）。
A. 上极限偏差+0.016 mm　　B. 下极限偏差–0.009 mm
C. 最小极限尺寸29.966 mm　　D. 公差为0.023 mm
E. 基本偏差为–0.009 mm
82. 下列哪些角度可以使用万能角度尺测量（ ）。
A. 45°　B. 120°　C. 300°　D. 360°　E. 345°
83. 图纸幅面包括（ ）等方面的内容。
A. 图纸幅面尺寸　B. 图框的格式　C. 标题栏的方位
D. 尺寸终端　E. 尺寸线的大小
84. 两电极间加以（ ）脉冲电压可以进行放电加工。
A. 12 V　B. 24 V　C. 100 V　D. 200 V　E. 300 V
85. 关于极性效应，下面（ ）说法是正确的。
A. 相同材料的两电极被蚀除量是一样的
B. 相同材料的两电极被蚀除量是不同的
C. 有正极性和负极性加工两种
D. 快直丝线切割采用负极性加工
E. 电火花通常采用正极性加工
86. 在电火花低损耗加工中，当其他工艺条件不变时，增大脉冲宽度可以（ ）。
A. 提高加工速度　B. 表面质量会变好　C. 减少电极损耗
D. 增大单个脉冲能量　E. 表面粗糙度增大
87. 脉冲间隙上升时，工艺指标的变化情况中，正确的是（ ）。
A. 加工速度下降明显　B. 电极损耗上升明显

C．表面粗糙度降低不明显　　　　D．放电间隙减小不明显

E．综合影响评价不显著

88．线切割的工作液应满足（　　）特点。

A．有一定的绝缘性能　　　　B．具有良好的洗涤性能

C．有良好的冷却性能　　　　D．有良好的防锈能力

E．对环境无污染

89．电火花线切割加工中，当工作液的绝缘性能太高时会（　　）。

A．产生电解　　　　B．放电间隙小　　　　C．排屑困难

D．切割速度缓慢　　　　E．切削费力

90．下述 Y 坐标方向正确的说法是（　　）。

A．对于工件旋转的机床，Y 坐标的方向是在工件的径向上，且平行于横滑座

B．刀具离开工件旋转中心的方向为 Y 坐标正方向

C．对于刀具旋转的机床（如铣床、镗床、钻床等），如 Z 轴是垂直的，当从刀具主轴向立柱看时，Y 运动的正方向指向里

D．如 Z 轴（主轴）是水平的，当从主轴向工件方向看时，Y 运动的正方向指向上方

E．以上都错

91．使用 3B 指令编程时，关于坐标系正确的说法是（　　）。

A．使用绝对值指令编程

B．使用增量值指令编程

C．加工直线时，以该直线的起点为坐标系的原点

D．加工圆弧时，以该圆弧的圆心为坐标原点

E．加工圆弧时，以该圆弧的起点为坐标原点

92．（　　）分别加工指令中的一种。

A．L1、L2、L3、L4　　　　B．SR1、SR2、SR3、SR4、

C．NR1、NR2、NR3、NR4　　　　D．SL1、SL2、SL3、SL4

E．NL1、NL2、NL3、NL4

93．绘图软件的启动方式，下列哪种方式是正确的（　　）。

A、启动计算机即可　　　　B．从程序开始菜单里找到命令项启动

C．双击桌面的快捷键　　　　D．打开安装目录里的可执行文件

E．U 盘启动

94．关于椭圆的输入中，说法正确的是（　　）。

A．椭圆的输入中，主要是输入长半轴长和短半轴长。

B．椭圆输入专用参数对话框的其他参数对椭圆无效。

C．参数设置完成后，单击“退出”按钮，返回对话框，若要撤销本次输入，可以用光标单击“放弃”按钮。

D．根据实际图纸尺寸，可以设置对应的中心，但不可以设定选择角度

E．以上都正确

95. 采用心棒来定位内圆柱零件时，能限制工件（　　）个自由度。

A. 1　　B. 2　　C. 3　　D. 4　　E. 5

96. 电火花成形加工时，关于电极的装夹正确的是（　　）。

A. 钻夹头适用于圆柄电极的装夹

B. 固定板结构装夹主要用来适用于重量较大．面积较大的电极

C. 由于电加工没有较大的作用力，对于装夹细长的电极，伸出部分长度可以很长

D. 采用各种方式装夹电极，都应保证电极与夹具接触良好、导电

E. 人工校正一般以工作台面的 X、Y 水平方向为基准，对电极横、纵两个方向作垂直校正或水平校正

97. （　　）用于线切割加工时的脉冲电源参数调整。

A. 电源开关　　B. 幅值电压选择按钮　　C. 功率管调节按钮

D. 脉冲间隙调节按钮　　E. 急停开关

98. 线切割加工时，工件装夹后主要测量（　　）。

A. 平面度　　B. 同轴度　　C. 跳动度

D. 粗糙度　　E. 平行度

99. 编辑模式的主要功能是（　　）。

A. 程序修改　　B. 程序录入　　C. 程序复制

D. 零件绘图　　E. 零件加工

100. 常用的电极结构形式有（　　）。

A. 整体式电极　　B. 组合电极　　C. 2D 电极

D. 3D 电极　　E. 4D 电极

项目二 电切削工高级技能鉴定

任务一　电切削工高级技能鉴定应会（线切割）模拟试题

电切削工（线切割）高级操作技能考核准备通知单(考场)

一、设备材料准备

序　号	设备材料名称	规　格	数　量	备　注
1	板料	120×100×10	1	45 钢
2	线切割机床		1	
3	夹具	线切割专用夹具	1	
4	划线平台	400×500	1	
5	台钻	Z4012	1	
6	钻夹头	台钻专用	1	
7	钻夹头钥匙	台钻专用	1	
8	切削液	线切割专用	若干	
9	手摇柄	线切割专用	1	
10	紧丝轮	线切割专用	1	
11	铁钩	线切割专用	1	
12	活络扳手		若干	
13	钼丝	ϕ0.18，ϕ0.20	若干	
14	其他	线切割机床辅具	若干	

二、场地准备

1．场地清洁。

2．拉警戒线。

3．机床标号。

4．抽签号码。

5．饮用水。

其他准备要求：电工、机修工应急保障。

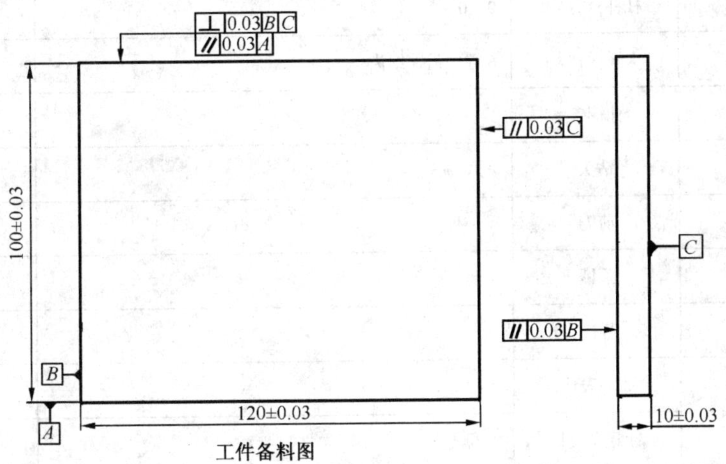

工件备料图

××省职业技能鉴定

电切削工（线切割）高级操作技能考核准备通知单（考生）

类　别	序　号	设备材料名称	规　　格	精　度	数　量
量具	1	外径千分尺	0～25，25～50，50～75	0.01	各1
	2	游标卡尺	0～150	0.02	1
	3	钢直尺	0～150		1
	4	高度划线尺	0～300	0.02	1
	5	万能角度尺	0°～320°	2′	1
	6	刀口角尺	63×100	0级	1
	7	刀口直尺	125	0级	1
	8	塞　尺	0.02～1		1
	9	半径规	*R*1～R6.5，*R*7～*R*14.5，*R*15～*R*25		各1

续表

类别	序号	设备材料名称	规格	精度	数量
量具	10	V形铁	90°		1
	11	钟形百分表	0～10	0.01	1
	12	杠杆百分表	0～0.8	0.01	1
刃具	1	平板锉	6寸中齿、细齿		若干
	2	什锦锉			若干
	3	钻头	$\phi3$，$\phi6$		若干
	4	剪刀			1
其他工具	1	手锤			1
	2	样冲			1
	3	磁力表座			1
	4	悬臂式夹具			1
	5	划针			1
	6	靠铁			1
	7	蓝油			若干
	8	毛刷	2″		1
	9	活络扳手	12寸		1
	10	一字螺丝刀			若干
	11	十字螺丝刀			若干
	12	万用表			1
	13	棉丝			若干
	14	标准芯棒	$\phi6$，$\phi8$，$\phi10$，$\phi12$		
编写工艺工具	1	铅笔		自定	自备
	2	钢笔		自定	自备
	3	橡皮		自定	自备
	4	绘图工具		1套	自备
	5	计算器		1	自备

××省职业技能鉴定

电切削工（线切割）高级操作技能考核试卷

考件编号:______ **姓名:**______ **准考证号:**__________ **单位:**______

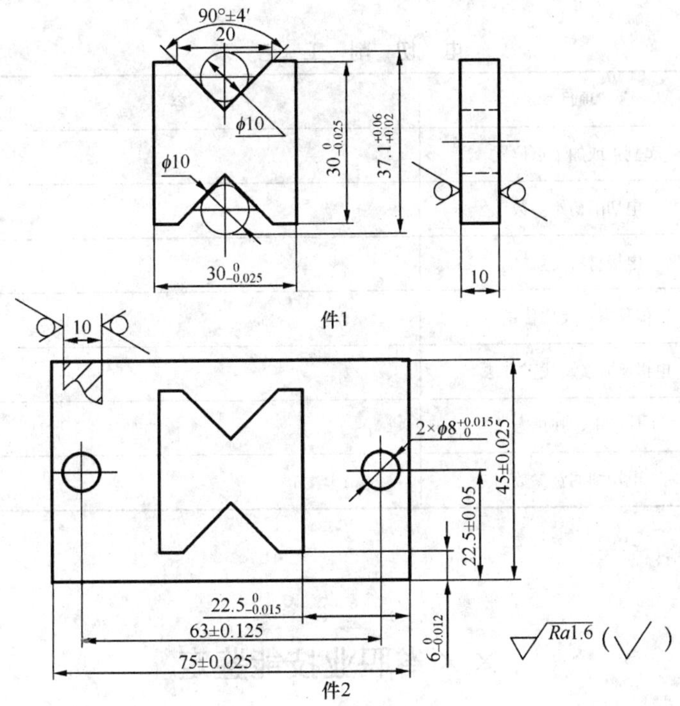

技术要求： 1．以件 1 尺寸配作件 2，配合间隙≤0.04。
2．各加工表面不能修整。
3．未注公差为 IT7。

本题分值： 100 分

考核时间： 180 min

考核形式： 操作

具体考核要求： 独立完成

××省职业技能鉴定

电切削工（线切割）高级操作技能考核工艺表

考件编号：________姓名：__________准考证号：____________单位：________

电 切 削 工 艺 表

序号	项目	内　容	备　注
1	起割点或加工点位置		
2	电切削初始参数		
3	电极材料及规格		
4	偏移方式及偏移量		
5	电极丝安装及找正方法		
6	工件装夹、找正方法		
7	电切削调整参数		

××省职业技能鉴定

电切削工（线切割）高级 操作技能考核评分记录汇总表

考件编号：________姓名：__________准考证号：____________单位：________

（若有评分原则和说明，请在总成绩表前注明）

总 成 绩 表

项　目	序　号	技术要求	配　分	评分标准	检测记录	得　分
加工质量评估(80)	1	75±0.025	5	超差全扣		
	2	45±0.025	5	超差全扣		
	3	63±0.125	5	超差全扣		

续表

项　目	序　号	技术要求	配　分	评分标准	检测记录	得　分
加工质量评估(80)	4	22.5 ± 0.05	4	超差全扣		
	5	$22.5^{0}_{-0.015}$	4	超差全扣		
	6	$6^{0}_{-0.012}$	4	超差全扣		
	7	$\phi 8^{+0.015}_{0}$	3×2	超差全扣		
	8	$90^{0}\pm4'$	4	超差全扣		
	9	$30^{0}_{-0.025}$	4	超差全扣		
	10	$33^{0}_{-0.025}$	4	超差全扣		
	11	$37.1^{+0.06}_{+0.02}$	4	超差全扣		
	12	*Ra*3.2（配合面及孔壁）	0.5×22	超差全扣		
	13	间隙≤0.04	2×10	超差全扣		
	14	工件缺陷	倒扣分	酌情扣分，重大缺陷加工质量评估项目全扣		
程序编制(10)	1	加工点设置符合工艺要求	3	不合理全扣		
	2	电切削参数选择符合工艺要求	2	不合理全扣		
	3	电极材料规格选择正确	2	不合理全扣		
	4	工件装夹找正符合工艺要求	3	不合理每处扣1～3分		
机床调整辅助技能(10)	1	电极安装及找正符合规范	3	不符要求每次扣1分		
	2	工件装夹、找正操作熟练	3	不规范每次扣1分		
	3	机床清理、复位及保养	4	不符要求全扣		
文明生产	1	加工点设置符合工艺要求	3	不合理全扣		

评分人：　　　　　　　　　　　　核分人：　　　　年　　月　　日

任务二　电切削工高级技能鉴定应会（电脉冲）模拟试题

××省职业技能鉴定

电切削工（电火花）高级操作技能考核准备通知单(考场)

一、设备材料准备

序　号	设备材料名称	规　格	数　量	备　注
1	钢板	60×50×30	1	Cr12、T10
2	电火花机床		1	带平动功能
3	方形电极	10×10×50 20×20×50	各 2	长度可加长
4	圆周电极	ϕ10、ϕ20	各 2	长度 50 mm 以上
5	夹具	电火花专用夹具	1	
6	划线平台	400×500	1	
7	钻夹头	台钻专用	1	带直柄
8	钻夹头钥匙	台钻专用	1	
9	切削液	电火花专用	若干	
10	活扳手	通用	若干	
11	其它	电火花机床辅具	若干	

二、场地准备

1．场地清洁。
2．拉警戒线。
3．机床标号。
4．抽签号码。
5．饮用水。

其他准备要求：电工、机修工应急保障。

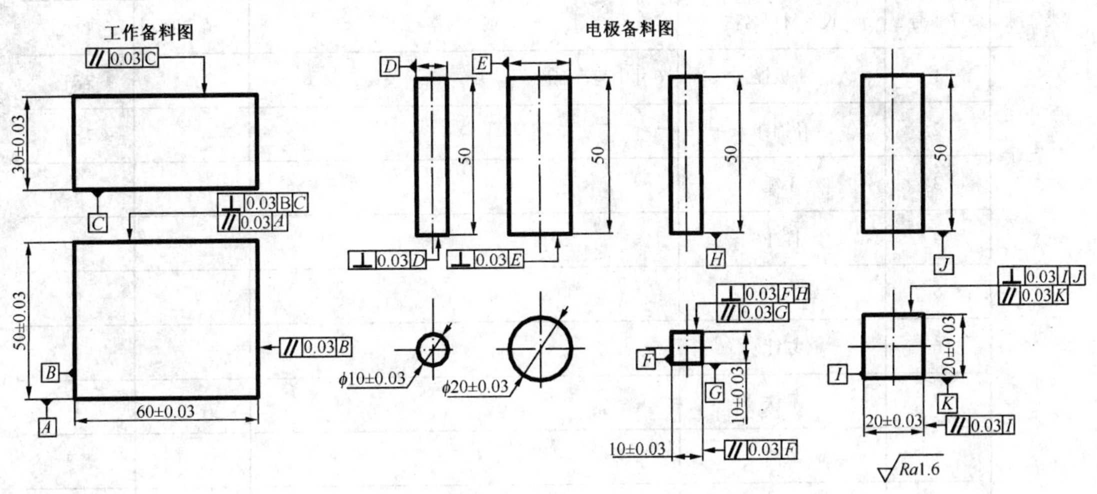

××省职业技能鉴定

电切削工（电火花）高级操作技能考核准备通知单(考生)

类别	序号	设备材料名称	规格	精度	数量
量具	1	内径千分尺	0～25，25～50，50～75	0.01	各1
	2	游标卡尺	0～150	0.02	1
	3	钢直尺	0～150		1
	4	高度划线尺	0～300	0.02	1
	5	万能角度尺	0°～320°	2′	1
	6	刀口角尺	63×100	0级	1
	7	刀口直尺	125	0级	1
	8	塞　尺	0.02～1		1
	9	半径规	*R*1～*R*6.5，*R*7～*R*14.5		各1
	10	V形铁	90°		1
	11	钟形百分表	0～10	0.01	1
	12	杠杆百分表	0～0.8	0.01	1

续表

类别	序号	设备材料名称	规格	精度	数量
工具	1	平板锉	6寸中齿、细齿		若干
	2	什锦锉			若干
	3	手锤			1
	4	样冲			1
	5	磁力表座			1
	6	划针			1
	7	靠铁			1
	8	蓝油			若干
	9	毛刷	2″		1
	10	活扳手	12寸		1
	11	一字螺丝刀			若干
	12	十字螺丝刀			若干
	13	万用表			1
	14	棉丝			若干
编写工艺工具	1	铅笔		自定	自备
	2	钢笔		自定	自备
	3	橡皮		自定	自备
	4	绘图工具		1套	自备
	5	计算器		1	自备

××省职业技能鉴定

电切削工（电火花）高级操作技能考核试卷

考件编号:______ **姓名:**________ **准考证号:**________________ **单位:** ________

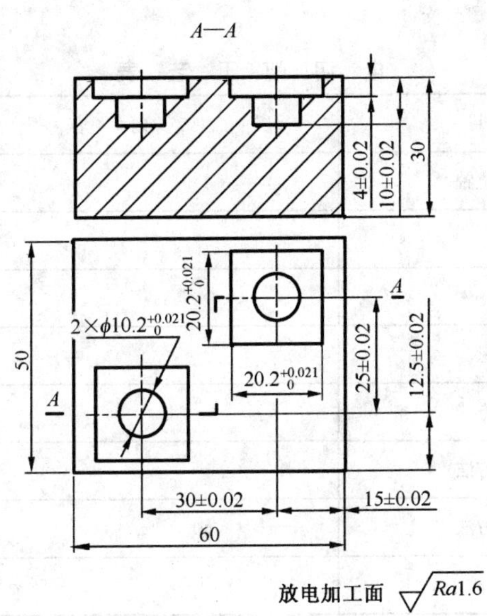

技术要求：1．各加工棱边不能倒角。

2．未注公差采用IT7。

本题分值：100分

考核时间：150 min

考核形式：操作

具体考核要求：独立完成

××省职业技能鉴定

电切削工（电火花）高级操作技能考核工艺表

考件编号：__________ 姓名：__________ 准考证号：__________ 单位：__________

电切削工艺表

序号	项目	内容	备注
1	起割点或加工点位置		
2	电切削初始参数		
3	电极材料及规格		
4	偏移方式及偏移量		
5	工件装夹方法或方式		
6	电极安装及找正方法		
7	工件装夹、找正方法		
8	电切削调整参数		

××省职业技能鉴定

电切削工（电火花）高级操作技能考核评分记录汇总表

考件编号：__________ 姓名：__________ 准考证号：__________ 单位：__________

（若有评分原则和说明，请在总成绩表前注明）

总成绩表

项目	序号	技术要求	配分	评分标准	检测记录	得分
程序编制(10)	1	加工点设置符合工艺要求	3	不合理全扣		
	2	电切削参数选择符合工艺要求	2	不合理全扣		

续表

项　目	序 号	技术要求	配 分	评分标准	检测记录	得 分
机床调整辅助技能(10)	3	电极材料规格选择正确	2	不合理全扣		
	4	工件装夹找正符合工艺要求	3	不合理每处扣1-3分		
	5	电极安装及找正符合规范	3	不符要求每次扣1分		
	6	工件装夹、找正操作熟练	3	不规范每次扣1分		
	7	机床清理、复位及保养	4	不符要求全扣		
加工质量评估(80)	8	$\phi 10.2_{\ 0}^{+0.021}$	3×2	超差全扣		
	9	$20.2_{\ 0}^{+0.021}$	3×4	超差全扣		
	10	30±0.02	2×2	超差全扣		
	11	15±0.02	2×2	超差全扣		
	12	25±0.02	2×2	超差全扣		
	13	12.5±0.02	2×2	超差全扣		
	14	10±0.02	5×2	超差全扣		
	15	4±0.02	4×2	超差全扣		
	16	*Ra*1.6	2×14	超差全扣		
	17	工件缺陷	倒扣分	酌情扣分，严重缺陷加工质量评估项目不得分		
文明生产	18	人身、机床、刀具安全	倒扣分	每次倒扣5，重大事故记总分零分		

评分人：　　　　　　　　　　　　　　　　核分人：　　　　年　月　日

任务三　电切削工高级技能鉴定应知模拟试题

××省职业技能鉴定

电切削工高级理论知识试卷

注　意　事　项

1．考试时间：120 min。

2．请首先按要求在试卷的标封处填写您的姓名、准考证号和所在单位的名称。

3．请仔细阅读各种题目的回答要求，在规定的位置填写您的答案。

4．不要在试卷上乱写乱画，不要在标封区填写无关的内容。

	一	二	三	总　分
得　分				

得　分	
评分人	

一、单项选择题（第1～40题。请选择一个正确答案，将答题卡中相应的字母涂黑。每题1分，共40分）

1．正确阐述职业道德与人的事业的关系的选项是（　　）。

A．没有职业道德的人不会获得成功

B．要取得事业成功，前提条件是要有职业道德

C．事业成功的人往往并不需要较高的职业道德

D．职业道德是人获得事业成功的必要条件

2．不属于爱岗敬业的基本要求是（　　）。

A．树立职业理想　B．强化职业道德　C．提高职业技能　D．抓住择业机遇

3．下列（　　）是作为电路中的电源部分。

A．电灯　B．电动机　C．发电机　D．变压器

4．（　　）是实际尺寸。

A．测量获得的尺寸　B．图纸尺寸

C．公差内的尺寸　　D．上下极限偏差内的尺寸

5．垂直度公差属于（　　）。

A．形状公差　　B．定向公差　　C．定位公差　　D．跳动公差

6．图纸上平行度的符号为（　　）。

A．≡　　B．—　　C．/　　D．//

7．机构传动比的大小为（　　）之比。

A．瞬时输出速度与输入速度　　B．主动轮和从动轮的角速度

C．主动轮和从动轮的齿数　　D．主动轮和从动轮的直径

8．标准规定渐开线圆柱齿轮分度圆上的齿形角（　　）。

A．20°　　B．17°　　C．18°　　D．19°

9．金属的（　　）越好，其锻造性能就越好。

A．硬度　　B．塑性　　C．弹性　　D．强度

10．为了工作方便，减小累积误差，选用量块时应尽可能采用（　　）的块数。

A．多　　B．少　　C．不一定　　D．任意选择

11．下列划线基准的选择错误的有（　　）。

A．划线基准应尽量不与设计基准重合

B．形状对称的工件应与对称中心线为基准

C．有孔的公件应以主要的孔的中心线为基准

D．在未加工的毛坯上划线应以主要不加工表面为基准

12．读组合体三视图时的基本方法是形体分析法和（　　）。

A．形体分解法　　B．形体组合法　　C．线面分析法　　D．空间想象法

13．一张 A0 的幅面图纸相当于（　　）张 A3 幅面图纸。

A．5　　B．6　　C．7　　D．8

14．下列描述中正确的是（　　）。

A．零件在加工和装配过程中所使用的基准，称为设计基准

B．加工时使工件在机床或夹具中所占据正确位置所用的基准称为工艺基准

C．在零件图上用以确定其他点、线、面的基准，称为设计基准

D．零件检验时用以测量已加工表面尺寸及位置的基准，称为定位基准

15．已知带有圆孔的球体的四组投影，下图中正确的一组是（　　）。

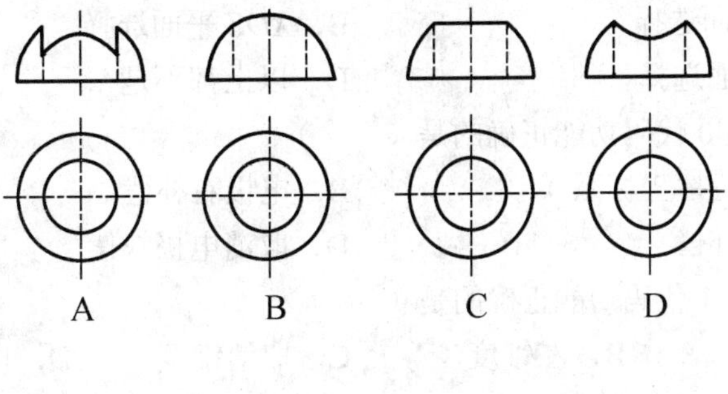

A　　B　　C　　D

16．下面对脉冲放电能量叙述正确的一项是（　　）。

A．脉冲放电能量密度较低

B．脉冲能量是以极长的时间作用在材料上

C．脉冲放电能量能够加工普通机械难以完成的特殊材料

D．脉冲放电可持续进行，才能产生大能量

17．对两电极临近状态叙述正确的是（　　）。

A．两极之间的距离小到一定距离时，阳极会逸出电子

B．在电场作用下，阴极的电子会高速向阳极运动

C．两极临近，电子到达阳极时介质不会被击穿

D．两极间距小到一定值时，电源不通过放电柱释放能量

18．对脉冲宽度叙述正确的一项是（　　）。

A．在特定的工艺条件下，脉宽增加，切割速度提高，表面粗糙度增大

B．通常情况下，脉宽的取值不一定要考虑工艺指标及工件的性质、厚度

C．一般设置脉冲放电时间，最大取值范围是 50 μs

D．中、粗加工，工件材质切割性能差，较厚时，脉宽取值一般为偏小

19．下面所述 G04 代码功能正确的是（　　）。

A．暂停指令　　B．加工指令　　C．插补指令　　D．定位指令

20．对坐标系的确定原则述说正确的有（　　）。

A．刀具相对静止工件运动的原则

B．为了确定机床上的成行运动和辅助运动，必须先确定机床上的运动方向和运动距离

C．标准的坐标是采用右手直角笛卡尔坐标系

D．以上全对

21．关于程序段的组成中说法不正确的（　　）。

A．所谓段，就是由一个地址或符号“/”开始，以“;”结束的一行程序

B．一个 NC 程序由若干个段组合而成

C．若在一段内含有两个或多个轴，依据代码，可同时处理

D．在一个段内能有多个运动代码

22．下面所述 G18 代码功能正确的是（　　）。

A．*XOY* 平面选择　　B．*XOZ* 平面选择

C．*YOZ* 平面选择　　D．以上都不是

23．下面所述 G40 代码功能正确的是（　　）。

A．进入子程序坐标系　　B．电极右补偿

C．电极左补偿　　D．取消电极补偿

24．下面所述 G51 代码功能正确的是（　　）。

A．右锥度　　B．左锥度　　C．取消锥度　　D．电极右补偿

25. 下面所述 T84 代码功能正确的是（　　）。

A. 关闭运丝机构　　B. 启动运丝机构

C. 关闭液泵　　D. 启动液泵

26. 下述哪项不是数控机床的组成部分（　　）。

A. 数控系统　　B. 辅助装置

C. 电极系统　　D. 机床本体

27. 加工下图所示水平线段（从 *A* 加工至 *B*），使用 ISO 格式编制线切割程序，并且按绝对坐标编程。正确的选项为（　　）。

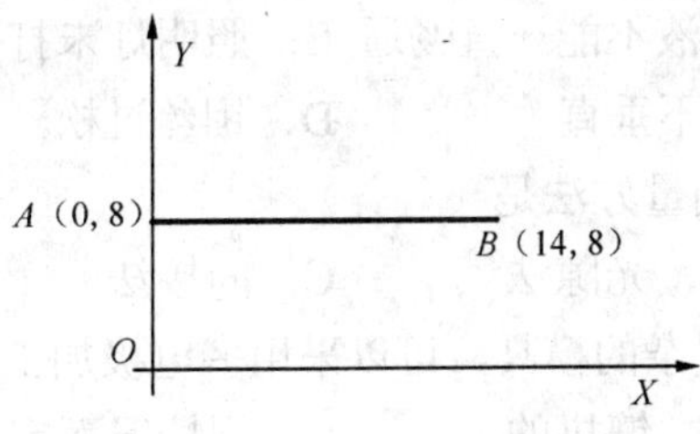

A. G01　X14.0　Y0　　B. G01　X14.0　Y8.0

C. G01　X14　Y8　　D. G01　X14.0　Y5.0

28. 下列加工中属于左补偿的是（　　）。

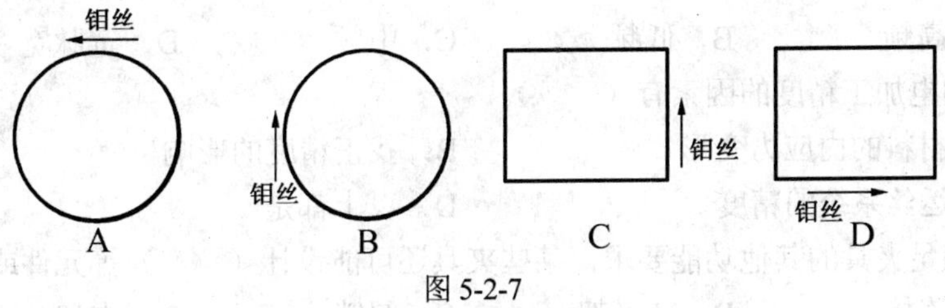

图 5-2-7

29. 线切割编程软件分为两部分：CAD 作图和生成（　　）。

A. 加工轨迹　　B. 穿丝点位置　　C. B 代码　　D. ISO 代码

30. 加工下图所示圆弧，*A* 为起点，*B* 为终点，试用 ISO 格式编制线切割程序。正确选项为（　　）。

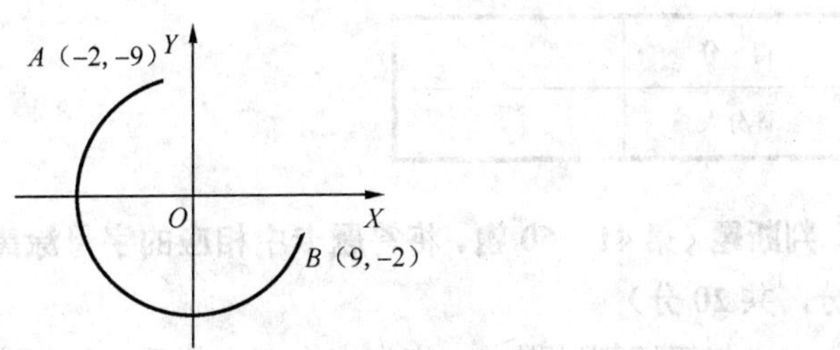

A. G03　X9.0　Y−2.0　I2.0　J−9.0;

B. G02　X9.0　Y−2.0　I2.0　J−9.0

C．G03　X9.0　Y–2.0　I-2.0　J–9.0

D．G02　X9.0　Y–2.0　I2.0　J–9.0

31．电磁工作台是利用导磁性材料制成的（　　）夹具。

A．专用　B．可调　C．通用　D．组合

32．造成运丝电动机不运转，与（　　）有关。

A．机床电器板故障　B．配重块

C．上下导轮　D．断丝、无丝

33．下列哪些操作不会影响到工件的精度误差（　　）。

A．加工过程中切削液不能一直畅通　B．照明灯未打开

C．钼丝和工作台面不垂直　D．钼丝过松

34．零件垂直度的常用测量方法是（　　）。

A．覆盖法　B．光隙法　C．间接法　D．计算法

35．对于大中型及型腔复杂的模具，可以采用多电极加工，各个电极可以是（　　）。

A．独块　B．镶拼的　C．视情况而定　D．以上都可以

36．线切割模拟仿真加工需要在装夹定位好后，在加工的（　　）上进行。

A．同一位置　B．任何位置　C．工作　D．机床

37．常常有人埋怨电源的电极损耗异乎寻常的大，这往往是由于极性接反了，或者是（　　）进行型腔的粗加工。

A．高频　B．低频　C．中频　D．宽脉宽

38．影响电加工精度的因素有（　　）。

A．材料的内应力变形　B．找正精度的影响

C．运丝系统的精度　D．以上都是

39．为满足夹具的其他功能要求，某些夹具还可能设计（　　）等元件或装置。

A．连接　B．V形架　C．圆销　D．支架

40．加工液的好坏直接影响到加工速度和粗糙度，应（　　）更换一次，同时将工作台．液箱等部位的蚀除物清洗干净。

A．每周　B．每月　C．每天　D．每半月

得　分	
评分人	

二、判断题（第41～60题。将答题卡中相应的字母涂黑，正确的涂“A”，错误的填“B”。每题1分，共20分）

41．在电加工切割过程中，产生很多有害物质，如废弃的工作液、废丝等，它们对环境会造成一定的伤害。（　　）

42．操作者必须熟悉电切削加工机床的操作及加工工艺。能够按照规定的操作步骤操作机床，并能合理选取加工参数。（　　）

43．如下图所示电路中，当开关 S 闭合后，则 I 增大，U 减小。（　　）

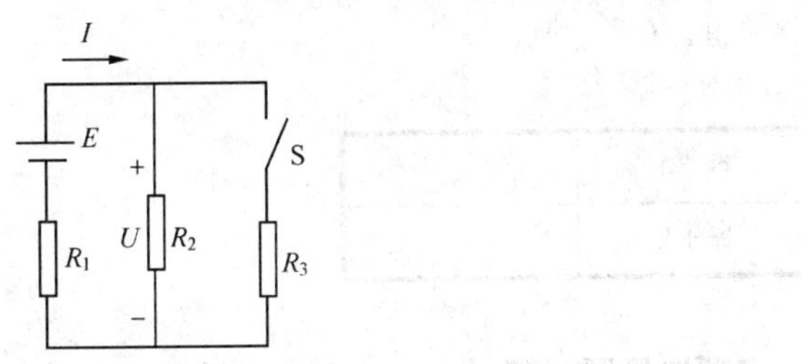

44．孔的最大极限尺寸为 30.20 mm，最小极限尺寸为 30.01 mm，公称尺寸为 30 mm，孔的公差为 0.19 mm。（　　）

45．用刀口角尺可以测量出平面度的大小。（　　）

46．在量具的综合使用中，正弦规配合量块可测量精密零件的角度。（　　）

47．对于加工精度要求较高的工件，其尺寸要用千分尺来测量。（　　）

48．图样上标注的尺寸，一般应由尺寸界线、尺寸线、尺寸数字组成。（　　）

49．当标注线性尺寸时，尺寸线必须与所注的线段平行。（　　）

50．电加工中，电容并联在两极间，作特殊加工用，在 0～31 之间选择。（　　）

51．功率管数的增、减决定脉冲峰值电流的大小，电流越大切削速度越高。（　　）

52．电火花线切割加工过程中，伺服控制系统不能自动调节电极丝的进给速度。（　　）

53．光标按“送控制台”功能，系统自动把当前编好程序的图形送入“YH 控制系统”，并转入控制界面。（　　）

54．平面坐标系是这样规定的：面对机床操作台，工作台平面为坐标系平面，左右方向为 Y 轴，且右方向为正：前后方向为 X 轴，前方为正。（　　）

55．不管是加工直线还是圆弧，计数方向均按终点的位置来确定。（　　）

56．M30 表示程序结束。（　　）

57．电火花加工工艺规程中应分别编制上、下模及电极的机械加工工艺和型腔模的电火花加工工艺。（　　）

58．加工下图所示零件，设置起点为 A，终点为 B，使用 ISO 格式编制线切割程序如下：G41 G01 X14 Y8。（　　）

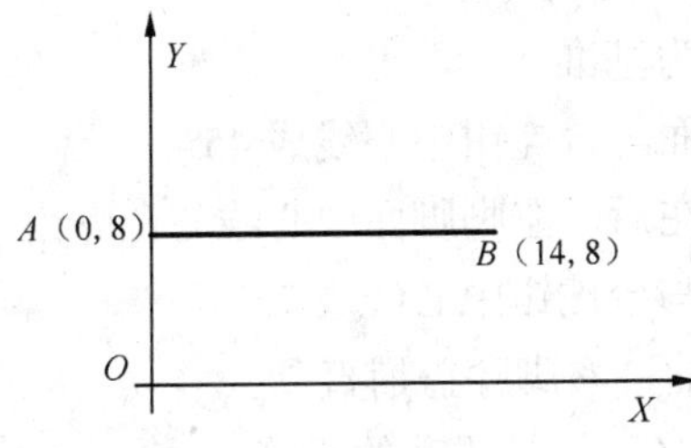

59．精密平口钳可以作为夹具使用。（　　）

60．制造电极是电火花加工的第一步，根据图样要求，放大电极尺寸是顺利完成加工的关键。（　　）

得　分	
评分人	

三、多项选择题（第61～100题。请选择正确的答案，并将答题卡中相应的字母涂黑。每题1分，共20分。）

61．我国公民的基本道德规范包括（　　）。

A．爱国守法　　B．明礼诚信　　C．勤俭自强

D．敬业奉献　　E 团结友爱

62．下列在平板上可以测量倾斜度误差的精确值的工具有（　　）。

A．游标卡尺　　B．千分尺　　C．百分表

D．刀口角尺　　E．正弦规

63．按牙型不同，螺纹可分为（　　）。

A．三角形螺纹　　B．矩形螺纹　　C．梯形螺纹

D．锯齿形螺纹　　E．圆形螺纹

64．运动副可分为低副和高副，属于低副的是？　（　　）。

A．转动副　　B．移动副　　C．滚动轮接触

D．凸轮接触　　E．螺旋副

65．钢的表面热处理常用的有（　　）。

A．激光加热淬火　　B．火焰加热淬火　　C．碳氮共渗

D．渗碳　　E．氮化

66．若某一高度划线尺的量程范围为300 mm，且它的精度为0.02 mm，则下列读数正确的是（　　）。

A．0.05 mm　　B．12.65 mm　　C．12.88 mm

D．21.77 mm　　E．121.80 mm

67．下列有关锉削姿势中，正确的有（　　）。

A．以台虎钳中心线为基准

B．操作者的身体平面与台虎钳中心线成45°

C．左脚在前，右脚在后，左脚脚面中心线与台虎钳中心线成30°

D．右脚脚面中心线与台虎钳中心线成75°

E．左脚膝盖略有弯曲，右脚膝盖崩直

68．画粗实线时，通常用（　　）铅芯的铅笔。

A．2H　　B．H　　C．HB

D．2B　　E．B

69. 下列四种断开画法，（　）是正确的。

A　B　C　D　E

70. 下列关于场强（　）叙述是正确。

A. 电加工时，两电极建立场强后，其电场强度是均匀不变的
B. 电加工时，两电极建立场强后，其电场强度是不均匀分布的
C. 电场强度仅与极间电压有影响
D. 电场强度仅与极间距离有影响
E. 电场强度与极间电压、极间距离都有影响

71. 两电极间加以（　）脉冲电压可以进行放电加工。

A. 12 V　B. 24 V　C. 100 V
D. 200 V　E. 300 V

72. 下列（　）材料可以进行电火花成形加工。

A. 铸铁　B. 碳　C. 木
D. 塑料　E. 紫铜

73. 影响伺服控制的因素有（　）。

A. 材料的蚀除速度　B. 极间放电状况　C. 电极丝运行速度
D. 电极丝进给速度　E. 极间电压、电流

74. 对偏移相关知识叙述正确的是（　）。

A. 电极丝中心相对于理论轨迹要偏在一边，称为偏移
B. 为了保证理论轨迹正确，偏移量等于电极丝直径与放电间隙之和
C. 偏移分为左偏和右偏，但要根据理论尺寸的计算确定
D. 从电极丝的前进方向看，电极丝位于实际轨迹的左边为左偏
E. 钼丝在实际轨迹的左边即为左补偿

75. 脉冲间隙上升时，工艺指标的变化情况中，正确的是（　）。

A. 加工速度下降明显　B. 电极损耗上升明显
C. 表面粗糙度降低不明显　D. 放电间隙减小不明显
E. 综合影响评价不显著

76. 影响电加工精度的因素有（　）。

A. 材料的内应力变形　B. 找正精度的影响
C. 运丝系统的精度　D. 电动机转速　E. 钼丝直径

77. 下列关于数控机床 A、B 轴方向确定的说法正确的是（　）。

A. A、B 和 C 相应地表示其轴线平行于 X、Y 和 Z 坐标的旋转运动

B. *A*、*B* 和 *C* 的正方向，相应地表示在 *X*、*Y* 和 *Z* 坐标正方向上按照右旋螺纹前进的方向

C. *A*、*B* 和 *C* 的正方向，相应地表示在 *X*、*Y* 和 *Z* 坐标负方向上按照右旋螺纹前进的方向

D. ABC 说法都正确

E. ABC 说法都不正确

78. 数控线切割机床中表示固定循环功能的代码有（　　）。

A. G21　B. G90　C. G92　D. G91　E. G94

79. 属于单位选择指令的有（　　）。

A. G21　B. G22　C. G20　D. G32　E. G00

80. 属于液泵的指令有（　　）。

A. T83　B. T84　C. T85　D. T86　E. T87

81. 使用 3B 指令编程时，关于坐标系正确的说法是（　　）。

A. 使用绝对值指令编程

B. 使用增量值指令编程

C. 加工直线时，以该直线的起点为坐标系的原点

D. 加工圆弧时，以该圆弧的圆心为坐标原点

E. 加工圆弧时，以该圆弧的起点为坐标原点

82.（　　）分别为 3B 加工指令中的一种。

A. L1、L2、L3、L4　B. SR1、SR2、SR3、SR4

C. NR1、NR2、NR3、NR4　D. SL1、SL2、SL3、SL4

E. NL1、NL2、NL3、NL4

83. 关于平动正确的说法有（　　）。

A、电切削加工机床都有平动功能

B. 平动分自由平动和伺服平动

C. 如果加工电极是方形的，可采用四方平动进行清角

D. 如果加工电极是圆形的，也可采用四方平动进行清角

E. 平动只能用于精加工不能用于粗加工

84. 实现自动编程的步骤包括（　　）。

A. 工艺分析　B. 对零件进行几何造型　C. 生成加工轨迹

D. 数控程序制作　E. 自动加工

85. 线切割软件对 3B 图形文件操作正确的说法有（　　）。

A. 3B 文件必须存放到指定文件

B. 3B 文件不必存放到指定文件，但应输入正确的路径

C. YH 软件不能打开 3B 程序文件

D. YH 软件能打开 3B 程序文件

E. 所有线切割软件均能生成 3B 程序文件

86. 在进行线切割软件操作时，进行存盘操作以下（　　）说法是正确。
   A. 文件名可以采用任意数字和符号
   B. 文件名可以采用任意数字和字母
   C. 采用原文件名存盘时，会覆盖原来的文件内容
   D. 采用原文件名存盘时，不会覆盖原来的文件内容
   E. 存盘后，软件启动后能打开存盘文件。

87. 下列在自动编程系统中输入圆方式不正确的是（　　）。
   A. 两点确定一圆　　　　B. 四点确定一圆
   C. 给定圆心坐标和直径　　　　D. 输入两条相交直线
   E. 以上都不正确

88. 状态栏可以用来提示操作者进行了以下（　　）项操作。
   A. 输入图号　　B. 比例系数　　C. 光标位置
   D. 公英制切换　　E. 绘图步骤

89. 采用心棒来定位内圆柱零件时，能限制工件（　　）个自由度。
   A. 1　　B. 2　　C. 3　　D. 4　　E. 5

90. 电火花成形加工时，关于电极的装夹正确的是（　　）。
   A. 钻夹头适用于圆柄电极的装夹
   B. 固定板结构装夹主要用来适用于重量较大.面积较大的电极
   C. 由于电加工没有较大的作用力，对于装夹细长的电极，伸出部分长度可以很长
   D. 采用各种方式装夹电极，都应保证电极与夹具接触良好、导电
   E. 人工校正一般以工作台面的 X、Y 水平方向为基准，对电极横、纵两个方向做垂直校正或水平校正

91. 以下哪些属于悬臂式装夹的特点（　　）。
   A. 装夹方便
   B. 通用性强
   C. 易出现切割表面与工件上、下平面间的垂直度误差
   D. 仅用于加工要求不高或悬臂较短的情况。
   E. 可用于加工要求高的情况。

92. 关于电火花线切割机床型号 DK7725E 的说法正确的有（　　）。
   A. D 表示电加工机床
   B. K 表示特性
   C. 第一个 7 表示组别代号电火花加工机床
   D. 第二个 7 表示快速走丝
   E. 25 表示工作台行程为 250 mm。

93. 电加工机床电柜可以用来控制（　　）动作。
   A. 电源开　　B. 电源关　　C. 电压读数
   D. 电流读数　　E. 机床紧急停止

94．下列属线切割机床主机组成部分有（　　）。

A．冷却系统　　B．坐标工作台　　C．电气控制柜

D．丝架　　E．运丝机构

95．对电极丝调整正确的说法是（　　）。

A．加工前要对钼丝松紧程度进行检查

B．加工前要不必对钼丝松紧程度进行检查

C．上丝后要对钼丝进行紧丝

D．上丝后不要对钼丝进行紧丝

E．快走丝机床及慢走丝机床都要进行紧丝操作

96．关于机床参数设置正确的有（　　）。

A．机床参数可随时修改

B．机床参数必须有专业人员进行修改和设置

C．机床维修后，上下导轮位置变动后，机床参数不必修改

D．可在机床参数设置中改变伺服速度等有关参数

E．同类型的不同机床，其机床参数是一致的。

97．进行人工电极校正时，采用的方法通常有（　　）。

A．使用千分表或百分表校正　　B．火花校正

C．使用直角尺进行校正　　D．目测校正

E．试加工校正

98．在电脉冲机床的准备屏中可以进行（　　）操作。

A．置零　　B．移动　　C．感知

D．选坐标系　　E．工艺选择

99．下列有关电火花编程的说法中正确的是（　　）。

A．C***．加工条件号，如 C007，C105

B．D/H***．补偿代码，FW 系列从 H000～H099 共有 100 个，SE 系列从 H000～H999 共有 1000 个补偿代码。可给每个代码赋值，范围为±99 999.999 mm 或±9 999.999 9 in

C．G**．准备功能，可指令插补．平面．坐标系等。如 G00．G17．G54

D．I*，J*，K*．表示圆弧中心坐标，数据范围为±99 999.999 mm 或±9 999.999 9 in。如 I5. J10

E．L*．了程序重复执行次数，后接 1～3 位十进制数，最多为 999 次，如 L5，L99

100．废油处理的方法中正确的是（　　）。

A．妥善处理　　B．和环保部门联系　　C．不可随意排放

D．可以直接倒入河里　　E．循环利用

参考文献

[1] 伍端阳．数控电火花加工现场应用技术精讲[M]．北京：机械工业出版社，2009.
[2] 罗学科．数控线切割机床操作指南[M]．北京：时代传播音像出版社，2011.
[3] 赵万生．电火花加工技术[M]．哈尔滨：哈尔滨工业大学出版社，2002.
[4] 曹凤国．电火花加工技术[M]．北京：化学工业出版社，2005.
[5] 周晖．数控电火花加工工艺与技巧[M]．北京：化学工业出版社，2008.
[6] 李明辉．数控电火花线切割加工工艺及应用[M]．北京，国防工业出版社， 2007.
[7] 马名峻．电火花加工在模具制造中的应用[M]．北京：化学工业出版社，2004.
[8] 田学军．影响电火花加工进程的因素分析[J]．机电工程技术，2005（8）：126-128.
[9] 贾立新．电火花加工实训教程[M]．西安：西安电子科技大学出版社，2007.
[10] 刘维东．电火花加工技术的新发展[J]．中国机械工程，1998（5）：76-81.
[11] 郭永丰．电火花加工技术[M]．哈尔滨：哈尔滨工业大学出版社，2005.